大型工程项目
业主合同索赔管理

李晓龙　编著

中国建筑工业出版社

图书在版编目(CIP)数据

大型工程项目业主合同索赔管理／李晓龙编著．－北京：中国建筑工业出版社，2006
ISBN 7-112-08037-1

I.大… II.李… III.建筑工程－经济合同－索赔 IV.TU723.1

中国版本图书馆 CIP 数据核字(2006)第 009008 号

责任编辑：徐纺　邓卫
封面设计：邵怡

大型工程项目业主合同索赔管理
李晓龙　编著
*
中国建筑工业出版社出版、发行（北京西郊百万庄）
新华书店经销
上海腾飞照相制版印刷厂　制版
北京蓝海印刷有限公司　印刷
*
开本：787 毫米×1092 毫米　1/16　印张：13.5　字数：328 千字
2006 年 5 月第一版　2006 年 5 月第一次印刷
印数：1—3000 册　定价：29.00 元
ISBN 7-112-08037-1
　　　　(13990)

版权所有　翻印必究
如有印装质量问题，可寄本社退换
（邮政编码　100037）
本社网址：http://www.cabp.com.cn
网上书店：http://www.china-building.com.cn

序

在所有的工程项目中，合同都具有十分重要的地位，它是甲乙双方都必须遵守的行为准则。如果某一方因违背合同的要求而给对方造成损失，就必须承担责任，赔偿损失。索赔就是对违反合同行为的纠正，是违约方必须承担的法律责任，也是因违约方违约而遭受损失的另一方的正当权利。

在我国的工程建设实践和工程管理理论研究中，通常比较重视承包商向业主进行的索赔。人们对合同索赔的研究也主要集中在承包商向业主提出的索赔方面，而很少有人对业主向承包商的索赔进行深入、系统的研究，这就忽视了对业主相应权利的保护。其实，在对违反合同行为纠正方面，业主和承包商拥有同样的权利。

当前，我国社会经济正处在高速成长期，有大量的大型工程项目上马，如何保护作为投资方（业主）的政府和企业的利益，保证投入资金的经济和社会效益就摆到了建设工程项目管理人员的面前。

基于合同理论、管理学、经济学、模糊数学、博弈论、系统理论、工程管理等方面扎实的理论功底和从事工程项目管理、合同管理等方面工作较丰富的经验，李晓龙博士对大型工程项目中业主合同索赔管理这个重要同时又很少有人研究的课题进行了全面、深入、系统的研究，取得了一些成果。

本书是其研究成果的系统性总结，涉及工程项目合同索赔理论和索赔的实际操作两个方面。主要对业主合同索赔的理论基础、业主合同管理、业主合同评价和工程系统评价、业主合同索赔机会识别和索赔定量、业主的合同索赔战略、业主合同索赔机构的建立、业主合同索赔工作流程、合同索赔的方式和方法等具体内容进行了详细的研究。李晓龙博士进行的这些研究工作具有一定的创新性，对提高我国的项目管理和工程建设质量水平，提高工程项目的综合效益有一定的理论意义和实际价值。

希望该书的出版能在提高我国工程项目管理水平、建设高质量的大型工程项目方面起到一定的推动作用。

吴祥明[*]

---

[*] 吴祥明，教授级高级工程师，同济大学兼职教授、博士生导师，国家磁浮工程技术研究中心主任，国家"十五"863高速磁浮交通技术重大专项总体专家组组长。长期从事大型工程项目的规划、建设和组织管理工作。参与众多重大工程项目的建设工作，曾任宝钢一期工程副指挥以及上海磁浮示范运营线、浦东国际机场等项目的工程总指挥。

目 录

0 绪论 ……………………………………………………………………1
   0.1 大型工程项目索赔问题的提出 ……………………………………1
   0.2 我国工程项目合同索赔管理现状 …………………………………4
   0.3 本书主要内容 ………………………………………………………8

理 论 篇

1 建设工程项目业主合同索赔管理理论概述 ……………………………11
   1.1 合同概念 ……………………………………………………………11
   1.2 合同在法律体系中的地位 …………………………………………13
   1.3 合同自由原则 ………………………………………………………14
   1.4 诚实信用原则 ………………………………………………………16
   1.5 合同救济 ……………………………………………………………17

2 合同履约约束分析 ………………………………………………………22
   2.1 合同履约约束体系 …………………………………………………22
   2.2 基于业主利益的合同约束体系的建立 ……………………………26
   2.3 基于合同履约约束体系的违约识别 ………………………………28

3 业主合同索赔理论 ………………………………………………………30
   3.1 合同索赔概念 ………………………………………………………30
   3.2 索赔的理论分析 ……………………………………………………31
   3.3 合同索赔的意义和条件 ……………………………………………34
   3.4 合同索赔对合同双方地位的影响 …………………………………38
   3.5 业主索赔分类 ………………………………………………………43
   3.6 大型工程项目业主合同索赔的客观性分析 ………………………44

4 大型工程项目风险与业主合同索赔 ……………………………………47
   4.1 大型工程项目特点 …………………………………………………47
   4.2 大型工程项目业主风险 ……………………………………………49
   4.3 大型工程项目业主风险的控制方法 ………………………………55
   4.4 大型工程项目建设中业主的风险转移与合同索赔 ………………56

  4.5 基于大型工程项目系统寿命周期的潜在风险 ……………………… 60
  4.6 大型工程项目业主风险动态控制模型 …………………………… 62

5 大型工程项目合同系统理论及索赔机会识别

  5.1 概述 …………………………………………………………………… 65
  5.2 工程项目合同系统理论 ……………………………………………… 65
  5.3 大型工程项目合同索赔机会的识别 ………………………………… 74

6 大型工程项目系统效能与质量索赔

  6.1 系统效能与效能函数 ………………………………………………… 84
  6.2 基于机电工程项目系统效能的质量索赔 …………………………… 86
  6.3 机电工程设备索赔方法 ……………………………………………… 94
  6.4 基于合同满意度的工程设备索赔额确定模型 ……………………… 97

7 工程延误责任及索赔定量

  7.1 工期延误给业主带来的影响 ………………………………………… 102
  7.2 工程延误的分类 ……………………………………………………… 103
  7.3 变粒度全因素工程网络图的工程延误责任分析 …………………… 105
  7.4 总工期延误责任 ……………………………………………………… 108
  7.5 业主总工期延误损失定量分析 ……………………………………… 111

8 大型工程项目业主合同索赔战略

  8.1 业主合同索赔战略的定义 …………………………………………… 114
  8.2 影响业主合同索赔战略的因素 ……………………………………… 114
  8.3 业主合同索赔战略的制定 …………………………………………… 116
  8.4 业主合同索赔战略分类 ……………………………………………… 117

实 务 篇

9 业主合同索赔管理工作的任务、总体组织结构和流程

  9.1 业主合同索赔管理工作的任务及目标分解 ………………………… 123
  9.2 业主合同索赔管理工作组织机构 …………………………………… 124
  9.3 业主合同索赔管理组织的结构 ……………………………………… 127
  9.4 业主合同索赔管理工作总流程 ……………………………………… 129

10 基于索赔的业主合同管理方法

  10.1 合同签订前的项目情况分析 ……………………………………… 132
  10.2 对所签订合同的分析 ……………………………………………… 133

  10.3 合同实施的控制和管理……137
  10.4 案例——某大型工程项目合同分析……144

11 合同索赔信息和证据的搜集与处理……149
  11.1 合同索赔信息……149
  11.2 建设项目合同索赔信息的收集……151
  11.3 业主索赔证据的搜集和管理……153
  11.4 案例——某工程项目业主合同索赔机会的识别方法……157

12 业主合同索赔决策的方法和一般流程……160
  12.1 业主进行合同索赔决策的内容……160
  12.2 业主进行索赔决策应遵循的原则和需要考虑的因素……161
  12.3 业主进行索赔决策的方法……163
  12.4 索赔标的和索赔量的确定方法……167
  12.5 业主索赔决策的一般流程……169

13 业主合同索赔工作管理体系的建立……171
  13.1 业主合同索赔意识的建立……171
  13.2 业主合同索赔工作管理机构和制度的建立……172
  13.3 信息处理流程的建立与资料收集和保存……175
  13.4 业主处理索赔事件的原则和模式……177
  13.5 业主合同索赔信息管理系统的建立……178
  13.6 其他注意事项……182

14 案例——某大型工程项目中业主的合同索赔管理……185
  14.1 项目情况概述……185
  14.2 项目环境和业主进行合同索赔管理工作的特点……185
  14.3 项目合同索赔工作的任务和对策分析……187
  14.4 业主进行合同索赔管理遵循的原则……189
  14.5 业主合同索赔机会识别方法……190
  14.6 索赔数量的确定方法……191
  14.7 业主合同索赔管理的操作……192
  14.8 业主合同索赔管理的成果……197

参考文献……200
致谢……208

0 绪 论

随着我国经济改革的深入和社会的发展，基础设施投资不断增加，投资主体也由过去单一的国家投资逐步呈现出了向国家、企业、个人多元化投资主体变化的趋势。投资主体的变化使得投资方对工程项目评价发生了很大的变化，他们不仅关心项目是否能顺利完成，同时也非常重视建设项目未来的收益情况，他们所追求的不是"最好"的系统，而是"最经济"或者"最合适"的系统。在项目论证和建设管理过程中，投资方（业主）越来越关心影响项目工程系统未来收益的因素，他们会尽一切努力将这些因素控制在"合适"的状态下。按照传统的观点，大型工程项目可分为土木工程项目和机电工程项目两大类。土木工程项目以土木建筑工程为主，如公路、桥梁和大型的建筑工程项目等；机电工程项目是以大型机电系统的制造、安装为主的工程项目，如石油化工生产系统、冶金生产系统以及各种生产线的建造和安装工程等。随着技术的进步和人们对工程系统要求的不断提高，总体而言，大型工程项目中，机电设备所占的比重将不断增加，因此在对系统进行评价时，业主不仅要对土建工程进行评价，还要重视对机电设备的评估。

0.1 大型工程项目索赔问题的提出

近年来，我国投资建设了许多大型工程项目，其中有些在国民经济中发挥了很好的作用，国家和企业投资取得了良好的社会和经济效益。但是，也有一些项目因为各种原因不仅没有达到预期的效果，而且出现了重大问题，甚至造成整个建设项目彻底报废。这样的项目不仅给国家造成了巨大的经济损失，还带来了十分恶劣的社会影响。如，某大型制药企业为充分利用当地丰富的粮食资源，花费巨资从意大利引进生产原料药的成套设备，由于系统和设备的技术指标远远没有达到设计的要求，致使设备报废、整个项目失败，工厂倒闭，工人下岗。另外，国外一些厂商为我国某些建设项目提供的设备存在严重的设计和制造质量问题，有的甚至是二手设备，如果我们的企业不能提出相应的索赔，必将蒙受严重的经济损失。

0.1.1 关于索赔

在大型工程项目的建设过程中，出现各种问题是很正常的现象，但是，如果直到工程项目结束还存在十分严重的问题，使建设项目不能按时发挥应有的效益，不论从哪方面来说都是不正常的，因为投资方（业主）最终得到的工程系统是不符合要求的，这时业主的利益已经蒙受了严重的损失。

从理论上讲，每一项建设工程项目的当事人只有两方：业主和建设承包商。当建设工程项目出现严重问题时，其责任方也只可能是业主或承包商。如果业主没有严重的错误，最后却承担了重大的损失，这就说明他承担了原本应该由承包商承担的责任。这时，从法律的角度来看，业主就有权利向承包商提出补偿——索赔的要求，为自己讨回公道。如果前文提到的那家制药厂有较强的索赔意识，积极进行索赔管理，这样即便是整个项目失败，我方（业主）也能从外方那里得到一定的补偿，而不会出现由我方独自承担全部损失的情况。所以，在工程建设项目中，特别是在大型工程项目的建设过程中，提高工程建设方（甲方或业主）的索赔意识和积极进行索赔管理就显得十分重要。

索赔自古就有，它是指交易双方中的某一方因非己方责任蒙受损失时依据法律、协议、规范、准则或惯例向责任承担方索取补偿。但是，由于我国建设工程项目业主的法律和索赔意识不强，工程管理水平不高，加之国内对索赔理论和实践的研究刚刚起步，所以，当自己承担了非己方责任的损失时，很少提出索赔，即便是提出索赔，成功的机会也很小。索赔管理的滞后已经给我们的国家和企业造成了巨大的经济损失，同时也妨碍了我国工程管理整体水平的提高。因此，努力提高业主（甲方）索赔管理水平就成了一个十分紧迫的任务。

0.1.2 土木工程项目索赔和机电工程项目索赔

在工程项目索赔管理研究方面，国内外学者和企业进行了一些有益的尝试，取得了一些成果，但这些研究大多是针对土木建设工程项目中承包商向业主的索赔的，人们很少对大型机电工程项目中的索赔进行研究。

同时，在现实生活中，大部分的索赔事件是承包商向业主的索赔，而业主对承包商的索赔相对较少，这种现象的出现主要是由于以下几方面的原因造成的：

1．由于工程项目本身的不确定性，工程项目的风险较大，因此工程索赔时有发生，从工程管理的角度看，发生工程合同索赔是十分正常的现象。

2．从本质上说，工程项目的风险都是业主的风险，而承包商认为他只需对合同明确规定了的他应承担的风险负责，因此一旦出现合同中没有明确规定的应该由承包商承担的风险，他就认为是业主应该承担的风险。

3．工程合同具有不完全的特点，任何"完全"的工程合同都不可能是真正完全的，它总有一些瑕疵或纰漏，而这些瑕疵或纰漏带来的风险往往归属业主。

4．与业主相比，对具体工程项目的建设来说承包商是专家，在签订合同时，他会在合同条款（特别是涉及技术问题的条款）中为自己向业主进行索赔埋下伏笔。

5．从合同地位来说，承包商一般处在劣势，业主通常不会对承包商以非正式形式提出的合理要求做出积极的回应，这样就迫使承包商提出正式的"索赔"。

6．业主占相对优势的合同地位，使得业主发现的承包商的违约行为大部分都可以以协商的形式得到了解决，于是留下的必须要业主提出索赔的事件就减少了许多。

7．国内对承包商索赔的研究起步较早，已经形成了一套相对规范的程序和办法；而由于投资主体相对比较单一，所以国内几乎没有对业主索赔进行系统的研究，更没有完整的业主索赔的程序和方法。

在机电工程项目中发生索赔事件时，人们一般仅仅是把土木工程项目索赔理论与经验简单地拿来套用。这样虽然能解决机电工程项目合同中的一些问题，但是却存在很大的局限性，因为土木工程项目和机电工程项目本身存在很大的差异。

首先，大多数土木工程项目中索赔的研究对象是工程实施过程中承包商向业主的索赔，与本书所研究的索赔实施主体刚好相反；虽然有些研究土木工程项目索赔的文献也对业主向承包商提出的索赔进行了论述，但一般都没有对这种现象进行深入探讨，而只是依附于对承包商向业主的索赔的研究，主要从实际操作方面进行经验总结性的论述。

第二，从业主的角度来看，土木工程项目属于建造型的，即工程的主要部分要在现场建造完成，监督管理相对集中；而机电工程项目属于建造安装型，主要的工程设备（指安装到工程建设系统中的设备）及部件一般是异地加工制造，然后运到工程现场安装。因而，从对工程项目管理的角度分析，大型机电工程项目较之土木工程项目监督管理分散、受制约因素多，难度大。

第三，相对而言，机电工程项目比土木工程项目技术含量高、精度要求高、工人素质要求高；最终业主得到的工程的综合情况在很大程度上取决于这"三高"。

第四，与土木工程项目相比，机电工程项目的合同体系要复杂得多。工程项目涉及的技术复杂、工种和单位众多，与工程外界环境发生联系的接口多而杂乱，需要业主协调的事情和方面多。很多大型机电工程项目不仅受自身规律要求、外界社会环境和自然因素的影响，往往还受到与之相联系的土木工程的影响。同时，大型机电工程项目合同对系统质量标准的描述通常是不全面的、具有模糊性，很多质量要求需要在工程实施过程中经过双方的协商才能达成一致。

第五，影响大型机电工程项目质量的因素比土木工程项目复杂，质量问题责任认定难，出现重大质量问题的原因可能是设计、制造、储运、安装、调试或使用过程中的人为因素，也可能是某些自然因素。

第六，通常，与土木工程项目相比，大型机电工程项目的运营费用比建设费用要大得多，因此，大型机电工程项目建成后的技术先进性、维修性、可靠性、效率等指标对业主来说就显得十分重要。而这就要求在大型机电工程项目建设过程中必须从系统论的观点出发综合考虑今后运行使用、维修保养等情况，使业主最终得到的工程系统是在整个寿命周期中效用最高的工程系统。

第七，土木工程项目的质量一般只由建造过程这一个大的过程决定，机电工程项目系统的质量则由工程设备的制造、安装和调试三个大的过程决定。

第八，涉及机电工程系统的质量评价指标多，如技术先进性、可靠性、安全性、维修性、经济性等，这使得对机电工程项目质量的评价和控制更加困难。

0.1.3 业主索赔与承包商索赔

从法律角度来说，工程建设项目中承包商和业主的地位是平等的，承包商可以向业主提出索赔，业主也可以向承包商提出索赔。但是，不同的合同地位和不同的终极目标使得业主提出的索赔和承包商提出的索赔又有很大的不同。

1. 索赔机会的发现

工程合同对业主和承包商的要求是不同的。总体来说，业主的责任是为使工程正常进行而向承包商提供适当的条件（包括项目建设手续的办理、工程实施环境的提供、相关资金的拨付等），这种条件是否符合合同要求，承包商是比较容易掌握的，所以承包商能比较准确地把握索赔机会。承包商的责任是向业主提供符合合同要求的建设成果，除了工程建设成果的时间指标外，其他诸如质量、总体性能的评价往往涉及十分复杂的因素，在合同中也不可能对这些指标给予十分明确说明或规定，同时业主往往不是工程技术方面的专家，也缺乏第一手的信息资料，因此，业主不容易把握向承包商提出索赔的机会。

2. 进行索赔时对时间因素的考虑

在对对方违反合同的行为进行评价时，业主往往把违约给自己带来影响的时间段拉得很长，即考虑承包商的该违约行为对自己今后（系统运行后）收益情况的影响，有时甚至考虑对方违约行为对系统整个寿命周期运行效果的影响。而承包商在对业主的违约行为进行评价时一般只考虑到整个工程完成时。

3. 索赔的目的

承包商承包工程的目的是为了获取一定的经济利益，所以承包商向业主提出索赔的目的无非是款项的增加或工期的延长；然而，在业主和承包商保持工程合同关系期间，业主的最终目标是顺利完成建设项目，所以，业主向承包商提出索赔的目的首先是（按合同标准）"恢复原状"即获得合格的工程成果，其次才是款项或其他的要求。

4. 索赔数量的确定

当合同执行出现异常情况时，承包商的损失较容易确定，其索赔量在很大程度上取决于责任的分担。由于合同执行的非正常情况对业主影响深远，有的影响甚至会贯穿建设工程系统的整个寿命周期，所以承包商的某违约行为对业主的伤害是很难计量的。为解决这个问题，一些合同对常见的承包商违约规定了具体的索赔数额，但是，这并不能解决全部问题！

5. 索赔谈判中的地位

无论是业主向承包商索赔还是承包商向业主索赔，在索赔谈判中，业主都处于先天的优势地位，因为合同的不完全性使得业主对承包商行为的评价具有很大的弹性，同时在现阶段，我国建设工程交易中买方的主导地位更提高了业主的这种优势。

鉴于我国大型工程项目合同索赔管理方面存在的问题，本书将站在业主（投资方）的立场，从理论和实践两个方面出发，对大型工程项目业主合同索赔管理进行全面、深入、系统的研究。

0.2 我国工程项目合同索赔管理现状

当前，我国对工程索赔的研究多是针对土木建筑工程项目而言的，并且是承包商对业主的索赔，少有针对机电工程项目中业主对其他责任方提出的索赔。虽然从法律的角度来说，土木工程项目中承包商对业主的索赔和机电工程项目中业主对承包商或其他与工程有关的人员和单位的索赔没有本质的区别，而且它们涉及的索赔管理理论、工期管理等都有相同的地方，但从细节上看，它们又有很大的区别。本书在借鉴国内外工程索赔方面研究成果的基础上，结合大型工程项目的特点，将对大型土木工程项目和大型机电工程项目中业主对承包商的索赔进行论述。

我国对工程项目中承包商向业主索赔的研究是从20世纪70年代末我国工程建设企业进入国际工程承包市场和在国内的大型工程建设中引入监理制度以后才开始的。20世纪90年代以前，我国在工程索赔研究方面整体水平较低，大都是对具体案例的经验总结和定性分析。进入20世纪90年代以后，特别是近年来，国内在工程管理方面的研究有了较大进展，不论是定性研究还是定量研究，都取得了一些成绩，但是研究主要集中在承包商向业主索赔方面。

1990年3月，上海同济大学丁士昭教授在建设监理培训教材《建设监理导论》中，对我国工程建设中的索赔现象进行了较为系统的论述；1993年由成虎和钱昆润编写的《建筑工程合同管理与索赔》和1996年9月出版的由梁鉴编写的《国际工程施工索赔》是国内影响较大的两本关于索赔的专著，对工程项目建设中承包商进行工程合同索赔管理的原则、方法、手段以及索赔事件的识别、证据的取得、索赔处理等进行了专门研究。

从20世纪90年代中后期开始，我国对工程合同索赔的研究进入了一个新的快速发展的阶段，得到了国家各级政府及科研部门的大力支持，特别是得到了国家自然科学基金委员会的支持。同时1999年10月1日《合同法》的颁布实施为索赔研究提供了良好的外部条件。

在索赔的法律基础研究方面，我国学者分别在合同履行的经济成本分析、合同弹性、合同损害、合同的违约赔偿、合同的救济等方面进行大量的研究，取得了一些重要的成果，为建设工程项目合同索赔奠定了法学基础。

在工程合同索赔管理理论方面，陈松1995年编写的《建筑工程索赔》一书，对建筑工程项目索赔的产生、证据的搜集、解决程序等进行了较为系统的论述。西安公路交通大学的石勇民1997年在网络进度计划的基础上，结合进度延误的类型和一般处理原则，分别站在业主和承包商不同的角度对索赔进行了分析研究。天津大学何伯森、张水波等对2000年版FIDIC（国际咨询工程师联合会）《施工合同条件》下的工程合同承包商索赔进行了深入的研究，其研究成果对在FIDIC《施工合同条件》下的索赔管理有很强的指导意义。东南大学成虎等人从施工索赔干扰事件的机理研究入手，围绕"有效预测，快速反应"的索赔工作原则开发了两个应用模型，分别从事前预测和事后分析两个角度对施工索赔前期问题进行了研究，提出了"干扰事件——索赔争议敏感性预测模型"和"干扰事件识别应激模型"。

我国的一些工程建设企业在工程建设的实践中也逐渐认识到了合同索赔的重要性，并积极进行合同管理和索赔管理。在二滩水电站、黄河小浪底水利枢纽等大型工程建设中，作为业主的我方加强管理，积极开展对承包商的合同索赔和应对承包商提出的索赔，减少了工程中可能发生的损失，学到了先进的工程管理理念和方法。

随着科学技术的不断发展，许多新技术被应用到工程合同索赔的研究上来。我国学者通过计算机软件初步实现了工程索赔管理的计算机化。为提高工程索赔管理计算机系统的智能化水平，还对工程索赔神经网络以及工程索赔专家系统等进行了研究，取得了非常具体的成果。如天津大学熊熊等通过对神经网络在工程合同索赔管理中应用的研究，建立了工程合同索赔的神经网络模型，通过该模型可以判断工程建设中出现合同索赔的可能性，为工程项目合同索赔管理提供了一个新途径。东南大学成虎、许沛的"工程索赔决策支持系统的研究"和华中理工大学管理学院蔡淑琴等人的"施工索赔辅助决策模型的研究"从为工程合同索赔处理人员提供一个决策系统的思想出发，设计了结构化的索赔处理程序，建立了便于使用的储存着大量结构化案例的案例库，构造了含有多种计算公式和表格的模型库，设立了工程实施数据库。华中理工大学管理学院龚业明等人对工程合同索赔决策支持空间和工程施工索赔事件的发现过程进行了分析，提出了相应的模型，分析了KDD技术和工程施工索赔机会识别的特点，并在此基础上提出了KDD作为施工索赔问题发现支持工具的适用性，给出了基于KDD的工程施工索赔决策问题发现机制。在工程合同索赔的定量分析方面，我国学者立足于我国工程费用项目构成的稳定性和费率规定，适当借鉴国际工程中较成熟的经验，简化延误索赔的复杂情况，在理论分析的基础上，提出了有一定实用意义的计算模型。天津大学的研究人员对工程索赔的计量方法进行了研究，给出了在各种情况下，因生产率降低引起的工程索赔的计算公式。天津大学杨忠直用效用理论和合同谈判理论对合同索赔进行了定量的分析。西南交通大学王亚平从理论和实践两方面出发，对索赔机会分析与识别、国际工程索赔的工期分析、索赔的定量分析等方面进行了深入细致的研究。

虽然国内对工程项目合同索赔的研究取得了一定的进展和成果，但这些研究的对象基本上都是土木建设工程项目中承包商向业主的索赔。而业主向承包商的索赔一般都被描述成承包商向业主的索赔的反索赔，依附于承包商向业主的索赔。即便是对这种索赔的研究，也仅仅局限于土木建设工程项目范围内发生的情况。如重庆建筑大学陈松专门从业主的角度出发，阐述了在工程建设过程中，业主处理各种索赔（"索赔与反索赔"）的措施，并提出了业主在国内《建设工程施工合同条件》下向承包商提出索赔的解决步骤和途径。西南交通大学王顺洪就FIDIC合同条件下承包商向业主的索赔（称为索赔）和业主向承包商的索赔（称为"反索赔"）进行了系统的研究，讨论了FIDIC合同条件下承包商的索赔事件及其索赔程序、索赔注意事项和业主的反索赔措施，分析了"索赔与反索赔"的解决方式。

关于机电工程项目业主合同索赔的理论与实务，虽然没有引起我国有关方面和专家的足够重视，但还是有一些企业和研究人员从实践和理论上进行了一些有益的尝试。在1997年华东电网500kV输变电工程项目中，中方就引进的日本三菱赤穗工厂生产的主变压器和电流互感器的质量问题成功地进行了索赔，日方补偿中方在运输、主变试验、拆卸等工作中损失共计数十万美元。在北仑电厂工程进口设备开箱过程中，中方认真进行检查，积极进行合同索赔管理，不仅获得了经济上的补偿，还形成了对国外设备供应商的一种威慑，使合同条款得到了更好的执行。同时，我国的一些技术专家和大型机电工程项目管理人员还对大型机电工程项目中业主向承包商的合同索赔进行了一定的探讨。1998年蔡革胜在《火电机组设备质量问题及解决措施》一文中认为，大型机电工程项目中业主向承包商进行索赔是法律和经济意识提高的表现，是正常的经济行为，并可以对承包商起到警示的作用。1999年盛振远对大型机电工程项目进口成套机电设备的管理问题进行了论述，提出了业主对不符合合同规定的设备进行索赔的方法。2000年徐秉均从工程监理的角度对大型机电工程项目中的索赔，特别是业主向承包商或工程设备供货商的索赔进行了较详细的描述："……合同中的索赔条款有两种规定方式，一种是异议与索赔条款；另一种是罚金条款"，他认为，应用异议与索赔条款进行索赔，在实际处理的案例中，多数是处理由设备的质量问题、制造商设计失误或安装承包商不听从现场督导的意见损坏合同设备等引起的异议，业主方提出索赔的处理方式一般是退货、换货、补货、维修、延期付款等；应用罚金条款索赔，在合同相应的条款中索赔的范围和金额有明确的规定，如设备特性不满足合同要求、迟交货、技术资料拖期等，处理的方法是按照合同条款用现金进行赔付。张斌对大型机电设备国际采购招标合同的索赔管理进行了较为系统的阐述，从合同文件的不完善、技术条件的变更、供货范围的变更、延期支付合同款、执行合同人员的变更、提供的合同条件变更、供货期的变更、设备性能的变化等方面分析了引起索赔的原因，提出了业主向供货方进行索赔的三种方式和业主进行合同索赔管理应该重视的工作和注意事项。

在机电工程项目业主合同索赔的定量研究方面，国内取得的成果较少。从业主的角度来看，其发生损失主要有两方面的情况：一是承包商拖期完工造成整个工期延误，使项目不能按时发挥经济效益；二是工程质量没有达到合同规定的要求，致使整个系统不能达到预期的运行效用从而给业主带来经济损失。在定量研究方面，就第一种情况，通常是借鉴土木工程建设中承包商向业主索赔的研究，在考虑整个机电工程系统寿命周期的情况下探索业主合同索赔的定量问题。对第二种情况，贺盛伟在进口设备质量定量研究方面取得了一定的成果。在多篇文献中，他分别就进口设备我方进行索赔的工作及实施进口设备质量把关的措施、进口设备索赔中失效分析及预防措施进行了研究。在1995年发表的《进口设备质量索赔评估模式及计算方法》中，他还从设备的寿命周期出发分析了设备的贬值以及影响设备贬值的因素，给出了设备全部贬值和部分贬值的概念，提出了设备贬值评估计算的三种方法：(1)查验匡算评估法，(2)使用寿命（役龄）折算法，(3)设备性能考核评估贬值法。虽然这些方法略显简单，但对工程设备质量索赔量的确定有很好的借鉴作用。另外，系统工程管理理论、设备工程学理论以及系统理论的发展也为业主索赔定量方法的研究提供了理论基础。

从2002年开始，西南交通大学和同济大学的一些学者也对大型机电工程项目业主合同索赔理论和实践进行了深入系统的研究，取得了一些有价值的成果。

在理论方面，他们从合同索赔的法律基础出发，通过对合同理论和索赔理论的研究，结合大型机电工程项目的特点，用定性和定量的方法，建立起了较完整的国内机电工程项目业主索赔的理论体系和解决方法。(1)从合同的法律基础出发，系统地论述了业主索赔的法学基础。通过对工程合同交易过程的研究，揭示了索赔发生的内在原因，给出了业主索赔管理的博弈论模型，提出了由于索赔导致双方合同地位变化的效用模型。(2)系统地研究了大型机电工程项目的风险及其特点，从业主的角度揭示了大型机电工程项目的风险情况并对具体风险进行了分析，探讨了业主分析和处理风险的方法，提出了基于风险转移的索赔理论和业主潜在风险等概念，给出了业主进行风险管理的动态控制模型。(3)用系统论的方法对合同的执行过程进行了定性和定量的研究，提出了工程合同状态变化的控制理论，给出了用于进行工程合同索赔机会识别的合同状态最优控制模型和能对合同执行全过程进行评判的合同评判模型。(4)对机电工程项目质量管理和因质量问题引起的业主合同索赔进行了系统的研究，建立了能在工程实施的任何阶段对合同的执行情况进行评价的、贴近业主最终要求的、基于系统效能的合同评价定量分析模型，并在此基础上得到了合同索赔模型和进行索赔定量分析的计算步骤。鉴于工程设备在大型机电工程项目中的重要地位，还专门对工程设备的合同索赔进行了探讨，提出了定性的分析方法和定量计算的数学模型。(5)对总工期延误给业主带来的影响进行了全面系统的分析，提出了变粒度全因素工程网络图的概念，探讨了工程延误的类型和识别工程延误索赔机会发现的方法，给出了分配工程延误责任的计算模型和业主总工期延误损失定量分析模型。(6)提出了业主合同索赔管理的过程控制模型，给出了业主合同索赔的解决方法和程序。

在大型机电工程项目业主合同索赔实务方面，作者承担了上海市博士后科研基金项目"大型工程项目业主索赔管理理论与实务研究"的研究工作，参加了多项大型和特大型工程项目的合同管理和索赔管理工作，在大型机电工程项目管理的实践中积累了一定的经验，取得了一些研究成果。

总之，我国对大型工程项目业主合同索赔管理的研究还处在起步阶段，本书旨在总结我国在大型工程项目业主合同索赔管理研究方面已经取得的成果的基础上，对该问题进行更深入的研究。同时，结合作者的一些实际工作经验，就大型工程项目业主索赔管理实务进行论述。

0.3 本书主要内容

在结合前人已经取得的成果和了解大型工程项目特点的基础上，对国内大型工程项目中业主合同索赔管理的理论和实践进行深入系统的研究。全书包括"理论篇"和"实务篇"两个部分。

理论篇主要包括以下几个方面的内容：

1．我国的企业，不论是建设工程项目中的业主还是承包商，他们的合同索赔意识都很淡薄，这是很不正常的。本书通过对合同索赔的法律理论、经济学基础的研究，从法律和经济学的角度论述合同索赔的合理性、合法性、必要性和不可缺少性等问题，为业主进行合同索赔管理提供理论基础。

2．从理论上探讨合同索赔的概念和产生合同索赔的原因。全面详细地分析大型工程项目中业主所面临的风险，结合大型工程项目风险的特点和风险转移理论揭示大型工程项目中合同索赔发生的机理。

3．合同是进行合同索赔的基础和出发点，对合同理论的研究是研究合同索赔的重要基础性工作。本书对合同理论、合同内容量化方法、合同状态的数学模型描述、施工过程中影响合同执行情况的因素、系统化合同管理方法等进行全面、深入的研究，给出大型工程项目中业主进行合同索赔的定性分析和定量计算的方法。

4．针对大型工程项目的特点，从大型工程项目系统的寿命周期出发，讨论大型工程项目实施过程的不确定性及其影响因素和业主合同索赔的分类；研究大型工程项目的施工管理方法以及合同索赔机会分析与识别程序；提出大型机电工程项目中工程设备和工程技术指标分析判断的量化方法，为大型机电工程项目的业主合同索赔提供定性和定量分析方法。

5．系统地探讨工程延误责任的分析方法和责任分配的定量模型；对工程延误给业主的影响进行定性和定量的分析研究；在考虑工程系统寿命周期的前提下，给出因工期延误给业主造成损失的定量计算方法，并在此基础上提出业主的工期延误索赔定量模型。

6．对大型工程项目中业主进行合同索赔管理的战略进行研究，提出业主可以采取的切实可行的索赔战略，为业主进行索赔管理指明大方向。

在实务篇中，本书结合一个具体的大型工程项目，从项目实施过程中业主的合同分析、索赔组织体系和组织机构的建立、合同管理、索赔信息的收集和处理、索赔标的和索赔量的确定、业主合同索赔的决策方法和流程、合同索赔总体处理流程等方面对业主合同索赔管理的实务进行全方位的总结和研究，提出一整套业主进行合同索赔管理的方法。

最后，对某典型的大型工程项目中业主合同索赔管理进行总结，该案例对许多大型工程项目的业主合同索赔管理都有很强的借鉴作用。

理 论 篇

進化篇

1 建设工程项目业主合同索赔管理理论概述

所有工程项目的实施都是以合同为标准进行的，合同关系是建设工程项目中最基本的关系。不论是业主向承包商的索赔还是承包商向业主的索赔，都必须依据合同进行。合同是建设工程项目双方依据国家法律制定的、国家法律承认并予以保护的具体针对某建设工程项目的"法律"。所以，研究工程项目业主合同索赔管理，首先要对合同理论进行系统的研究。

1.1 合同概念

现代合同的理念来源于欧洲大陆，"合同"的拉丁文为contractus，英文为contract，法文为contrat，它们的前缀均为"contra"，即为"相反"之义，其突出的是双方权利义务以相反的内容对接说明价值，与汉语中的"契约"相近；而德语中以vertrag来表示这一含义，其前缀"ver"是"合在一起"的意思，说明的是双方的权利义务对接而合，与汉语中的"合同"一词的含义相同。所以欧洲大陆国家中契约和合同并无实质意义上的区别。在我国，学理和立法对契约和合同也没有进行区别而取同义使用，因此在本书不对"契约"和"合同"进行区别而混用。

一般来说，任何概念都很难是惟一的。美国学者柯宾指出"……应当看到，没有一个定义可能是独一无二'正确'的，这是一个用法和便利的问题"。合同关系相当复杂，在对其定义时更要谨慎。由于历史的原因和司法制度的不同，各国关于合同的概念有极大的不同。

1.1.1 罗马法中的合同概念

在罗马十二铜表法中，用来表示合同的名称是"耐克逊"（nexum），其拉丁文本意为"拘束"、"系紧"、"处分"，在十二铜表法中的含义是指伴有衡具和铜片的交易行为。这种交易形式要求十分严格，不仅要求当事人必须亲自到场，而且还需说固定的套语，履行铜片交易的手续。除此之外，还要求五位证人和一位司秤到场作证，只有这样的交易方式才视为有效。古罗马法具有重缔约形式，轻当事人合意的特点，但后来又发展到重视合同的合意，"契约之债，或以要物方式，或以口头方式，或以合意方式设立"，"单纯的合意就是以产生债的关系，即使不是用语言表达的"，"合意的要式口约指根据当事人双方的合意而缔结的口约，即既非出自审判员也非出自法官的命令，而是根据缔约人的同意"。因此在罗马法中，合同本质上是双方当事人的合意，是当事人之间以发生、变更、担保或消灭某种法律关系为目的的协议。在罗马私法中，凡是能发生私法效力的一切当事人协议，都是合同。在罗马债法中，合同是债的最重要渊源，它是"得到法律承认的债的协议"。罗马债法中的合同定义为后来大陆法系国家的合同定义奠定了基础。

总之，根据前文的论述，罗马法重视合同的"合意"，强调合同在法律中"债"的地位。

1.1.2 大陆法系国家关于合同的一般概念

大陆法系合同概念是从罗马法演化而来的。《法国民法典》中合同的定义就是来源于罗马法，该法典第1101条规定：合同，为一人或数人对另一人或数人承担给付某物、作为或不作为义务的合意。由于《法国民法典》在世界民法史上的重要地位，这一定义逐渐成为大陆法系民事立法方面关于合同的最传统的经典定义。这个经典定义对许多国家的民事立法和民法理论产生了深刻的影响。该定义中包括了两个要素：其一为双方的合意，其二为发生债权债务关系的依据或原因。

《德国民法典》将合同归入法律行为的范畴之中，法律行为可分为单方法律行为与双方法律行为，而合同就是双方法律行为。因此根据《德国民法典》我们可以将合同定义为"民事主体之间以设立、变更或消灭债权债务为目的的双方法律行为"。

《意大利民法典》第132条规定：合同是双方或多方当事人关于他们之间财产法律关系的设立、变更或者消灭的合意，这与《法国民法典》如出一辙，而《日本民法典》和其他德国法系国家给合同下定义的方法与《德国民法典》相同。

总之，大陆法系国家基本继承了罗马法对合同的定义，认为合同是双方的"合意"，是一种"法律行为"。

1.1.3 英美法系关于合同的一般概念

在英美国家的合同定义中，流行较早的是威廉·布莱克斯顿（William·Blackstone）在其1756年出版的《英国法律释义》中给出的：合同是"按照充分的对价去做或者不去做某一特殊事情的协议"。该定义中包括了两个最基本的要素：对价和协议。但是英国的学者阿蒂亚（P.S.Atiyah）则认为《美国合同法重述》中的定义是最确切的："所谓合同，是这样一个或者一系列允诺，法律对于合同的不履行给予救济或者在一定意义上承认合同的履行是一种义务"。英国《不列颠百科全书》中的合同定义为："合同是可以依法执行的诺言。这个诺言可以是作为，也可以是不作为"。所谓允诺，在美国《第二次合同法重述》第2条采用的定义是："(1)允诺是保证某事物应于未来发生或不发生的诺言，不论它是如何表示的。(2)凡明确地允诺非人力所能控制之事件的发生或不发生，或者现在或过去之事实状态存在或不存在的言词，均应被解释为应当对指定事件之未发生或发生或者被主张事实状态之存在或不存在所致的最接近之损害承担责任的许诺或诺言。"也有人说："诺言是立约人关于他将于未来以特定方式实施某种行为或者引起特定效果发生的意思表示"。安森（Anson）给合同下的定义是：一种法律上可以强制执行的协议，依据它，一方之一人或数人有权要求他方之一人或数人行为或不行为。柯宾认为，"合同"一词一向被用于指代有着多种组合方式的三种不同的事物：(1)当事人各方表示同意的一系列有效行为，或者这些行为的一部分；(2)当事人制作的有形文件，其本身构成一种发生效力的事实，并且构成他们实施了其他表意行为的最后证据；(3)由当事人的有效行为所产生的法律关系，它们总是包含着一方的权利与他方的义务的关系。美国法院在贾斯蒂斯诉兰格案中对合同所下的定义被人们普遍接受。在该案中，法院认为："合同是两个或两个以上有缔结合同能力的人以有效的对价自愿达成的交易或协议去执行或者不执行某个合法的行为"。

目前，英美法系关于合同的概念与大陆法系呈现融合的趋势，如特内脱在其《合同法》一书中将合同定义为:"产生由法律强制执行或认可的债务的合意"。约翰·怀亚特则认为"合同就是关于去做或避免去做某件合法的事情的具有约束力的协议"。1979年出版的《布莱克法学辞典》在"合同"词条中为合同所下的定义是:"两个或两个以上的人创立为或不为某一特定事情的义务的协议。"英国《牛津法律大辞典》的合同定义为"二人或多人之间为在相互间设定合同义务而达成的具有法律强制力的协议"。

1.1.4 我国的合同概念

我国的合同起源很早,早在西周时期就有合同之债。《周礼·天官·小宰》记载:"听卖以质剂","听称则(债)以傅别"。意思是说,处理买卖事宜要凭质剂,处理借贷关系要用傅别。质剂就是买卖用的合同,大型的买卖如奴隶、牛马用长券叫"质",小型的买卖如兵器、珍奇用短券叫"剂"。傅别是借贷合同,债券剖为两半,合券称"傅",分券称"别"。质剂、傅别是由奴隶制国家负责市场管理的"质人"、"司约"制定颁发,具有法律效力。发生纠纷,可以以质剂、傅别为证。《周礼·秋官·司约》记载:"司约掌邦国万民之约剂为凭证"。

我国合同起源虽早,但是发展畸形,极不完善,被限定的主体、受限制的客体、体现身份的内容、严厉的国家管制,使得合同自由受到极大的遏制,中国古代的合同没有成为平等主体之间的合意。我国现今合同法和合同法理论中的合同概念,是在借鉴大陆法系国家立法和合同法理论的基础上形成的。1999年3月15日通过的《中华人民共和国合同法》第2条规定:"本法所称合同是平等主体的自然人、法人、其他组织之间设立、变更、终止民事权利义务关系的协议"。从我国合同法的规定来看,合同应该具有以下几个特征:第一,是两个以上当事人意思表示一致的协议。这里包含两层意思,一是主体,也就是当事人必须有两个或两个以上;二是当事人必须经过协商,意思表示一致,达成协议。第二,合同是平等主体之间的协议;当事人法律地位是平等的,权利义务是对等的,任何一方都不得将自己的意志强加给对方,任何组织和个人都不得对合同进行非法干预。第三,合同以设立、变更、终止民事权利义务关系为目的。第四,合同内容(权利和义务)从本质上看是合法行为,只有主体、客体、内容及形式不违反法律的规定,合同才能产生法律约束力。

由以上分析可以了解到,罗马法、大陆法系、中国合同法中的合同概念一脉相承,它们与英美法系中的合同概念并无实质区别。不论说合同是能够根据法律规定可强制执行的允诺,还是说合同是当事人之间的协议或者合意,均表示合同是一种法律行为,要由双方当事人意思表达一致,只不过大陆法系和英美法系是从不同侧重点进行表达的。从不同的角度来给合同下定义与英美法和大陆法关于合同立法和理论产生的途径不同密切相关。

1.2 合同在法律体系中的地位

合同是双方的"合意",必须是"合法的行为",是具有"法律强制力"的协议。因此,合同是当事人必须遵守的、仅限于合同规定的主体、客体及时间范围内的局部的"法律"。合同的出现是对现有通用法律的一种补充,它填补了在涉及具体的人类行为时现有法律不能进行规范和限制的空白。

1.2.1 现有法律的局限性

法律的作用在于规范人的行为，理想的法律体系应该能对所有人的所有行为进行规范。但是，随着社会和经济的发展，现有通用的法律体系不可能对人在经济交往中的所有行为进行规范。同时，要为发生概率较低、独特性和专业性较强的人类行为制定具体通用法律不现实也不经济，这样就导致了现有通用法律体系的不全面性，特别是在涉及经济、技术领域时更显现出了现有法律的局限性。

1.2.2 合同在法律体系中的地位

针对现有通用法律体系的局限性，法律并非束手无策，实际上，法律体系在很多地方都留出了对外接口（或局部法律生长点），当事人可以在保证与这些接口对接的前提下，根据实际的情况、需要和自己的意愿制定适合特定环境、目的和特定当事人的法律——"局部法"。

每一个具体的合同都是这样的一部局部法，它与现有法律系统相匹配的接口就是合同法，具体的合同也只在一定的时间和空间范围内对签署合同的有关当事人的特定行为有约束力。同时，对合同的违背就是对法律的违背，就应该承担相应的责任、受到相应的惩罚。当然，这些责任和惩罚可以是原有的法律体系规定的，也可以是由合同——"局部法"规定的。

1.2.3 关于合同的基础法律法规

对于具体合同这样的局部法来说，合同法并不是其惟一的基础性法律，合同法给合同提供了与法律体系相连的接口。通过这个接口，其他的与合同行为有关的几乎所有的法律、法规也就都成为了合同的基础性法律法规，对这些法律法规的违反同样应该被视为对合同本身的违背。

人类的任何行为都应该遵守人类社会的道德规范和公序良俗，人们的合同行为也不例外，因此除了遵守法律法规外，在合同的制定和执行过程中，有一些必须要坚持的原则，这些原则同样是保证合同得以正常制定和执行的关键。

1.3 合同自由原则

合同自由原则的实质是合同的成立以当事人的意思表示一致为前提，合同中的权利和义务仅在当事人的意志表达自由时，才具有合理性和法律上的效力。根据英国合同法学者阿蒂亚提出的理论，合同自由的思想应当包括两个方面的含义：首先，合同是当事人相互同意的结果；其次，合同是自由选择的结果。

1.3.1 合同是当事人相互同意的结果

合同是当事人互相同意的结果，包含以下三种含义：

(1)合同以不要式为原则，而以要式为例外。

既然双方的意思表示一致是合同成立的核心，则合同自双方当事人意思表示一致时即可成立，不受当事人为表示接受或自己约定的任何形式的制约。因为强求当事人完成某种特定的"仪式"本身就是对当事人意志的限制。所以合同应以不要式为原则，而以特定形式的要求为例外或反常。

(2)对意思表示的瑕疵给予法律救济。

既然合同以当事人相互一致的意思为基础而成立，在当事人的意思表示有瑕疵时，如在胁迫、误解、欺诈等情况下，合同就不应具有效力，法律应当给予救济。

(3)探究当事人的真实意思为合同解释的惟一原则。

既然当事人的意思是支配合同双方权利义务的原动力和惟一的根据，那么在发生争议而需要对合同进行解释时，就应努力探究当事人的真实意思。《法国民法典》第1156条规定："解释合同时，应探究缔约当事人的意思，而不拘束于合同表述文字的字面意思。"当合同条款因规定不明确或不全面而需要解释时，法官不能根据自己的判断作任意的解释，而应以最符合当事人意思的方式进行解释。

1.3.2 合同是当事人自由选择的结果

当事人有权按照自己的选择决定订立或不订立合同、以何人为当事人缔结以及以何为内容订立合同。"自由选择"十分重要，它是指在当事人意志不受非法限制的情况下所作的选择，只有如此，才能真正体现出合同自由的本意。

合同自由包含以下具体内容：(1)是否缔约的自由；(2)与谁缔约的自由；(3)决定合同内容的自由；(4)选择合同形式的自由。

1.3.3 合同自由理论的形成

合同理论的起源与所有权理论的起源完全相同，都是亚里士多德思想。托马斯·阿奎认为，自然法是上帝统治理性动物（人类）的法律。查士丁尼在《法学阶梯》中明确写到："自然法是自然界教给一切动物的法律……至于出于自然理性而由全人类制定的法，则受到所有民族的同样尊重，叫做万民法。……万民法是全人类共同的，它包含着各民族根据实际需要和生活必需而指定的一些法则，……几乎全部的合同，如买卖、租赁、合伙、寄存等都起源于万民法"。自然法的主要意义在于它涉及到一种最高的价值标准，它确定了人享有天赋的自由平等权利的自然法则，而这正是合同自由的出发点。另外，社会契约论在合同自由原则形成的过程中也有重要的作用，它提供了框架和程序性解释。

1.3.4 合同自由理论的相对性与合同公正性原则

随着工业和商业的发展，各主要工业国家由自由竞争时代进入了垄断时代，经济活动的主体也已由以个体为主的时代转向以大公司、大企业甚至垄断组织为主的时代。显然，古典契约自由理论所假定的前提也发生了根本性的变化，试想，一个消费者与一个强大的商业组织能平等、自由地进行协商吗？

在这里，弱小的一方只有"做"或"不做"的选择权，而在"如何做"方面已经失去了进行交涉的权利和自由。在这种情况下，合同自由是不可能存在的。另外，合同自由所要求的客观条件如合同不得涉及除当事人之外的任何第三人、有充分的信息、有足够的可供选择的伙伴等，也由于社会经济的发展、社会分工和交换的进一步加强，早已发生根本的变化而不复存在了。所以"合同自由的原则"也就由"合同公正性原则"所代替了。这就导致了对合同自由从立法和司法上进行的必要的限制。例如：各国法律对合同订立的形式和程序有了越来越多、越来越严格的要求，甚至还出现了国际统一的合同形式范本（如FIDIC合同条件等）。

1.4 诚实信用原则

诚实信用原则是合同法甚至整个民法的一项极为重要的原则，在大陆法系中，它常常被称为债法中的最高指导原则或"帝王规则"、"帝王条款"，该原则已成为具有世界意义的法律现象。

1.4.1 诚实信用原则的概念

诚实信用原则是人类社会的最高理想，为自然法的代名词，其本质在于作为自然法的化身对实在法起监督作用。诚实信用原则是一种交易道德，能保证当事人利益的平衡。诚实信用原则是"未形成的法规"，是白纸规定，包含的范围极广。

从国外研究的情况来看，大陆法系国家的学者主要有以下几种观点。

第一种观点是主观判断说。该观点认为，应当从主观的角度来确定诚实信用的内容。如德国的施塔姆勒认为，法律应该以社会的理想即爱人如己的人类最高理想为标准，诚实信用是这一理想的判断标准。

第二种观点是利益平衡说，认为该原则的宗旨在于谋求当事人之间的利益平衡。

第三种观点是行为规范说，认为诚实信用原则旨在确立诚实守信、不欺诈他人的行为规则。

英美法系多认为诚实信用是一种行为规范。美国《统一商法典》规定，涉及交易时，"善意"是指事实上的诚实和遵守同行中有关公平交易的合理商业准则，因此，"诚实信用，就是在进行商业活动及缔结合同时必须对事实完全诚实坦白，以平等互利为目的，行为通情达理，绝不设意欺诈或乘人之危巧手渔利"，"诚实信用原则强调的是主观上的善意，反对的是主观动机上的恶意"等。

我国著名法学专家梁慧星教授认为，诚实信用是在市场经济活动中形成的道德规则。它要求人们在市场活动中讲究信用，恪守诺言，诚实不欺，在不损害他人利益和社会利益的前提下追求自己的利益。被国外专家誉为"中国民法之父"、"中国民法先生"的佟柔教授认为，诚实信用原则要求民事主体在从事民事活动时应该诚实、守信用。当事人应用善意的方式行使权利，在获得利益的同时应该充分尊重他人的利益和权利，不得滥用权利，加害他人，同时要忠实地履行义务。

总之，诚实信用原则的基本涵义包括：第一，当事人在订立、履行合同时，要以诚相待，恪守诺言，把善意作为从事合同行为的基本出发点；第二，当事人在从事合同行为时，要平等互利，实事求是，不欺骗对方；第三，当事人在从事合同行为时，不滥用合同权利，主动承担合同义务，不回避法律责任。

1.4.2 诚实信用与工程建设合同

在工程建设合同的执行过程中，诚实信用原则贯穿始终。我国《合同法》第60条规定："当事人应当遵循诚实信用原则，根据合同的性质、目的和交易习惯履行通知、协助、保密等义务"。其实，双方达成工程建设合同交易的前提就是双方都诚实守信。很难想象，如果一方在诚实信用方面存在问题，合同会签署成交。

同时，合同的某些条款也体现了诚实信用原则，如一般工程合同中对不可抗力、不可预见状况责任的分配；对在发生特殊情况时，非责任方减小或阻止损失扩大的义务的规定等。

有些合同特别是技术含量高的工程项目合同中规定的双方的合意是模糊的概念或意向，需要在合同的执行过程中通过双方的协商、谈判加以明确，在这种项目合同的执行过程中，诚实信用显得更加重要，有时甚至是项目成败的关键。

1.5 合同救济

对合同的救济是指对合同的法律保护。对合同的救济分为两类，一是对存在问题的合同即病态合同的救济，二是对合同执行过程中违约的法律救济。

1.5.1 病态合同法律救济

在确定病态合同前，我们首先应当先确定非病态合同——健康合同的模式和一般标准。健康合同即古典合同理论家所提倡的合同模式，也就是完全在意思自治和合同自由理论框架下的合同模式。在这种理想的合同模式中，当事人的人身和意志是绝对自由的，其内心的意思与表示于外的意思完全吻合，正如英美法系合同理论中的所谓"镜相规则"。但是合同关系的当事人为社会关系中的人，合同关系为社会关系，当事人之意思的表达不是在真空中传达，而是在一个纷繁复杂的社会中传达的，内心意思在表达于外的过程中，有可能受到各种各样因素的影响。这样，内心意思与表达于外的意思之间就有可能存在差异，这种差异就是对意思自治和合同自由的背离和异化，而这种背离和异化，依古典合同理论的标准而言就是病态。

现在，世界各国法律对合同的成立和生效均规定了一系列的要件，违反法律强制性规定的合同即为病态合同。例如，根据《法国民法典》第1108条规定，合同生效应当具备下列要件：(1)承担义务的当事人同意；(2)当事人应具有相应的缔约能力；(3)义务标的确定；(4)债的原因合法。根据《意大利民法典》第1325～1352条的规定，合同生效的要件包括：(1)当事人的合意；(2)合同原因合法；(3)合同的标的可能、合法并确定或可确定；(4)合同的形式应符合法定或约定。所有违反这些法定要件的合同都为病态合同。

因合同违反法律所规定的要件的不同，可以确定合同病态的严重性。一种是仅违反与当事人利益有关的要件，如意思瑕疵等；另一种是违反与社会利益相关的要件，如违反法律的强制性规定或公序良俗等。前者因涉及当事人双方利益，故病态并不十分严重，尚可救治，各国法律一般都规定其为相对无效的合同，将合同是否有效的决定权交给当事人本人；后者因涉及社会利益故为病态严重的合同，当事人无权决定其命运，这样的合同犹如"死产儿"，各国法律一般规定其无效，称其为绝对无效的合同。

对病态合同的救济主要有三种制度：绝对无效制度、相对无效制度及效力待定的制度。

效力待定的合同是指效力尚未发生、尚未确定，有待于其他行为确定其效力的合同。根据法学理论和我国《合同法》第47～49条及第51条的规定，无行为能力人、限制行为能力人订立的合同，无代理权人订立的合同，无处分权人订立的合同均属于效力待定的合同。

合同的绝对无效与相对无效制度，也被称为无效与可撤消制度。我国《民法通则》

第 58 条规定了使合同无效的原因。

在对病态合同进行救济时应注意以下几个问题。

(1) 合同部分无效、无效转换及补正。

在合同无效制度中，有时具有相对独立性的条款无效或合同在量上的违法并不必然引起整个合同的无效。大陆法系国家与英美法系国家在认定合同全部无效与部分无效的标准方面，所采用的原则基本是一致的。我国《民法通则》第 60 条规定：民事行为部分无效，不影响其他部分的效力，其他部分仍然有效。我国新合同法沿用了这一原则，在第 56 条有相同的规定。

在罗马法上，有"一个行为无效而具备其他行为的要件时，如其他行为符合当事人的意思，则其他行为有效"的原则。这个原则被大陆法系许多国家民法典所继承。但是，我国《合同法》和《民法通则》未作明文规定。

对合同的补正就是对病态合同的"救治"。传统理论认为，补正应具备三个条件：对合同行为瑕疵有充分的认识；当事人有治愈瑕疵的意思；瑕疵能够排除。

(2) 恢复原状。

恢复原状就是法律对无效合同即可撤消合同效力否定的直接体现。换句话说，法律既然不承认无效合同即可撤消合同被撤消后的法律效力，就应该使得当事人双方的财产状况不因合同的订立而发生任何变化，即当事人缔约前的财产状况应予以恢复。

(3) 基于缔约过失的赔偿责任。

根据我国《民法通则》第 61 条及《合同法》第 58 条的规定，有过错的一方应当赔偿对方因此而遭受的损失，双方均有过错的，应当各自承担相应的责任。

1.5.2　合同违约的法律救济

合同的全部意义和终极目的在于履行，正如一些国家的法学理论家所强调的，债权合同可以产生各种不同的义务。人们设定这些义务就是为了实现一个目的——履行。合同规定了一项交易所要经历的不同发展阶段以及有关规则，当事人将据此达到他们所商定的预期目标。法律希望私人之间的交易能够按照当事人自己设定的"法律"——合同进行，同时，这也是国家经济秩序的一部分。

但是，由于客观和主观的原因，合同得不到履行或不按缔约人预先的设想履行的状况时有发生，这就是我们通常所讲的违约。具体地说，违约就是合同当事人在无法定事由的情况下，不履行或者不按约定履行义务的行为，各国法律为此设定了各种救济措施。

一方的违约实际就是对另一方合法权益的损害。所以对合同违约的法律救济就是在法律的框架下，要求违约方给予对方相应的赔偿。在西方主要的法律制度中，有关计算损害赔偿的主要原则有如下几条：

第一，损害赔偿是补偿性的，判予损害赔偿就是要保护债权人的某些被确认了的权益。

第二，通常对债权人保护的是合同履行利益，即他有权处于如同合同得到良好履行的状态。

第三，在完全保护这些利益方面，所有的法律制度均会有所节制，完全赔偿的目的通常会让道于此种意识：有必要确立一些界线，对超过的部分债务人无须负责。

从补偿性原则我们可以推出以下几个结论：(1)以遭受损失方的损失为标准；(2)损害赔偿不超过损失；(3)不允许惩罚性赔偿；(4)被补偿方须有损失。

大陆法系与英美法系的合同制度虽然有差别，但是在救济手段上却十分相似——实际履行（或称为特别履行、具体履行等）、解除或终止合同、赔偿损失。

1. 实际履行

在我国，一般将实际履行作为一种救济措施而非一项基本原则。但不同版本的《合同法》在具体方式的规定上有所不同。

第一版第154条是这样规定的：债务人违约后，如债务履行仍有可能，债权人可不解除合同，而向法院申请强制实际履行，但下列两种情况除外：(1)强制债务人实际履行合同费用过大；(2)依合同性质不宜强制履行的。

第三版从正面作了规定：当事人一方违约后，另一方可以请求人民法院强制实际履行：(1)依照《合同法》第27条订立合同的；(2)标的物为不动产的；(3)标的物在市场上难以购买的；(4)其他确有必要强制实际履行的。

在1998年9月向全民公布的征求意见的草案中，第116条作了这样的规定：当事人一方不履行金钱债务或者履行金钱债务不合约定的，对方可以要求强制履行，但有下列情形之一的除外：(1)法律或事实上不能履行的；(2)债务的标的物在市场上不难获得；(3)债务的标的不适于强制履行或履行费用过高的；(4)债权人在合理期限内未请求履行的。

现行《合同法》基本上保留了这种规定，于第110条规定：当事人一方不履行非金钱债务或者履行非金钱债务不符合规定的，对方可以要求履行，但有下列情形之一的除外：(1)法律上或者事实上不能履行；(2)债务标的不适于强制履行或者履行费用过高；(3)债权人在合理期限内未要求履行。

2. 合同的解除

有效成立的合同，对双方当事人具有相当于法律的效力，任何一方均应遵守自己制定的法律而不得任意变更或解除。但是当某些特定因素出现时，法律例外地允许当事人解除合同以免除其对自己的约束。

从各国合同法（或民法典）的规定来看，合同解除有两种：一为意定解除，二为法定解除。

意定解除可分为两种，即依协议的解除与依约定解除权的解除。协议解除是指双方通过订立一个新的合同以解除原来的合同，这种新的合同称为"反对合同"；约定解除权的解除是指合同当事人在订立合同之时或之后约定一方或双方解除合同权发生的情形，即当发生某种情形（如某种形式的违约）时，一方或双方即享受有解除合同的权利。

法定解除是指当事人行使法定解除权而使合同效力消失的行为。而所谓法定解除权是指依据法律规定的原因而产生的解除权。如我国《合同法》第94条规定：有下列情形之一的，当事人可以解除合同：(1)因不可抗力致使不能实现合同目的；(2)在履行期限届满之前，当事人一方明确表示或者以自己的行为表明不履行主要债务的；(3)当事人一方迟延履行主要债务，经催告后在合理期限内仍未履行的；(4)当事人一方迟延履行债务或者有其他违约行为致使不能实现合同目的；(5)法律规定的其他情形。

3．损害赔偿

损害赔偿在《合同法》中的应用是十分广泛的，它既可以作为一种独立的救济措施，也可以作为一种辅助的救济措施。损害赔偿的基本目的是：使受害方的利益达到如同合同履行后所应达到的状态。

我国《合同法》在损失范围的界定上，实际采用大陆法系"实际损失"和"可得利益"的概念，这一点从《合同法》第113条的规定中可以清楚地看出来。

实际损失是指受害人信赖合同能够履行而得到履行利益所支出的费用或财产因违约而发生的损失，所以又被称为"信赖利益"，即信赖合同的履行而使自身经济地位发生改变。可得利益是指如同合同按约定履行后受害人应当得到的经济利益，又被称为"履行利益"或"期待利益"。对信赖利益的赔偿是为了使受害人恢复到缔约前的经济状态；对可得利益的赔偿是为了使当事人达到合同履行后所应达到的状态。

4．损害赔偿的限制

一般来说，损害赔偿是补救性而非惩罚性的，所以，各国的立法都对损害赔偿有合理的限制。

(1) 预见性

法国学者波蒂埃在其《论债权》一书中指出：违约损害责任的范围不得超过违约方在订立合同时已经预见或者应当预见到的因违约而造成的损失。这一原则实质上反映了意思自制原则的基本要求。根据意思自治原则，当事人享有决定其合同义务范围的自由，而不履行义务所导致的后果的确定有赖于当事人的意思——当事人的预见。这是因为，每一方当事人在订立合同时，都应当并能够估计其承担的风险。

在美国，"可预见"理论得到了空前的承认，而经济分析法学派对这一理论的价值从效率的角度进行了充分的说明，故为立法和判例所广泛采纳。如美国学者迈克尔指出，从当事人各自未来的地位角度出发，对可预见的损失范围予以限制是可取的。作为一个可能的受害人，他必须提醒对方他可能遭受的损害。如果他没有这样做，那么他尽管不能处于一个与合同已经得到履行时一样的地位，但也怨不得别人，他必须承担这一风险。而作为违约方，仅对他合理接受的风险所致的损失负责；对于与约定义务无关的受害方的损失以及缔约时不能合理预见的损失，违约方概不负责。

在我国，适用可预见性理论的立法最早见于1985年的《涉外经济合同法》。该法第19条规定：当事人一方违反合同的赔偿责任，应相当于另一方的损失，但不得超过违反合同一方订立合同时所应当预见到的因违反合同可能造成的损失。我国现行的《合同法》采用了可预见性原则，第113条规定：当事人一方不履行合同义务或者履行合同义务不符合约定给对方造成损失的，赔偿额应相当于因违约造成的损失，包括合同履行后可以获得的利益，但不得超过违反合同一方订立合同时预见到或者应该预见到的因违反合同可能造成的损失。

(2) 受害人防止损失扩大的义务

当一方当事人违约而造成损害时，非违约方应及时采取合理的措施以防止损失的扩大，这就是受害人防止损害扩大的义务。如果受害人违反此义务，应对因此给自己造成的损失负责。从另一方面说，这也是对违约人赔偿的限制。各国立法和判例均对这一原则持肯定态度。我国《民法通则》及《合同法》对这一原则历来持肯定态度。

如《民法通则》第114条规定:"当事人一方因另一方违反合同而受到损失的,应当采取措施防止损失的扩大;没有及时采取措施致使损失扩大的,无权就扩大的损失要求赔偿。"我国现行《合同法》继承了这一原则,并于第119条作了明确的规定。

(3) 受害方本来就不能履行合同时,不能得到法律救济

在一方违约时,如果他能够证明即使他不违约,对方也不能履行合同义务时,他就可以免除赔偿责任。如《美国第二次合同法重述》第254条第1款规定:如果情况表明在一方拒绝履行合同而完全违约后,受害方本来就不能履行对应的诺言时,违约方因该完全违约而支付损害赔偿金的义务便因此而解除。在英美法系这一规则是根据对价原则而设立的。根据对价原则,如果对方的诺言本来就不能实现,违约方的诺言也就失去了对价,该诺言对违约方就没有约束力,违约方就不应当因违反诺言而承担赔偿责任。

5．赔偿额的计算规则

根据合同法理和各国的司法案例实践,在计算损失方面有许多精细的规则。

(1) 替代价格。当合同一方违约时,违约的受害方可以要求违约方用一个新的履行来替代原来承诺的履行。替代价格应等于受害人因采用新的履行办法替代原有承诺的履行而受到的损失。

(2) 损失——盈余规则。各方都希望从合同中赢利,这一规则要求违约方赔偿受害方因违约而失去的赢利的数额。

(3) 机会成本规则。机会成本规则规定赔偿额等于合同订立时可供选择的最佳合同价格和违约后替代履行所得的价格之间的差额。

(4) 预算外开支。基于合同产生的行为可能涉及到某项投资,而该投资因违约方的违约行为无法得到全部的赔偿。预算外开支规则用于裁定违约的受害人基于对合同的信任在违约前支出的成本和违约后靠这些成本实现的价值之间的差额。

(5) 减少的价值。当合同的履行不正当或不完全时,所得的价值就少于承诺的价值。减少的价值规则用于裁定违约的受害人在违约行为发生后按合同得到的利益与合同被适当履行后所得的利益之间的差额。

2 合同履约约束分析

从前一章的分析中我们知道,在工程项目的实施过程中,合同双方都应遵守共同约定的规则,这些规则是约束双方合同行为的准则,当某一方因对方违反约定而遭受到某种损失时,他就有权向负有责任的另一方提出补偿损失的某种要求——索赔。

在索赔的过程中,违约的判断是关键所在。从字面上来看,违是离、远、违背、违反的意思,约是绳索、约束的意思。所以,"违约"就是离开约束,违反约束的意思。"违约"首先要有"约",而后才有"违"。在合同关系中,特定的合同规定了当事人双方各自的"约",即合同的履约约束体系,对这些"约"的偏离是索赔发生的前提条件,所以,在工程项目的管理中,掌握合同的履约约束体系就显得特别重要。

通常,大家认为对合同双方的约束全部都可以在合同中找到,从本质上来看,这种观点没有错误。但是,在实际工作中,合同约束并不仅仅包含合同条款中规定的显性的约束,还有些是隐含在合同的法律背景中的,属隐性约束,这些约束需要分析和挖掘才能得到。不全面了解合同的约束体系,就不可能有效地维护自身的利益。因此,全方位地分析和研究合同当事人的行为约束体系,是执行合同和有效地进行工程合同索赔管理的基础。

2.1 合同履约约束体系

合同履约约束体系是指合同规定的限制合同当事人行为的约束条件,是合同当事人履行合同义务必须遵守的行为准则。

任何事物都不是孤立地存在的,都需要一定的外界环境,对它存在所必需的环境的破坏就如同对它本身的破坏一样,都会使其受到伤害。合同履约约束体系是随着合同而产生的,在研究合同履约约束体系时必须从合同内、外两方面着手,只有这样才能全面掌握合同的约束体系。

结合合同的概念,从履行合同的角度来看,合同可以被理解为在规定条件下按时间顺序排列的各个当事人拥有的权利和应该履行的义务的序列。在这个序列中合同当事人的义务和权利互为条件和结果,它们能自动得以实现,直至合同执行结束。图2-1所示为合同履约序列。

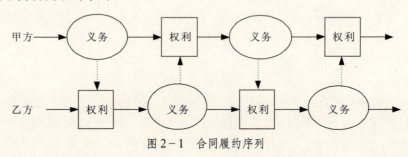

图2-1 合同履约序列

当然，合同实际的执行过程并非如此简单。通常，合同当事人的权利和义务是交织在一起的，在时间上不能分得十分清楚。另外，这个序列是在一定环境下存在的，即合同的履约要受到多方面的约束。从本质上讲，这些约束都是合同自身规定的，但实际上有些来自合同成立的法律背景，有些来自合同本身的条款。我们称来自合同法律、法规背景和环境的约束为合同外围约束，来自合同条款的具体约束为合同条款约束。

2.1.1 合同外围约束

根据上一章对合同概念的分析我们知道，合同是具有法律地位的"局部法"。这部"局部法"的成立不是孤立的，它是建立在现有法律体系基础上的。

罗马法认为合同是"得到法律承认的债的协议"；大陆法系的《德国民法典》将合同定义为"民事主体之间以设立、变更或消灭债权债务为目的的双方法律行为"；英美法系认为合同是一种法律上可以强制执行的协议；我国的《合同法》要求合同行为应该是合法行为，只有主体、客体、内容及形式不违反法律的规定，合同才能产生法律约束力。所以，遵守现行的法律规定是各个法律体系对合同成立和执行的共同要求，现行法律法规是合同履行的有效约束。

同时，特定的合同涉及到特定的行业以及经济生活中的特定行为，所以，在履行合同时，当事人还必须遵守与合同行为有关的行业规范和惯例。

即使是法律、规范和惯例都没有明确规定，但是合同关系中应遵守的某些原则同样对当事人的行为也有一定的约束作用，如公序良俗、合同自由原则、诚实信用原则等。公序良俗是建立在社会公共道德基础上的约定俗成的行为规范，是人们共同认可的"公理"型行为模式，它包括适合社会各个方面的普遍公序良俗和适合某特定范围的特殊行为模式，如某种行业的惯例等。

因此，合同的外围约束由三部分组成：(1)法律法规；(2)合同自由原则和诚实信用原则；(3)公序良俗。

从法理上讲，自由和诚实信用原则的范围最广，它是现行的法律法规和公序良俗的基础；而法律法规和公序良俗的约束力度是不同的，法律法规的约束力更明确和具体，同时，优先于公序良俗的约束力。

2.1.2 合同条款约束

根据前文第1.2.2节的论述，从在法律体系中所处的地位而言，合同是现行法律的延伸，之所以会需要这种延伸，是因为现行的法律不能对当事人双方在交易过程中的行为实施具体有效的约束。合同中针对具体工程（交易）的条款就是用来弥补现有法律体系（或称为合同法律背景）的这种不足。因此，对合同当事人履约的约束除了合同外围约束外，还有合同条款约束。

我们这里的合同是一个宽泛的概念，它不仅仅指当事人双方签订的合同文本，还包含相关的合同附件和双方在交往中所签署的其他有关文件等。

合同条款约束主要有以下几种：

(1)合同目标约束。

合同目标是合同双方要从合同中获得的利益的具体体现。合同各方当事人都必须以双方的合同目标为行动指南，所有的行动都应有利于合同目标的实现，受合同目标的约束。合同目标最终必须要变成某种具体的收益（如业主获得工程建设的成果，承包商获得经济利益），建设工程项目合同目标主要有以下几个方面：

1）工程的物质成果。工程的物质成果是一个具有层次结构的多层体系，总的成果由一层一层的较低层次成果组成，对每一个低层次的成果的妨碍都可能对总的合同物质目标的实现带来不利的影响。工程的物质成果不仅包括建设成的具体的工程事物，还包括项目建设过程中衍生出来的其他物质性的东西，如图纸、资料、培训教材、系统的合同文档等。

2）工程的技术成果。技术成果是保证物质成果满足合同要求的必要条件；没有技术成果，物质成果就失去了存在的价值。技术水平、质量、可靠性、故障率等就是技术成果的具体体现。

3）工程的时间成果。在现代社会中，时间就是金钱，时间和效率在大型工程建设中显得尤为重要。合同双方认可的工程建设工期和体现更详细工程进度的工程网络图是工程时间成果的目标，这一目标的实现在大型工程项目管理中占有十分重要的地位。

4）工程项目的经济成果。这里所说的经济成果是涉及该工程项目的简单的经济效果。对业主来说就是项目的建设成本，对承包商来说就是他承包该工程项目所获得的经济效益。

（2）合同运行机制的约束。

在合同执行过程中，每一个合同都有它自己的内在运行机制，当该运行机制遭到破坏时，合同的执行就会受到影响。因此，当事人在执行合同时，合同运行机制是必须遵守的约束。

1）合同管理体系约束

特定的工程项目和工程合同有其特定的管理要求和管理系统，特别是大型工程项目的合同，往往涉及复杂的工程管理、技术管理、商务管理等。同时，合同管理体系还对人员素质、信息交流、特殊事件的处理机制等有具体的要求和规定。合同双方当事人都应受这些管理体系、要求和规定的约束。

2）合同执行程序

合同执行程序是对合同双方的重要约束，它是实现合同当事人义务和权利的保证。不同的合同和工程项目有不同的程序要求。合同执行程序主要包括工程实施程序、合同商务程序、信息交流程序、特殊事件处理程序和日常合同管理程序等。

3）合同合意的约束

根据第1.1节的描述，合同的本质是合意。在很多情况下，由于工程项目本身的复杂性、人们认识客观世界的局限性和工程环境的不确定性，使我们不能对合同的某些目标、程序、方法等给出确切的描述。这时，合同本身就具有一定的模糊性和不完全性，即使这样也不能对合同进行任意的理解，而应仔细地推敲双方在签署该合同时的合意，以合同的合意为行动的指南。这样，合同合意也就有了一定的约束性。

2.1.3 合同履约约束体系的结构

合同履约约束体系由外围约束和条款约束构成，结合前面的分析可得其结构体系如图2-2所示。该图说明，合同约束体系对合同的执行有多重约束，只有当所有这些层次的约束都没有发生作用时，合同的执行才会落入"无序沼泽"而发生混乱。

相对而言，下面的一层约束是制定上面一层约束的基础和依据，上层约束比下层约束更具体、更有针对性，在进行合同索赔时更有说服力。下面一层约束的范围更宽泛，但不具体，它往往可以作为上一层约束的一种补救约束；当上层约束不能发生作用时，合同双方当事人可以根据下层约束的规定，通过交涉、谈判，制定出新的上层约束条款，或者对上层约束进行补充解释。

图 2-2　合同约束体系

在实际的工程合同中，约束体系的这些层次并不能划分得十分清楚，各个层次往往是相互渗透、交融在一起的。例如：在合同条款中可能存在"甲乙双方基于诚实信用原则签订本工程合同"、"在发生……情况时，适用的法律为……"等文字。但是，在实际的工程合同管理过程中，如果按照这个结构体系进行合同索赔分析，同时再结合合同文件，就有可能更准确地找出对方违约的证据。

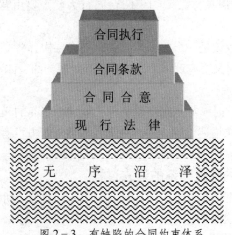

图 2-3　有缺陷的合同约束体系

在实际生活中，如果一个人不讲诚实信用、不遵守公序良俗，一般人都有一种感觉：与这样的人进行交易（或签署合同）是很危险的，交易（合同）有可能不能被按照约定实施。

这种现象是有道理的，因为如果某人不讲诚实信用、不遵守公序良俗，则所签署的合同对他的约束就可用图 2-3 来表示。这样，诚实信用、公序良俗就都淹没在无序的沼泽中了，合同约束体系的强度大大减弱，于是，就很难保证合同的正常执行。

2.2 基于业主利益的合同约束体系的建立

为维护自身的利益，在签署合同以前，业主就应该对未来合同对承包商的约束有一个统筹的考虑，必须有意识地在合同中构建起能保证自己利益得以实现的合同履约约束体系。

在合同谈判中，业主要有意识地按照合同履约约束体系的结构建立全面、系统、完整的合同履约约束体系，这个合同履约约束体系应该为业主的利益提供多层防护，它是预防承包商违约和将来业主进行合同索赔的基础。通常，这个履约约束体系并不能在合同谈判阶段彻底完成，有些约束需要在合同的执行过程中加以完善和明确，但订立合同时的谈判为整个履约约束体系定下了基调，总体结构基本定型。

2.2.1 建立合同履约约束体系的原则

1. 由外向里、由宽泛到具体原则

合同履约约束体系的建立是按图 2-2 所示的各个阶段由下而上进行的（见图 2-4）。

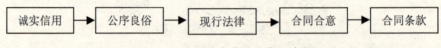

图 2-4 合同约束体系的建立过程

该原则要求在进行合同谈判、起草合同文本时，考虑到对对方（承包商）合同行为的宏观约束。这样，即便是在具体的约束条款中遗漏了某些东西也可得到一定的补救，不至于造成很大的损失；另外，由宽泛到具体的过程可避免漏掉一些具体的约束。宏观约束虽然重要，但是在索赔过程中并不实用，所以要尽量将宏观的、概念性的约束具体化、条款化，能用具体条款约束的合同行为就不要用宽泛的概念进行约束。

2. 协调一致原则

整个履约约束体系应该是一个和谐的整体，各个层次、各个具体的约束之间应该统一，不能相互冲突，同时又要有逻辑性，这样，整个履约约束体系才具有很强的约束力。

3. 量化原则

在制定具体约束条款时，尽量用定量的方法规定承包商的义务，实在不能用定量方法表示的才用定性的方法描述。这样的约束一目了然，双方没有歧义，同时也使检验和评价简单明了。

2.2.2 合同履约约束体系的建立过程

合同履约约束体系建立的过程实际上是经过双方的讨价还价形成合同、协议、备忘录、工程文件的过程，这些文件本质上体现了合同双方责、权、利的分配。合同履约约束体系建立得好坏将直接影响工程的实施及合同双方在工程中获得的实际利益。

合同履约约束体系的建立是一个动态的过程，各种约束在不断地调整和变化，有的还在不断由定性向定量转化或由模糊向具体转化。根据前文分析的合同履约约束体系的结构和建立合同履约约束体系的原则，建立合同履约约束体系的流程如图 2-5 所示。

首先，业主应广泛收集与工程有关的各种资料和案例，组织有关的专家和经验丰富的工程管理人员、技术人员对整个工程进行全面的分析研究。在此基础上结合合同履约约束体系的结构特点搞清楚该项目外围约束条件、自身约束条件的总体结构。

第二，拟定满足自己要求的模糊性约束条款和确定性约束条款。在制定条款时，一定要坚持合同履约约束体系建立的三个原则，只有这样才能使合同履约约束体系全面、合理并具有可操作性。

一厢情愿的合同履约约束体系是没有法律效用的，它的约束效力不会发生作用，只有双方都认可时才成为真正的约束体系。所以，建立合同履约约束体系不可缺少的一个环节就是双方的谈判。

第三，内部协调和双方谈判。合同的履约约束体系是一个十分复杂的系统，它涉及到技术、管理、商务以及自然和社会环境等。因此，双方在进行谈判以前，必须就我方设计的整个约束体系进行全方位的协调，否则，就有可能给自己带来不必要的麻烦。谈判的实质是双方确认合同履约约束体系并使之具有法律效用的过程。由于我方制定的合同履约约束体系约束的对象主要是对方，所以对对方的想法、计划和习惯的了解在合

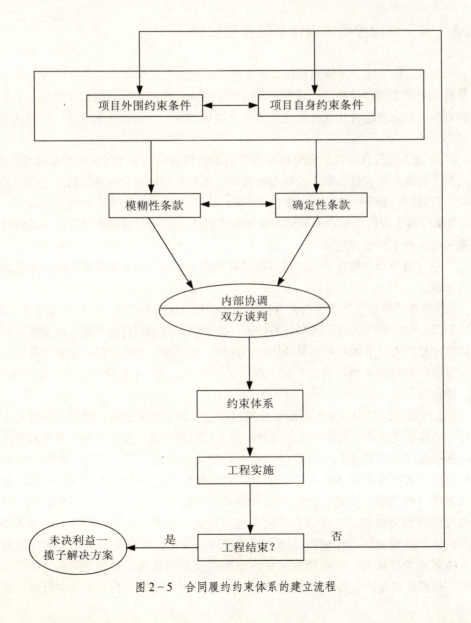

图 2-5 合同履约约束体系的建立流程

同履约约束体系的制定过程中显得十分重要，而且极具实用价值。因此在这个过程中，我方应根据双方的立场和对方透露的信息，不断完善合同履约约束体系，使之不断完善，并更具可操作性。

第四，合同履约约束体系的不断完善和调整。随着工程项目的进展，影响工程的内外环境因素也在不断变化，这样，原有的合同履约约束体系往往不能完全满足工程实际的要求，于是，合同履约约束体系也应该发生相应的变化。这些变化并非没有限制地任意变化，它是在原有合同履约约束体系基础上的修改和完善，如某些模糊约束的具体化、定性约束的量化等。变化的依据多为合同合意、法律法规、工序良俗等。对合同履约约束体系的完善和调整存在于整个工程的实施过程中，直到工程结束。

其实直至双方的合同关系彻底结束前，由合同产生的履约约束体系一直存在，并对合同双方发生法律约束效力。

2.3 基于合同履约约束体系的违约识别

在大型工程项目中，特别是在技术含量很高的大型工程项目的实施阶段，业主往往始终处于信息的劣势地位，这种情况给业主对承包商违约行为的识别带来了十分不利的影响。为改变这种状况，业主应该从合同履约约束体系的要求出发，重视以下几方面的工作。

1．加强工程信息的收集和整理，这是对承包商违约行为进行识别的基础性工作。这里的工程信息不仅仅包括工程的实施情况，还要特别注意合同履约约束体系的变化（如在工程进行过程中双方达成的相关协议、备忘录等具有法律效力的文件等）。

将掌握的工程信息与合同履约约束体系进行比较就能很清楚地知道合同履约约束体系是否得到了严格的遵守。

2．承包商"有罪推定"论。这里的"有罪推定"是由"无罪推定"的法律原则引申而来的。

无罪推定原则是指刑事被告人在被依法证实和判决有罪之前，一律应该视为无罪。在刑事诉讼中，被告人是个体利益的代表，检察官是整体利益的代表，国家机器的强大往往使被告人处于劣势和不利的地位，这样，就必须特别强调保护被告人权益，否则，就不能保持这两种利益的平衡，难以实现司法公正，于是就产生了"无罪推定"的法律原则。

在工程建设过程中，业主的利益是通过承包商的工作实现的，这样就使得业主的利益特别容易受到承包商的伤害；另外，在工程信息方面，业主也处于劣势地位，业主是否得到了应有的工程建设数量和质量只有承包商最清楚。因此，类似"有罪推定"原则中的刑事被告人，业主处于劣势和不利的地位。为维护自身的利益，业主可以使用"有'罪'推定"原则，这里的"罪"是"过错"、"违约"的意思，即在承包商证明他完成的工作符合合同规定前，首先认定其工作是不符合合同要求的；同时，证明承包商的工作成果符合合同要求的任务应由承包商来完成。从合同履约约束体系的角度来看，就是要求承包商证明他没有违反所有的履约约束。

3．按照从定量到定性、从具体到模糊合同约束的顺序来分析承包商的行为，进行承包商违约识别。

根据合同履约约束体系的结构,在从"合同条款"到"诚实信用原则"的过程中(见图2-2),合同履约约束对当事人的约束力逐渐减小,在合同索赔中作为索赔的依据的力度也越来越弱,但是其管辖范围越来越广。因此,为更好地对承包商的合同行为进行违约识别,应该按照合同履约约束体系的结构,从上到下一步一步地进行,这样不仅能最大程度地识别承包商的违约行为,减少对违约行为判断的遗漏,而且也最有利于下一步工程合同索赔工作的实施。

3 业主合同索赔理论

既然合同是合同当事人双方之间的合意，那么对大型工程项目建设合同来说，合同的任何一方所认为的公平的情况就是：与工程项目建设有关的一切事情都必须按合同的规定执行，没有任何违背合同条款的情况发生。但是在工程项目的管理过程中，由于整个工程项目的实施处在一个开放的环境中，同时人们对事务的认识又有一定的局限性，于是往往会出现实际工程项目建设情况与合同的某一方或双方认为的合同意思不一致的情况。这时，合同的某一方就可能会认为自己受到了与合同原意相比不公平的待遇，从而提出某种补偿，于是索赔就会发生。

3.1 合同索赔概念

在工程建设项目的管理领域，一般文献将承包商在合同实施过程中根据工程合同及法律规定，对非自己的过错，并且属于应由业主承担责任的情况所造成的实际损失，凭一定的程序，向业主或其代理人提出请求给予补偿的要求称为合同索赔。承包商进行索赔的结果一般包括获得业主给予的经济补偿和工期延展两种情况。

从前面关于合同法律理论的论述中我们了解到，订立合同的一个十分重要的原则是"合同自由原则"。这个原则表明，合同是当事人自由选择的结果。由此我们可以得出，在合同订立和执行过程中，各当事人的地位是平等的。在被简称为"黄皮书"的国际咨询工程师联合会（FIDIC）1988年编写出版的《电气与机械工程合同条件（包括现场安装）》一书中，不论是业主向承包商索赔还是承包商向业主索赔都用了"claim"一词（见第十条第3款和第三十四条）。"claim"一词有很多含义，如：（根据权利）要求、主张、声明而得到的东西等，其中之一可汉译为"索赔"，它一般做动词使用，表明一种行为。在一般民事行为（包括经济活动）中，可以理解为"（提出）要求"。当事人提出要求，应有一定的依据，并被限制在其权利许可的范围内。因此，"索赔"可以理解为"根据权利提出（的）要求"。在这里，"根据权利"中的"权利"实际上就是根据双方在自由意识下的合意——合同和相应的法律规定。

但是，索赔与合同按计划正常进行时合同双方所行使的合同所赋予的一般权利又有不同。在合同得以正常执行的情况下，双方行使的权利不能称之为索赔，如承包商在完成一定的工作后，有权向业主索要合同规定的费用等就不能称之为索赔。只有在合同处于非正常状态时，合同的某一方才有可能拥有索赔的权利。合同处于非正常状态是指合同中的某一方因为主观或客观的原因没有按照合同的要求和规定履行其义务。从法理上讲，合同索赔实际上就是对合同的救济。

根据上述分析，我们给合同索赔定义如下：合同索赔是在合同处于非正常状态的情况下，合同某一方因非己方责任遭受某种损失并根据合同的合意向负有责任的另一方提出某种要求的行为。

从合同索赔的定义中，我们可以明显看出该定义并没有明确指出是哪一方当事人提出索赔要求。作为经济合同之一的大型工程项目建设合同，同样应当遵循我国经济合同订立和履行中"当事人双方法律地位平等、权利与义务对等"的原则。因此，不能认为索赔是哪一方的专利，而应当把它看成是双方都有的一种权力。承包商可以向业主提出某种要求，业主也可以依据合同规定的权力向承包商提出某种要求，或者说，合同双方当事人都可以依照合同规定的权力提出某种要求，这种相互提出要求的情形，就是工程项目建设合同"索赔的双向性"，它体现了合同当事人双方地位平等的原则。

合同索赔是保障当事人正当合同权益的重要手段。承包商和业主在合同履行中都有自己的权益，这些权益存在着由于某种原因而受到不利影响的可能性，当造成这种不利影响的原因是某一方时，另一方依据合同规定的权力而要求对他自己所遭受的影响予以消除或补偿而进行索赔，便是天经地义的。

由此可见，提出索赔的合同的某一方并没有特别指定是承包商或业主，因此，在实际合同的执行过程中有承包商向业主的索赔，也有业主向承包商的索赔，它是双向和对等的。一般的文献中，把承包商向业主的索赔称为"索赔"，而把业主向承包商的索赔称为"反索赔"。

在下文中，如果没有特别的说明，本书中的索赔均指业主向承包商提出的索赔。

3.2 索赔的理论分析

3.2.1 工程项目建设合同交易分析

根据美国法院在贾斯蒂斯诉兰格案中对合同所下的定义，同时结合经济学的概念，我们认为，业主和承包商双方从签订大型工程项目建设合同到工程的维护期满解除合同关系，其实质是双方进行了一个交易。合同索赔事件是在这个交易过程中发生的，所以要研究索赔就必须对这个交易过程进行分析。

3.2.1.1 即时交易

生活中大量存在的交易我们可以称之为即时交易，这种交易是在很短的时间内完成的。产生这种交易的条件是双方都对彼此的标的物有准确的了解和衡量；同时，彼此标的物的效用可在瞬间转移给对方，从交易开始到交易结束，任何一方标的物的效用都没有任何变化。这种交易一旦成交即告终结，双方再没有任何关系。

设：甲方拥有物件 A，乙方拥有物件 B，甲乙双方用这两个物件进行交易。

在交易开始时($t_1=0$)和结束时($t_2=0$)：甲方认为物件 A 的效用为 $f_1(A,t_1) = f_1(A,t_2)$，物件 B 的效用为 $f_2(B,t_1) = f_2(B,t_2)$；乙方认为物件 A 的效用为 $g_1(A,t_1) = g_1(A,t_2)$，物件 B 的效用为 $g_2(B,t_1) = g_2(B,t_2)$。

交易进行的条件是两个物件的效用必须满足下面的方程组：

$$\begin{cases} f_1(A,t_1) \leqslant f_2(B,t_1) \\ g_1(A,t_1) \geqslant g_2(B,t_1) \end{cases} \quad (3-1)$$

式（3-1）中的第一个方程式是甲方进行交易的条件，第二个方程式是乙方进行交易的条件。

当式（3-1）成立时，甲、乙双方都能从交易中获利，这时交易才会成交。

3.2.1.2 工程项目建设合同交易

工程项目建设合同交易和即时交易相比，其最本质的不同就在于这种交易有一定的延时（有时这个延时会长达数年）。工程项目建设合同交易的延时主要表现在标的物的效用转移给对方的渐进性，也就是说，转移给对方的标的物的效用是时间的函数。

设：签订合同时，甲方认为乙方标的物的效用为 $f(B,t_0)$，同时乙方认为甲方标的物的效用为 $g(A,t_0)$。

由于工程项目建设所处环境的开放性和复杂性、工程项目建设合同的不完全性以及人的机会主义倾向，这必然会导致在合同完成时，双方标的物的效用与签订合同时不同，变成 $f'(B,t_0)$ 和 $g'(A,t_0)$，如果某一方发现自己获得的效用比签订合同时预期的效用小，这时就有可能发生合同索赔。

其实，由于工程项目建设合同交易的延时性，工程项目建设合同交易开始确定的并不是一个最终的效用，而是与某一时间参数序列相对应的效用数列，即：

甲方认为根据合同他得到的效用应该为：$f_0(t_0), f_1(t_1), \cdots, f_T(t_T)$

乙方认为根据合同他得到的效用应该为：$g_0(t_0), g_1(t_1), \cdots, g_T(t_T)$

其中：T 为合同规定的工期——也就是交易进行的总时间；

$f_i(t_i)$、$g_i(t_i)$ 分别为 t_i 时刻甲、乙方获得的效用（$i=0,1,\cdots,T$）。

但是，合同执行时，往往不能按照预先设想的情况开展，所以，甲、乙双方得到的效用都有可能会发生变化：

甲方实际得到的效用为：$f_0'(t_0), f_1'(t_1), \cdots, f_T'(t_T)$；

乙方实际得到的效用为：$g_0'(t_0), g_1'(t_1), \cdots, g_T'(t_T)$。

3.2.2 工程项目建设合同交易与索赔

根据索赔的定义可知，当 $f_i(t_i) \neq f_i'(t_i)$ 或 $g_i(t_i) \neq g_i'(t_i)$ 时就有可能发生索赔。索赔和签订合同时双方各自认为的自己得到的效用 $f_i(t_i)$、$g_i(t_i)$ 以及合同进行到某时刻时的效用 $f_i'(t_i)$、$g_i'(t_i)$ 都有关系。于是我们得到有关索赔的结论如下：

1. 因为索赔的发生和合同描述的自己应该获得的效用有直接的关系，所以对索赔的管理必须从合同谈判开始，使自己在签订的最终合同文本中处于较有利的合同地位——自己获得的效用高并且描述确定。

2. 在合同执行过程中，要加强对合同执行情况的跟踪监控，了解各个时刻自己效用的变化情况。

3. 由于合同的不完全性，在合同的执行过程中，不可避免地会发生索赔事件或者通过双方协商对合同进行修改的情况，这时，必须对自己的、合同认可的效用进行新的评价，做到对自己的权力和义务有正确的判断，为以后的合同索赔奠定基础。

4. 由于双方想要获得的是综合的效用，而并不一定是某种具体的收益，所以，当一方因对方的某种失误提出索赔时，被索赔方可以以多种方式对索赔方进行补偿，只要这种补偿能弥补索赔方损失的效用即可。如，因甲方责任给乙方造成的经济损失，可以用允许延长工期来给予补偿（乙方可以因此节约人工加班费）；因乙方责任导致的工程质量问题甲方可以通过扣减工程款获得弥补。

5．最好的情况是，在合同进行的每一个时刻都对自己获得的效用进行评估，在符合索赔条件时及时提出索赔。但是，由于引起索赔的对方的违约事件对合同执行的影响可能具有延续性，所以对方的一个违约事件有可能影响多个时刻的效用评价，因而可能造成对对方责任的重复计算，因此在索赔时要考虑违约事件影响的工程的时间段。

6．由于双方的目的都是在合同交易完成时获得理想的效用，所以在解决某些索赔事件时，有时可以考虑将解决索赔事件的时间延迟到交易的最后阶段确定索赔解决方案。

7．在工程项目建设合同的整个交易过程中，双方采取的各种行动交织在一起，会发生十分复杂的关系。因此，对违约事件责任的判断就成了工程项目建设合同索赔管理方面的一项重要工作，要做好这项工作就必须从以下几个方面入手：第一，重视合同文件的起草，在合同文本中尽可能详细地分清责任；第二，在合同文本中对可能出现的纠纷指定具体的处理程序；第三，在合同执行过程中尽可能详细地掌握所有的信息。

8．工程项目建设中，一方按照合同的规定，要求另一方改正现行的错误行为（或不妥的行为结果），也是一种形式的索赔。

9．索赔是工程项目建设得以顺利进行的必要条件，它是工程管理的一项十分重要的内容。

3.2.3 合同索赔的本质特征

尽管不同的人对合同索赔的认识不同，同时合同索赔也有不同的行为主体，但总体来讲，合同索赔具有以下几点主要本质特征：

1．合同索赔是客观存在的。由于语言（导致合同条款）的模糊性、环境的不确定性、合同双方信息的不对称性、人的认识和知识的局限性以及工程项目本身的可变性，合同索赔是不可避免的。这样就使得合同索赔具有了不以人的意志而存在的特性，因此合同索赔是客观存在的。

2．合同索赔是补偿性的。从合同的法律分析来看，合同索赔实际是对出了问题的合同（病态合同或出现违约情况）的某种救济，在对这些出了问题的合同进行救济的法律规定中，几乎所有的法系都用了使受害方"（财产）恢复原状"或"如同合同履行然"这样的词语。由此看来，合同索赔不应该是惩罚性的而应该是补偿性的。

3．合同索赔的依据是合同文件以及相应的法律法规。在进行合同索赔前，首先要判断合同是否处于非正常状态，而后裁定责任和确认损失情况，这些判断、裁定和确认的标准就是合同文件以及有关的法律规定。

4．自己没有过错。非己方责任是进行合同索赔的必要条件，所以在索赔事件上，自己应该没有过错。如果在某损失事件中双方都有过错时，应该将责任分清，变换成某一方没有过错的情况。

5．导致索赔事件发生的责任应由承包商承担。在这里，导致索赔事件发生的责任是由合同（或合同合意）推导出来的，即从合同规定出发可以推定导致业主损失的事件的责任人是承包商（包括施工承包商、设计承包商、运输商或其它服务商等）。

6．与合同标准相比，业主的利益已经遭受了损失。这些损失包括工程（或服务）质量下降、工期延误等。

7．必须有确凿的证据。根据合同条件，要有符合要求的证据证明责任的归属和损失的确认。

8．在合同的执行过程中，由于多种因素的影响，合同内容经常会发生变化。合同索赔就是使合同发生变化的因素之一。索赔一旦达成协议，就成了合同的一部分。所以，合同索赔的另一个特征是，就该索赔事件合同双方还没有达成协议。

3.2.4 合同索赔的原则

根据合同索赔的定义和特征，在进行合同索赔管理和从事合同索赔实践时，必须遵循一定的原则。

3.2.4.1 合同索赔的公平性原则

根据合同法理以及合同救济理论，大型工程项目合同双方在法律地位上是平等的，当发生索赔事件时也不会因为某一方有失误或过错而使他的合同法律地位有所降低。进行索赔或辩护都是法律赋予当事人的正当权利，不容剥夺。合同索赔的公平性原则也决定了索赔方的合理索赔应是补偿性的，责任方也仅对自己责任范围内对对方遭受的损失负责。

3.2.4.2 合同索赔的合同、合意标准原则

在进行合同索赔时，索赔的基本出发点是合同或合同的合意。从法律的角度看，人们就某项工程签订合同是因为国家颁布的法律不能具体适用该工程的实际情况，而在国家法律的基础上订立的仅仅适用该项工程的"法律"，是法律针对该项具体工程项目的扩展。所以，合同具有法律的地位，合同双方都必须严格遵守。

合同索赔发生的必要条件是合同的执行处于非正常状态，合同的执行是否处于非正常状态的判断标准应该是合同条款，如果合同中没有与合同执行中发生的某事件相对应的条款，就需要对相关的合同条款或有关的法律法规进行分析推演，以得到双方在订立合同时的某种合意，从而确认合同中隐含的某种合同合意的标准。如果连合意也没有，那就必须就该事件进行谈判，订立新的合同（或补充条款）来对该事件（或该类型的事件）进行风险分配，这就又回到了前面所说的"合同或合同的合意"是合同索赔的基本出发点了。

3.2.4.3 合同索赔的事实事由原则

识别索赔事件的发生和索赔量的确定是以事实为依据的。对工程项目建设实际情况的掌握在合同索赔工作中有举足轻重的作用，是了解合同执行具体事实的主要途径。索赔事件证据的收集和分析在索赔事件的确定和索赔量的决定方面有十分重要的作用，工程信息是工程进行的实际情况的载体。在工程进行过程中，合同各方都必须高度重视工程信息的搜集、处理、保存。这些信息是做好合同索赔和进行索赔辩护工作的重要前提条件，在合同索赔工作中起着决定性的作用。

3.3 合同索赔的意义和条件

对业主来说，合同索赔的意义不仅仅是可以避免承包商的违约行为造成的损失，业主对合同索赔的管理具有更重要的现实意义。

3.3.1 合同索赔的作用和意义

如前文所述，合同索赔是与工程项目建设合同以及工程实施的具体情况相联系的、

共生的客观存在，在合同执行和工程项目进行过程中有十分重要的作用。

3.3.1.1 从业主方面来看，没有合同索赔，工程管理就失去了意义

1. 合同索赔是合同和法律赋予正确履行合同者免受意外损失的权利。对业主而言，合同索赔是保护自己、避免遭受不公平损失、保证工程项目顺利完成的不可缺少的重要手段。

2. 合同索赔是落实和调整合同双方在经济方面责、权、利关系的手段。离开了合同索赔，合同责任就不能体现，合同双方的责、权、利关系就难以平衡。

3. 合同索赔是合同实施的保证。合同索赔是合同法律效力的具体体现，能对合同双方形成有效的约束。特别是能对违约者起警示作用，使违约方必须考虑违约的后果，从而减少违约行为的发生。

由于我国工程项目管理水平不高，业主单位合同管理观念、法制意识不强，在大型工程项目的引进和施工中，自己合法的合同权利屡遭侵犯，却不知如何进行有效的合同索赔，甚至根本不进行合同索赔。这样的结果，不仅使国家蒙受了巨大的经济损失，而且还助长了承包商违反合同条款行为的发生。如果能在合同执行发生问题时及时、有效地发现索赔机会并提出合同索赔，不仅能避免给国家和企业造成损失，还能促使承包商更好地履行合同，使工程项目尽可能早、尽可能好地发挥应有的社会和经济效益，提高投资收益。

3.3.1.2 合同索赔对提高工程项目管理水平有十分重要的作用

我国的很多工程项目，特别是大型工程项目，业主方提不出或不能很好地提出合同索赔，与索赔意识差、管理松散混乱、计划实施不严、控制不力等有直接的关系；不仅如此，工程项目管理水平低下还会导致承包商提出大量的索赔。

搞好索赔工作的前提是以对整个工程良好的管理为基础的，合同索赔工作的好坏能反映出业主工程项目管理水平的高低。

3.3.1.3 合同索赔作用的博弈论分析

业主进行合同索赔是对承包商违约行为的矫正，如果业主不很好地进行索赔管理，承包商自然会选择能使自己获利的违约行为，从而使业主遭受经济损失。

从下面业主和承包商之间的博弈论分析可以看出，合同索赔对承包商有强大的威慑作用。

设：

① 在正常的情况下，业主和承包商的收益都没有变化；

② 业主为进行合同索赔管理投入了 m。

则，当承包商违约时：

业主成功索赔，业主无损失，承包商损失 n；

业主不能索赔成功，业主进一步损失 p，承包商收入 q；

当承包商不违约时，业主和承包商的收益不变。

③ 若业主不进行合同索赔管理，则：

当承包商违约时，业主损失 p，承包商收入 q；

当承包商不违约时，业主无损失，承包商无损失和收入。

根据以上的描述，我们用表 3-1 表示业主和承包商收益的变化情况。

表 3-1　业主和承包商收益变化情况

		承包商违约	承包商不违约
业主进行索赔管理	索赔成功	$-m,-n$	$-m,0$
	索赔不成功	$-m-p,q$	
业主不进行索赔管理		$-p,q$	$0,0$

设业主进行合同索赔管理,并且索赔的成功率为 α ,所以不成功率为 $1-a$ ($0\leqslant\alpha\leqslant 1$)。于是,业主进行合同索赔管理且承包商违约时,业主和承包商的收益的变化分别如下:

业主的收益变化为: $\alpha p-p-m$;

承包商的收益变化为: $q-\alpha(n+q)$ 。

因此表 3-1 就可变为表 3-2。

表 3-2　业主索赔时双方收益的变化情况

	承包商违约	承包商不违约
业主进行索赔管理	$\alpha p-p-m$　$q-\alpha(n+q)$	$-m,0$
业主不进行索赔管理	$-p,q$	$0,0$

从 α 和 m 的意义来看, α 是 m 的增函数,且当 $m=0$ 时, $\alpha=0$ 。

令 $\alpha=f(m)$,则有 $f'(m)>0$ 。

需要指出的是, $\alpha=f(m)$ 中 f 所表示的关系,可以理解为业主投入到索赔管理中的资金的使用效率。

如果业主没有进行索赔管理,即 $m=0$,于是 $\alpha=0$,表 3-2 就变成了表 3-3。

表 3-3　业主不索赔时双方的收益变化情况

	承包商违约	承包商不违约
业主不进行索赔管理	$-p,q$	$0,0$

这样,因为 $q>0$,所以承包商会毫不犹豫地选择违约,同时,业主还会受到 P 的损失。

当业主进行合同索赔管理时,如果 $q-\alpha(n+q)<0$,即:

$$\alpha>\frac{q}{n+q} \tag{3-2}$$

承包商就会选择不违约,业主的损失相对减少了,这时,业主投入的进行索赔管理的资金就是可置信的威胁。如表 3-4 所示。

表3-4 业主投入资金 m 进行索赔时双方收益的变化情况

	承包商违约	承包商不违约
业主进行索赔管理	$\alpha p - p - m$，$q - \alpha(n+q)$	$-m, 0$

当业主进行合同索赔管理时，如果投入的资金 m 应用效率不高（索赔成功率不高），使

$$q - \alpha(n+q) > 0 \qquad (3-3)$$

则，从表3-4分析得到：承包商还会选择违约，这时，业主投入的进行索赔管理的资金就是不可置信的威胁。

从式（3-2）我们看到，假设某索赔事件发生，业主没有成功索赔，承包商收益较大时，业主就必须提高索赔资金的使用效率，提高索赔的成功率，只有这样才能阻止承包商的违约。

综合以上分析可知，业主进行合同索赔管理的投入是一种有条件的可置信威胁，提高这种威胁的可置信程度就要提高索赔的成功率。具体的途径是提高承包商的违约成本（n 值的增加）和提高对承包商违约收益较大的索赔事件的索赔成功率。因此，合同中的索赔条款和工程进行过程中业主的合同索赔管理是防止承包商进行合同违约、维护业主合法权益的重要手段。

随着经济的发展和经济开放程度的提高，我国大型工程建设项目的规模和科技含量不断增大，使合同索赔的意义更加突出。一方面，大型工程项目建设市场的竞争日益激烈，单价越来越低，甚至出现投标价格低于标底的情况。在这种情况下，向业主索赔就成了承包商的必然合同行为，他们往往会在工程进行过程中提出大量的索赔要求。如果业主没有很强的合同索赔意识和合同索赔管理能力，就会在合同执行中逐渐丧失有利的合同地位，被承包商索赔大量工期或费用，从而妨碍整个工程预期的综合目标的实现。另一方面，大型工程项目特别是技术含量高的项目，由于涉及高新技术多，工程中应用的技术有可能是不成熟的技术，甚至会出现个别部件或配套设备是世界上独一无二的情况（如特大型的水利工程和特殊的大型石化工程等）。在这种情况下，一旦出现问题，很有可能会对工程总体效益产生严重的不利影响，甚至不能如期投产使用。由于技术、设备和施工信息的严重不对称性，业主不可能对技术的细节、环境的要求、详细的质量标准等有十分透彻的了解，在这方面业主处于天然的不利地位。如果业主不重视或不会进行合同索赔和合同索赔管理，其后果是非常严重的——整个工程项目达不到预定的技术和经济标准，责任又不能正确划分，业主得不到合理得补偿，这样就有可能导致整个项目失败，致使投资不能收回。由此看来，业主的合同索赔管理是大型工程项目建设成败的一个要素。

3.3.2 合同索赔的一般条件

合同索赔作为业主进行工程项目建设管理的一个必须手段，它的目的是保证工程的实施能严格按照合同的合意履行，保证合同执行的公平性，保障业主自身合法权益，使整个工程项目的建设能够顺利完成，并达到预期的经济和社会收益。

1．损失客观存在。业主的合同索赔必须是建立在自己实际遭受了损失的基础之上。这种损失当然是将实际情况与合同条件的要求相比较后得到的。

2．原因合法。索赔事件必须是由非业主方责任或合同规定的应该由承包商负责的原因引起的，而且按照合同条款或适当的法律规定，承包商应该对业主给予补偿。

3．定量合理。索赔数量或索赔值的计算必须采用与合同合意相一致、科学的而且符合一般惯例的计算基础和计算方法，其计算结果必须符合实际情况。

在工程项目实际合同索赔管理工作中，只要加强项目管理，有较强的索赔意识、良好的现场记录和索赔管理经验，合同索赔的客观和合法条件要求就能得到很好的满足。但是工程项目的多样性，合同条款及合同执行情况的变化性导致了在合同索赔的定量方面没有一套统一的计算方法和计算基础。因而在实际工作中索赔值的计算往往成为对方进行反击的重点之一。

3.4 合同索赔对合同双方地位的影响

当工程建设合同签订后，合同双方相对的综合收益——合同地位就确定了，我们可以用包含他们的所有收益的效用函数来描述。当合同索赔事件发生、解决后，其中一方或双方的收益会发生变化，变化后的双方的收益可能导致双方合同地位的变化。

3.4.1 业主、承包商双方多属性效用函数描述

为清楚地描述合同规定的业主和承包商双方的利益，我们引入多属性效用函数。

3.4.1.1 多属性变量的选择

多属性变量是构成同一函数的具有不同量纲的诸多自变量，虽然变量单位不同，但因变量（函数）直接或间接地依赖这些变量而变化。多属性效用函数就是由这样的多属性变量构造的。

在大型工程项目建设合同中，合同条款是影响工程项目建设合同双方利益的重要因素。而合同条款对双方的影响又是通过对工程投资、工程工期和工程质量发生作用的，所以在构造以工程项目建设合同所确定的双方的效用函数时，选择工程投资、工程工期和工程质量作为最重要的多属性变量并作为一级多属性变量，而其余条款作为影响、支持和保障这三个主要变量的二级多属性变量。

设影响工程投资的二级多属性变量为 $y_{Cl}, l=1,2,\cdots,L$，投资映射为 C，则有：

$$C:(y_{Cl},l=1,2,\cdots,L) \Rightarrow C(y_{Cl},l=1,2,\cdots,L) \in D_C$$

影响工程工期的二级多属性变量为 $y_{Tm}, m=1,2,\cdots,M$，工期映射为 T，则有：

$$T:(y_{Tm},m=1,2,\cdots,M) \Rightarrow T(y_{Tm},m=1,2,\cdots,M) \in D_T$$

影响工程质量的二级多属性变量为 $y_{Qn}, n=1,2,\cdots,N$，质量映射为 Q，则有：

$$Q:(y_{Qn},n=1,2,\cdots,N) \Rightarrow Q(y_{Qn},n=1,2,\cdots,N) \in D_Q$$

于是，效用函数可以用工程投资、工程工期和工程质量来构造：

$$U:(C,T,Q) \quad U(C,T,Q)$$

定义 3-1：设 $D_1, D_2, \cdots, D_n$ 为 n 个单属性变量域，则称：

$$D' = D_1 \times D_2 \times \cdots \times D_n$$

为多属性变量域。

定理 3-1：当 $D_1, D_2, \cdots, D_n$ 全为（闭）凸集，则 $D' = D_1 \times D_2 \times \cdots \times D_n$ 为（闭）凸集。

由于 D_C, D_T, D_Q 全为凸集，则由定理 3-1 可知：$D = D_C \times D_T \times D_Q$ 为凸集。

定义 3-2：$(y_{Cl}, y_{Tm}, y_{Qn}) \in Y$，$Y$ 为合同条款集，$(C, T, Q) \in D$，D 为效用函数的多属性变量域。则有：$Y \xrightarrow{\text{映射}} D$。

3.4.1.2 合同多属性效用函数

定义 3-3：设属性变量为工程投资 C、工程工期 T 和工程质量 Q（实际上 C, T, Q 分别为相应的二级多属性变量的函数），对偏好关系 $\succ$、$\sim$、$\prec$ 满足：

$$(C', T', Q') \begin{pmatrix} \succ \\ \sim \\ \prec \end{pmatrix} (C'', T'', Q'') \Leftrightarrow U(C', T', Q') \begin{pmatrix} > \\ = \\ < \end{pmatrix} U(C'', T'', Q'')$$

则称函数 $U(C, T, Q)$ 为多属性效用函数。

定义 3-4：设投资区域为 $D_C = (0, +\infty)$，工期区域为 $D_T = [0, +\infty)$，质量区域为 $D_Q = [0, 1.00)$，则合同效用函数的多属性变量域为 $D = D_C \times D_T \times D_Q$。

合同多属性效用函数为

$$\begin{aligned} & U(C, T, Q) \\ s.t: \ & (C, T, Q) \in D \\ & D = D_C \times D_T \times D_Q \\ & 0 \leqslant U(C, T, Q) \leqslant 1 \end{aligned} \quad (3-4)$$

3.4.2 合同多属性效用函数谈判模型

3.4.2.1 谈判目标函数

合同谈判中的目标函数是分析求解合同谈判问题的指标。一般有两种形式，一种是和式目标函数，其形式是谈判人（设有 m 个人）效用函数的线性组合，即：

$$\begin{cases} f(U_j, j=1,2,\cdots,m) = \sum_{j=1}^{m} \lambda_j U_j \\ \sum_{j=1}^{m} \lambda_j = 1, \ \lambda_j \in (0,1) \end{cases} \quad (3-5)$$

式中，U_j 为谈判人 j 的效用函数；λ_j 为对应的权重系数，反应谈判人 j 在谈判中的地位。对于业主和承包商双方二人谈判而言，式（3-5）变为：

$$\begin{cases} f(U_1, U_2) = \lambda_1 U_1 + \lambda_2 U_2 \\ \lambda_1 + \lambda_2 = 1, \ \lambda_1, \lambda_2 \in (0,1) \end{cases} \quad (3-6)$$

另一种目标函数为积式目标函数，其形式是以各谈判人的原始效用值为起点，构造各方效用函数与原始效用值之差的乘积为目标函数，即：

$$\begin{cases} f(U_j, j=1,2,\cdots,m) = \prod_{j=1}^{m} (U_j - U_j^0)^{\alpha_j} \\ \sum_{j=1}^{m} \alpha_j = 1, \ \alpha_j \in (0,1) \end{cases} \quad (3-7)$$

式中，α_j 为对应的权重系数，反应谈判人 j 在谈判中的地位（威慑力）。对于业主和承包商双方二人谈判而言，式（3-7）变为：

$$\begin{cases} f(U_1, U_2) = (U_1 - U_1^0)^{\alpha_1} \cdot (U_2 - U_2^0)^{\alpha_2} \\ \alpha_1 + \alpha_2 = 1, \quad \alpha_1, \alpha_2 \in (0,1) \end{cases} \quad (3-8)$$

这里，我们以式（3-8）为谈判目标函数。

3.4.2.2 合同谈判

定理 3-2：因为 D_C, D_T, D_Q 全为凸集，则 $D = D_C \times D_T \times D_Q$ 为凸集。所以合同谈判的效用值域为凸集，因而保证谈判问题有唯一解。

定义 3-5：设 U_1^0 和 U_2^0 分别为业主和承包商方的原始效用值，则称 $V_2 = \{U_1, U_2 | U_1 \geq U_1^0, U_2 \geq U_2^0\}$ 为效用平面 U_1—U_2 上以 $U_0 = (U_1^0, U_2^0)$ 为顶点的直角凸锥；当 $U_0 = (0,0)$ 时，则称 $V_2 = \{U_1, U_2 | U_1 \geq 0, U_2 \geq 0\}$ 为非负直角凸锥。

定义 3-6：设 $V_1 = \{U_1, U_2\}$，$V_2 = \{U_1, U_2 | U_1 \geq U_1^0, U_2 \geq U_2^0\}$，则称 $V = V_1 \cap V_2$ 为合同谈判的可行域。

在效用值域，合同谈判模型为：

$$\begin{aligned} \min \quad & f(U_1, U_2) = -(U_1 - U_1^0)^{\lambda} \cdot (U_2 - U_2^0)^{1-\lambda} \\ s.t: \quad & U_1, U_2 \in V \\ & \lambda \in (0,1) \end{aligned} \quad (3-9)$$

定义 3-7：设 U_1, U_2 为合同谈判双方在闭凸区域上的效用函数，若 $(U_1^+, U_2^+) \geq (U_1, U_2^+)$，对于 U_1 的一切值，如果不存在 U_1^{++}，使得 $(U_1^{++}, U_2^+) \geq (U_1^+, U_2^+)$ 则称 (U_1^+, U_2^+) 为效用值域上的有效前沿（Efficient Frontier），且有效前沿是 Nash 解集。

效用值域有效前沿的数学描述如下：

$$\begin{aligned} \max \quad & U_1 = U_1(x) \\ s.t: \quad & U_2(x) = \overline{U}_2 \\ & U_1 \geq U_1^0, \overline{U}_2 \geq U_2^0 \\ & x = (x_1, x_2, \cdots, x_n)^T \in \underset{i \in n}{\times} D(x_i) \end{aligned} \quad (3-10)$$

式中，$\overline{U}_2$ 在 [0,1.00] 上连续取值。如果用 $U_2(x)$ 作为目标函数，U_1 为参变量，其结果是相同的。

设式（3-10）的解函数为 $U_1 = g(U_2)$，则合同谈判问题就变为：

$$\begin{aligned} \min \quad & f(U_1, U_2) = -(U_1 - U_1^0)^{\lambda} \cdot (U_2 - U_2^0)^{1-\lambda} \\ s.t: \quad & U_1 = g(U_2) \\ & \lambda \in (0,1) \end{aligned} \quad (3-11)$$

式（3-11）为拉格朗日（Lagrange）优化问题，设：

$$L = f(U_1,U_2) + \beta[U_1 - g(U_2)] = -(U_1 - U_1^0)^\lambda \cdot (U_2 - U_2^0)^{1-\lambda} + \beta[U_1 - g(U_2)]$$

令 $\dfrac{\partial L}{\partial U_1} = 0$，$\dfrac{\partial L}{\partial U_2} = 0$，于是有：

$$\begin{cases} -\lambda(U_1 - U_1^0)^{\lambda-1} \cdot (U_2 - U_2^0)^{1-\lambda} + \beta = 0 \\ -(1-\lambda)(U_1 - U_1^0)^\lambda \cdot (U_2 - U_2^0)^{-\lambda} - \beta \dfrac{dg(U_2)}{dU_2} = 0 \end{cases} \quad (3-12)$$

因 $U_1 = g(U_2)$，所以：

$$\frac{dU_1}{dU_2} = \frac{-(1-\lambda)(U_1 - U_1^0)}{\lambda(U_2 - U_2^0)} \quad (3-13)$$

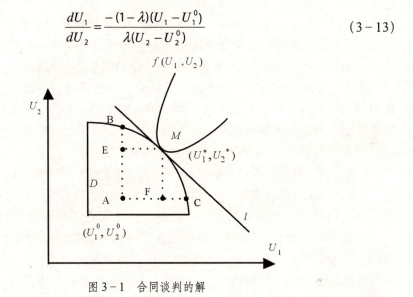

图 3-1　合同谈判的解

合同谈判的解如图 3-1：点 $M(U_1^*,U_2^*)$ 为谈判公平协议点，直线 l 与效用值域上有效前沿的切点为 M 点，从式（3-13）可以看出，如果 M 点沿有效前沿向 B 点移动则 U_2 变大，承包商处于相对优势（比原签署合同）地位；如果 M 点沿有效前沿向 C 点移动则 U_1 变大业主处于相对优势地位。

3.4.3　合同索赔对双方合同地位的影响

3.4.3.1　合同索赔机理分析

若施工过程中，由于业主的责任使合同状态偏离 M 点而移动到了效用值域 D 中的 A 点，这时由于承包商的效用值从 U_2^* 下降到了 U_2^A，承包商就会根据原有合同的原则和条款使自己的效用获得某种补偿——索赔事件发生。合同索赔谈判的结果将使合同原平衡点发生移位。但根据效用值域上有效前沿的定义，从引起 A 点的事件出发达到的平衡点一定是在效用有效前沿上。

承包商希望双方的效用关系沿着直线 AB 从 A 点向 B 点移动，以增加自己的效用（他的最理想的位置就是 B 点）；但是，在这个移动过程中，业主也会考虑自己的效用，即在到达 AB 间的某一点时，业主会计算若承包商效用不变而自己根据合同可获得的效用值。这样从 A 点向 B 点移动的过程实际就是沿着效用前沿从 C 点向 B 点的移动过程。

虽然 M 点是原合同的平衡点，但是当移动到 M 点时，该点不会是谈判的平衡点，因为谈判的平衡点和双方的谈判地位有关系，由式（3-13）可知图3-1中直线 l 的斜率 k 为：

$$k = \frac{\lambda(U_2 - U_2^0)}{-(1-\lambda)(U_1 - U_1^0)}$$

由于业主的责任而引起描述业主的谈判地位的 λ 值减小，于是直线 l 的斜率的变化将会使公平的平衡点移到 M 点以上，到达 B 与 M 中间的 M_1 点（图3-1中未画出），承包商方索赔获得效用 $U_2^{M_1} - U_2^A$。同时虽然责任在业主，但业主利用自己在谈判中的地位使平衡点没有移动到 B 点而获得效用 $U_1^{M_1} - U_1^A$。

同理，当责任在承包商时，平衡点会在 M 点与 C 点中间的某点。

当因双方责任使合同状态到达 A 点时，平衡点将向责任小的一方移动，双方获得的效用都由两部分组成：因对方责任获得的赔偿效用与谈判地位获得的效用。

所以，当合同索赔事件发生时，合同双方的合同地位与他们原始的合同地位相比会发生相对的变化，对合同索赔事件负有责任的一方的合同地位会比原始的合同地位要低一些，而索赔成功的一方的合同地位会有相对的提高，所以，在执行合同时，合同双方都应该尽量避免索赔事件的发生。

3.4.3.2 对工程界"中标靠低价，盈利靠索赔"现象的解释

目前，在工程项目建设承包领域，流行着"中标靠低价，盈利靠索赔"现象，这里所得的结果可以很好地解释这一现象。由于现在工程承包市场是买方市场，竞争十分激烈；在投标过程中，承包商为了中标不惜提出种种优惠条件，使业主在谈判达成协议时可以处在十分有利的地位，而承包商自己则处于十分不利的地位，有时甚至使自己处于亏损边缘，此时双方达成的协议点在A点（见图3-2），这样承包商中标机会就很大。中标后，在工程实施过程中，他们往往利用自己高水平的工程管理及时发现索赔因素向业主提出合同索赔，从而也改变了自己在工程中的地位。承包商每次索赔都会使自己的地位发生一些变化，经过多次索赔，他的地位就从 A 点变化到了 M 点，这样他的地位就发生了巨大的变化，盈利的可能性大大增强。所以，无论是承包商还是业主，要维护自己在工程项目建设实施过程中的地位，就必须加强管理，减少自己的失误，避免被索赔；加强监控，及时发现对方的失误，提出索赔。

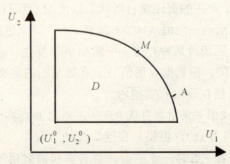

图 3-2 索赔引起的相对地位变化

3.5 业主索赔分类

在大型工程建设项目的整个实施过程中,合同索赔管理贯穿始终,可能发生合同索赔的范围比较广泛,站在业主的角度,主要有如下几种分类方法。

3.5.1 按索赔的目的分类

1. 正确履约索赔

在工程建设项目的实施过程中,由于主观和客观原因,承包商往往存在各种违背合同条款的行为。当这些行为出现后,业主可以向承包商提出索赔,要求承包商改正原有的违约行为后果,正确履行合同义务,以使业主的合同权益得到保障。如改正原来施工中存在的质量问题;要求承包商加速施工,赶回工程延误的工期等。

2. 费用索赔

当承包商没有完全按照合同要求履行义务,同时其应负责任的行为的结果对业主造成了实际损失,而业主的这种损失不能由追加的履约行为来完全弥补时,业主就可以向承包商提出费用索赔——扣减承包商按照合同正常执行所能得到的资金的一部分。如,合同中规定当工程竣工的时间比计划竣工的时间迟,业主有权扣除承包商的一部分费用。

3.5.2 按索赔的起因分类

1. 延误索赔

延误索赔是指由于承包商或工程设备供应商的原因,导致工程实施发生延误时,业主向承担责任的承包商或工程设备供应商提出的合同索赔。

2. 工程质量索赔

工程质量索赔是指在进行工程建设时,承包商的施工质量没有达到合同要求的水平,使工程完工后不能达到合同规定的总体质量标准而产生的合同索赔。

3. 技术索赔

技术索赔是指工程的总体或一部分没有达到合同规定的相应的技术水平使业主蒙受损失而引起的索赔。

4. 技术服务索赔

技术服务索赔是指承包商提供的技术服务没有达到合同规定的水平,或由于承包商提供的有关技术资料引起的法律问题给业主带来的损失而引起的合同索赔。

5. 合同终止索赔

合同终止索赔是指由于承包商的某种原因,使合同提前终止,不再继续执行,给业主造成损失而导致的索赔。

3.5.3 按索赔的范围分类

1. 广义索赔

在工程项目的建设过程中,作为项目的主人,业主不仅要和直接参与工程建设的单位打交道,还要和与工程建设有各种各样间接关系的单位和人员交往,以此为工程项目的建设营造出一个良好的外部环境。而业主在与这些单位和人员交往时,双方的行为标准也是以合同或者协议的方式固定下来的。所以,这里也存在一个保证这些合同或协议得以有效公平执行的问题，因此也就同样存在对违约行为进行索赔的问题。

从前面广义索赔的定义我们知道，广义索赔包括工程索赔、贸易索赔和保险索赔等。就工程建设而言，从业主的角度看，除了要重视工程索赔外，还必须加强对贸易合同、保险合同和有关的服务合同的管理，对有关的违约及时提出索赔。

2．狭义索赔

狭义索赔仅指工程索赔。

由于大型工程项目实施过程中发生的索赔所涉及的内容是非常广泛的，从各种不同的角度、标准和方法对索赔进行分类，有助于业主全面了解和准确领会索赔的意义及概念，以便在具体的工程项目中，尽早辨识索赔种类，准确找出索赔产生的原因及其影响因素，进行全面有效的索赔管理。索赔的分类见图3－3。

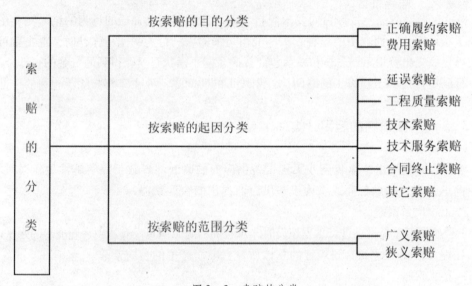

图3－3　索赔的分类

3.6　大型工程项目业主合同索赔的客观性分析

合同是规定当事人双方权利和义务的标准和"法律"，通过这些权利和义务，合同双方都有一个预计的收益。合同索赔的存在和发生，总的来说是由于合同的执行没有严格依据合同规定的内容和标准进行，使合同某一方感觉并证实自己的收益没有预期（订立合同时的预期）的好，认为自己受到了某种损失。

对业主来说，合同的主要内容包括工程量、工程质量、工期、投资额以及承包商在合同中的其它承诺等。当合同执行时，如果业主认为对以上内容承包商没有做到满足合同的要求，就会有索赔发生。同时，在合同执行中，承包商也会向业主提出索赔，这些索赔有可能超过承包商应该得到的补偿，从而给业主造成损失。这时，业主应该对承包商的索赔提出辩护，以避免损失，从某种意义上说，这也是一种索赔。

从合同理论分析，几乎任何大型工程项目的合同都是病态的。因为，前文第1.5.1

节中"合同生效应当具备下列要件……承担义务的当事人同意"中的"义务"和"当事人的合意"中的"合意"都是边界不确切的或不可详细定义的概念。这些概念的模糊性在工程建设合同中还表现在内外环境的不可知上。对大型复杂的工程项目来说，导致合同索赔的因素是客观存在的，合同索赔必然发生，这是由大型工程项目自身的以下具体特征决定的。

3.6.1 适用法律的冲突

由于大型工程项目建设所用的材料、配件、工程设备等可能来自各地，多数情况下还可能具有涉外因素，因此，就使得大型工程项目合同在法律上一般会涉及到两个或两个以上国家（地区）之间的差异或冲突，这种情况的存在必然要受到业主、承包商所在国的贸易政策、法令、措施以及外汇管理等条件的制约，于是造成了合同法律环境的复杂性，从而导致索赔必然存在。

3.6.2 差异性大

大型工程项目的实施包括设计、制造、运输和安装等。由于所在国家的地理位置不同、语言文字不同、社会制度不同、风俗习惯不同、技术标准不同、生产工艺不同、检测试验方法不同，加上不同工程项目自身的性质、规模、要求的不同，施工条件、施工组织、施工方法也各有特色，所有这些不同都说明不同的大型工程项目之间有差异性大的特点。

3.6.3 综合性强

大型工程项目是一项系统工程，包含的内容繁杂，既涉及项目（包括部件的制造）所在国的社会、政治、经济、文化等方面的影响，也受工程、技术、金融、保险、贸易、管理、法律等的影响，要求业主有多方面的综合知识和能力。

3.6.4 风险大

一般而言，大型工程项目交易涉及的工程量大、技术含量高，合同金额也比较高。同时，影响工程项目建设的国家和地区多而广，大型部件需使用各种运输方式。特别是有些制造或施工技术（工艺）可能是独有的或很少使用的，其技术风险可想而知。所有这一切都大大增加了业主的风险。

3.6.5 多元性

大型工程项目的实施工程中，要涉及到多方面的关系，有制造、安装、代理、运输、技术、担保、信贷、税务、保险等关系和国际惯例，这种多元的关系错综复杂，稍有不慎，就会造成损失或引起索赔和纠纷，甚至发生诉讼。

由上面的分析可以看出，大型工程项目存在适用法律冲突的可能性，有差异性大、综合性强、风险大、多元性的特点，是一种协调面广、复杂程度高、政策性强的系统工程。这种工程项目内外环境的不确定性和各方面矛盾利益冲突，导致了大型工程项目在工程的实施过程中不可避免地会出现与当初合同合意不一致的情况，从而影响与项目有关的各方面的利益，导致合同索赔的发生。

面对大型工程项目的复杂性和不确定性，任何"完善"的合同都不可能对所有问题做出预见和规定，对工程中的所有细节做出明确而详细的说明。因此，任何合同都不可避免地存在缺陷和不足之处。

另外，在合同执行过程中，也难免会出现管理不善的问题。而且由于各个方面的原因，还会出现协调或技术上的问题，这样，工程变更和计划改变难免发生，对工程量计量、计价和质量标准等方面不可能没有分歧。加之客观条件的制约，合同各方都难免有主观或客观未履行好合同义务的情况，在对合同的解释上也可能有多种异议。

可以肯定地说，就大型工程项目而言，没有一个合同文本是尽善尽美的，能穷尽合同执行过程中所有可能发生的情况和变化，并对所有情况和变化导致的各方利益的分配提出各方都能接受的解决方案，即大型工程项目建设合同不仅是病态合同，而且还是十分脆弱的合同，极易"患病"，甚至天生就"有病"。因此，在大型工程项目实施过程中，合同索赔——对天生就有"病"或必定"患病"的大型工程项目建设合同的"治疗"就成了一种不可避免的现象，是完全合理、正常、普遍、必然存在的合同行为。

合同索赔的存在，不仅是一个索赔意识或合同观念的问题，从本质上讲，它是一种不以人的意志而存在的客观现象。

4 大型工程项目风险与业主合同索赔

目前，建设工程项目规模和复杂性不断增长，其物质、能量、信息的利用和转换受多方面因素的影响，使建设工程项目实施过程中的各项活动既存在成功的机会，也有失败的可能，因而工程项目建设目标的实现存在着很大的不确定性，工程项目建设的实施过程存在风险，我们称之为工程风险。

工程合同最重要的作用之一就是对工程风险进行分配，即尽可能全面、明确地将所有的工程风险分配给参与工程项目的各方。从合同索赔的定义我们知道，合同索赔实际上是对不公平的风险损失摊派的一种救济和矫正，所以，明确工程项目风险，对工程项目风险进行全面分析和了解是进行合同索赔管理工作的基础。

要想很好地分析大型工程项目的风险，首先必须要对这种工程项目进行深入的分析，了解其基本特征。

4.1 大型工程项目特点

所谓大型工程项目，是指投资规模大、项目组成复杂的工程建设项目。诸如大型交通项目（铁路项目、机场项目、港口项目等）、大型能源项目（大型水电站、核电站）、大型冶金项目（大型钢铁联合生产基地等）、大型石化项目、大型矿山项目和大型城市建设项目（大型建筑、大型污水处理项目等）等。在这些项目的建设过程中，不仅涉及土木工程建设的内容，还涉及大量设备（我们称之为工程设备）的制造和安装工程，这些设备的设计、制造、安装质量以及工程进度、工程总投资的控制都将直接影响项目整体质量及总体投资效益的发挥。

大型工程项目主要有以下几个特点：

1. 大型工程项目的组成越来越复杂，各种现代化的机电设备和系统纷纷被应用到工程项目中，从投资额的角度来看，这些机电设备的投资比例往往占总投资的一半以上，并随设备科技含量的增加而增大。

2. 大型工程项目技术含量高。

在大型工程项目中，各种最新的技术和设备纷纷被应用于项目建设中，业主在投资大型工程项目时所选用的技术和设备往往是先进或相对先进的，于是在大型工程项目的设计和建设时整体技术含量较高，因此对施工技术也有较高的要求。

3. 大型工程项目施工管理难度大、组织协调复杂。

施工过程中，由于大型工程项目本身的特殊性，使大型工程项目的施工有不同于其它项目的特点。

(1)大型工程项目的施工进度、质量和工程总投资受多种因素的制约。

由于大型工程的特殊性，对其建设过程有固定的逻辑顺序要求，整个工程项目建设必须按照这个逻辑顺序进行，不能违背。通常，大型工程项目包括土木工程和机电工程两部

47

分。土木工程往往规模巨大，是整个工程项目的基础，同时，机电工程是建立在土木工程基础上的，有些机电工作还要和土木工程同时进行，这样机电工程必定受制于土建工程的进度。另外，有些机电设备的制造、安装、调试需要特殊的环境，而在很多情况下人们是不能改变环境的，只能等环境合适时才能进行工作。由于不同的工程设备可能来自不同的生产厂家，甚至是不同的国家，因此很有可能因为世界某个地方的一个十分偶然的事件而影响工程的施工。总之，大型工程项目会受到方方面面的影响，受到多种因素的制约，不确定性较大。

(2)大型工程项目施工的内、外界面多，组织协调困难。

所谓工程（工作）界面，是指进行某项工程（工作）需要的该工程（工作）任务以外环境所提供的必备的工程管理方面和施工技术方面的全部条件的总和。工程外界面是指整个工程与工程范围以外环境的界面；工程内界面是指工程范围内，局部工作与其它局部工作之间的界面。大型工程项目的实施是在一个开放的环境中进行的，外界面涉及单位众多、专业纷繁、地域广泛、技术先进、不确定因素多，有些外界面是人力不能控制的（如气象条件）。内界面各项工作之间的特点有：逻辑顺序要求严、牵扯工种人员多而杂、机具仪器多、检测技术和精度要求高等特点。这些都使得大型工程项目的施工协调特别困难。

4．对工作人员素质要求高。

大型工程项目的性质要求实施人员要有较高的管理水平和过硬的专业技术知识。大型工程项目施工的高技术含量和施工管理、施工协调难的特点决定了只有具备了高管理素质、高技术素质——双高素质的人员才能胜任大型工程项目工作。在大型工程项目中，某些特殊的工作还需要有特殊的技能和相应的技术证书和资质，如某些土建工程和技术含量高的设备的安装调试和在特殊环境中（如高空）进行的工作等。

5．大型工程项目施工工程设备材料种类多、来源广，管理复杂。

材料和设备的订购应按照服从工程进度的原则。材料和设备若提前订购，不仅要占用大量资金，提高资金成本，而且还要发生材料、设备保管、保养等费用，从而增加工程投资。材料、设备的订购若不能满足工程进度，则会影响工程进展，延误工期，同样会给工程造成损失。所以，应根据工程总的进度安排，确定主要材料和设备的使用时间，并根据其生产周期，做出材料、设备的订购计划并严格执行。由于大型工程项目涉及的材料、设备数量、品种繁多，所以采购时必须通过签订合同来明确供求双方的权利和义务，减少经济纠纷和订货风险。对于价值小、数量小的零星材料、设备，确实没有必要签订合同的，可根据实际情况严格控制。严格材料、设备到货验收制度，确保到货材料、设备的质量和数量。对量大的材料和大型设备要特别重视，做好出厂试验和资料审查，确保材料和设备无缺陷。材料、设备的存放应按材料、设备供货厂家的仓储要求进行，并采用科学的方法进行分类保管。如，可分为A、B、C、D四类，A类存放在具有空调装置的室内，B类存放封闭的库房内，C类存放敞棚库房内，D类存放户外露天。对有存放要求的物品（如油料、气体等）应分隔存放，集中管理，专人负责。另外，材料和设备的发放也会对工程产生重要的影响，所以必须制定并严格遵守材料、设备的发放制度。

6．大型工程项目施工涉及的商务事件纷繁，对工程进度和质量有重要的影响。

大型工程项目众多的工程界面致使工程涉及到众多商务事件。这些商务事件的处理会对整个工程产生重要的影响，使工程的质量、工期和总投资发生变化。

7．大型工程项目质量和技术水平认定困难，甲乙双方因此而发生的纠纷较多；同时，质量保证期服务也十分重要。

由于大型工程项目的高技术含量和技术先进性，导致工程有些部分的技术标准和质量标准没有现成的可以依靠，原合同提供的标准又有可能随着工程的进展、技术的进步、业主想法的改变或工程的更改而无法满足质量和技术的需要，这就导致了工程质量、工程技术水平认定的困难。另外，在工程完成后，整个大型工程系统的运行需要有一个从不稳定运行状态向稳定运行状态过渡的过程，而业主的系统管理和设备操作人员也有一个从不熟练操作到熟练操作的过程，所以，对业主来说大型工程项目的质量保证期服务显得十分重要。

8．设计变更多，一项设计变更的涉及面往往很广，牵扯技术、商务事件和当事人多。

建设大型工程项目要将多个子系统连结在一起以具备某些特定的功能。原本的设计有其合理性和科学性，当其中的局部设计更改时，必将影响到整个系统的合理性和科学性。一项设计变更所涉及的工程范围往往很宽，会影响整个工程的质量、工期和总投资。

9．工程最后竣工验收时，涉及单位、人员多，需检测的数据量大，用到的仪器仪表多而繁杂；出现问题时需要多单位、多工种协调克服；一些问题责任不容易分清；竣工文件、技术资料、工具仪表、备用配件数量众多，容易出现差错和短缺现象。

10．业主应该从整个系统寿命周期的角度出发对项目风险进行管理。

大型工程项目建设的目的是使系统建成后取得良好的社会和经济效益，而工程建成后的运行情况在很大程度上取决于工程建设的情况。所以，在工程建设时，必须考虑今后的运行风险，能在建设期间解决的问题尽量解决，这就要求在进行大型工程项目的风险管理时必须涉及到系统的整个寿命周期。

4.2 大型工程项目业主风险

在现实社会中，当人们为达到某目的进行活动时，其间的不确定性是客观存在的，这种不确定性的程度如何，可能遭受损失的大小，处于一种不确定的状态，于是就构成了风险。

人们在进行大型工程项目建设时都是有目的的，使大型工程项目建成后在特定时期、特定条件、特定环境中具有一定精度的特定功能，这种特定功能可能是单项的也可能是复合的。大型工程项目总目标的实现是通过各个阶段性的中间目标来实现的，其评判标准是工程合同规定的技术标准、技术规范、工程量、工程质量、工期等要求。但是，在大型工程项目的实施过程中，技术标准、技术规范是否能得到严格的遵守，工程量、工程质量、工期是否能达到计划（合同）的要求，都存在着许多的不确定性。于是，就导致了大型工程项目建设中间目标的不确定性，进而最终引起大型工程工程项目总目标的不确定性。一般来说，这种不确定性是有害的。我们将大型工程项目最终目标实现的不确定性称为大型工程项目的风险。

4.2.1 大型工程项目风险的本质

大型工程项目确定后，项目的目标也就确定了。不论实现该大型工程项目目标的方法有多少，其技术方法、组织形式、管理手段及大型工程项目所处的环境都是真实存在的，因而大型工程项目目标实现的不确定性也是真实存在的，因此，大型工程项目风险是一种客观现实，不论我们承认与否它都是存在的。

但是，大型工程项目是要由人来完成的，不同的人会对同一个大型工程项目风险的大小有不同的评估，所以它又有主观的特点。

第一，大型工程项目目标的确定及结果的评价存在一定的人为因素。大型工程项目目标的确定和评价是人为确定的，通常，我们会竭力用客观的指标对大型工程项目目标进行描述；但是，由于大型工程项目的复杂性和人类掌握知识的局限性，我们不可能给出项目所有目标的客观评价标准。因此大型工程项目总目标或中间目标的描述有时不是完全客观的，也会存在一定的主观因素。例如，由于大型工程项目是由多个分项组成的，整体质量评价是各个分项质量评价的综合；由于质量评价涉及的因素众多，不同的人可能对各分项所占的权重有不同的看法，这必然会导致对大型工程项目总质量评价结果的不同。

第二，对不同的人来说，同一个大型工程项目的不确定性肯定是不同的，如对有经验的承包商来说，顺利完成某大型水电工程的可能性为90%，而缺乏经验的承包商顺利完成该工程的可能性为75%。大型工程项目的风险是其最终目标实现的不确定性，正如美国学者佩弗尔认为的那样，这种不确定性与人的心理状态有关。其实，对于理性的人来说，这种心理状态是有一定基础的——他所拥有的专业技能、专业经验、专用工具等等。例如，对任何人来说，带电作业都是有风险的，但是，相对泥瓦工来说，电工进行带电作业的风险要小得多。

所以说，大型工程项目的风险是一种客观存在，它真实存在于各个大型工程项目当中，同时，人们对风险的认识和感知又与心理状态有关，而这种心理状态又由当事者拥有的知识和物质基础决定，因此，人们在某种程度上是可以驾御大型工程项目的风险的。大型工程项目风险受人的心理、知识、经验、物质条件等多方面的影响，是一种处于物质和意识交叉层面上的"量"。

4.2.2 大型工程项目业主工程目标

业主投资建设某大型工程项目的最终目的是在工程建成后能获得一定的利益，一般大型工程系统的最终目标是获得盈利。通常，业主分析一个系统的盈利能力是从系统的整个寿命周期考虑的，而这一工程目标的实现往往会受到众多因素的影响。

(1)工程建设周期的延误。工程建设周期延误不仅会使业主失去宝贵的商业机会，还可能会丧失技术先进性、增加业主的资金压力等，使系统整个寿命周期的盈利能力大幅下降，甚至不能实现工程的最终目标。

(2)工程投入的增加。当其它情况不变时（如技术指标、质量等），工程投入的增加必然导致系统整个寿命周期的盈利水平下降。

(3)系统运行费用的增加。系统建成后运行费用增加对工程最终目标实现的影响是显而易见的，严重时可能会导致项目的失败。

对业主来说，系统的运行费用不仅与系统建成后的管理有关，还与系统建成后的状态有关，因此，业主控制系统运行费用必须从工程项目建设的实施阶段着手。大型工程项目实施阶段对系统建成后的影响主要有以下几个方面：

①系统的可维修性。系统的可维修性将对系统的维修成本产生直接的影响。例如，一

个不能维修的昂贵部件的损坏意味着与部件价格等值的经济损失,如果该部件可以维修就能大幅降低维护成本。

②系统的故障率。不同的故障率不仅影响系统的运行成本,还会影响系统的产出。

③系统的性能参数。如系统的能耗指标、系统的产出指标、系统对环境的污染指标等。

④系统寿命。系统寿命的减少必然会导致系统获利能力的下降。

在投资额确定的情况下,系统的可维修性、故障率、性能参数和寿命是由大型工程项目建设的设计质量和施工质量决定的,所以,系统运营费用的增加与工程质量有很大的关系。

通过前面的分析,我们可以从业主建设大型工程项目的最终目标得到其具体的工程管理目标:①控制工期,②控制投资,③控制质量(包括系统可维修性指标、故障率指标、性能指标和寿命指标),见图4-1。

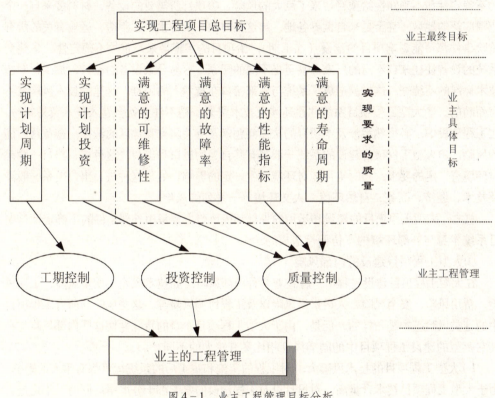

图4-1 业主工程管理目标分析

4.2.3 大型工程项目业主风险

从前面的分析我们知道,凡是影响业主实现项目具体目标——工期、投资、质量(系统可维修性指标、故障率指标、性能指标和寿命指标)的因素,都是业主的风险因素。

鉴于大型工程项目实施的复杂性,在进行大型工程项目风险分析时,可以将工程的风险分为两部分:工程建设实施风险和潜在风险。工程建设实施风险是指仅仅对工程建设的实施有影响的风险,如工程建设中的工期、投资、质量指标和技术、经济、合同、人文、自然的风险等;潜在风险是指因工程实施不当,对未来系统运行带来的风险,如项目技术的先进性、建成后的维护、运行等风险。大型工程项目风险具有典型的系统性,在分析大型工程项目风险时,必须运用系统工程的观点,从系统层面出发逐级准确地对系统的风险进行分析。

1. 大型工程项目建设的实施风险

大型工程项目的建设是在一个开放环境中进行的，外部环境会对工程建设有一定的影响。同时，工程项目建设内部各方面也会产生相互作用，这两方面都会对工程的实施产生一定的影响，带来相应的风险。

(1) 大型工程项目的建设存在着复杂的外部环境风险

从整个社会环境和工业技术环境来看，任何大型工程项目的实施都是按一定的时间、功能、经济等指标的要求，把一个系统"安装"到现有的社会和工业系统中的过程。这种"安装"过程的实质是：系统全方位地适应环境，环境全方位地接受系统。在这个"安装"的过程中，大型工程项目特别是大型复杂工程项目的实施易受外部环境的影响，外部环境的不确定性和不确知性给项目带来了巨大的风险。①项目所需要的设备、材料多来自一个范围广泛的地域，甚至是来自世界各地，与这些材料、设备生产、制造、运输有关的所有风险事件都可能影响项目的建设（如工期），给项目的实施带来严重的不确定性。②整套系统的设备往往来自不同的厂家，甚至是不同的国家，容易导致设备的设计、加工、制造技术标准的不统一，这样就造成了系统与外部接口在技术上的困难，这里的技术风险是不言而喻的。③大型工程项目系统往往还涉及技术贸易，稍不注意就会卷入技术贸易纠纷，在工程建设中，必须熟悉涉及本项目的法律问题以及有关国家和地区的法律，避免这方面的风险。④大型工程项目建设的系统一般都有其自身的进口和出口，这种进、出口一般都对环境有一定的要求，同时也可能对环境产生一定的影响。处理这种进、出口关系一般涉及技术、经济、商务、自然环境、人文环境等一系列的风险。

总之，大型工程项目的建设和运用的外部环境风险主要是由外部条件的不确定性和项目系统本身与外部环境的不协调性造成的。

(2) 大型工程项目建设的内部风险

在大型工程项目建设过程中，存在着各种内部风险，如技术风险、质量风险、工期风险、费用风险、安全风险、人员素质风险以及工程协调风险等。这些风险与所有工程项目中的这类风险基本是一样的。但是，由于大型工程项目本身的特殊性使这些内部风险与在其它类型的建设工程项目中的同类风险相比又有较大的不同。

1) 大型工程项目的技术风险大，对工程的实施和竣工后的系统运营都有重大的影响。由于大型工程项目技术含量高，对设计以及工程建设的要求都十分严格，同时，不论是大型工程项目建设设计的技术问题还是工程建设施工的技术问题都可能导致项目不能按照预定的计划进行（工期延长、质量下降或者造成工程投资费用的增加）。项目的技术风险也对工程竣工后的运行费用、效率、技术更新有极其重要的影响，严重的技术失误可能导致整个建设工程项目的失败。

2) 质量风险是大型工程建设期间业主必须控制的重要风险。因为大型工程项目技术要求高，涉及人员、工种多，重要的设备、材料的产地分散，所以其质量控制难度大。又因为大型工程项目涉及设备的质量受多方面影响，工程建设中极小的疏忽都可能会产生严重的后果，所以质量风险是大型工程项目中的重要风险。

3) 工期风险。大型工程项目的工期受到自身施工的客观规律、重要工程设备的生产和运输以及工程协调的影响，不可控因素多，风险大。

4）费用风险。较大的技术、质量、工期风险等增大了大型工程建设费用的不确定性，使工程建设的费用风险加大。

5）安全风险。安全风险包括工程建设本身的安全风险和工程建设人员的安全风险。大型工程项目中的工程设备往往技术含量高和单件价值大，对工程质量、工期的影响大。由于大型工程项目中重要的工程设备大多是专用的，一般没有备用品，所以在施工或试验测试中这种设备出现问题会给整个工程造成重大影响。同时，这些工程设备的运输、安装、调试难度大，所以在大型工程项目建设中要重视工程设备的安全。在大型工程项目中，很多工作都是在特殊场合、地点进行的，人员的安全风险较大，稍不注意就会造成人身伤害事故。

6）人员素质风险。人员素质在大型工程项目建设中显得尤为重要，工程建设人员的素质必须和工程的技术要求相匹配，由于技术的进步和大型工程项目建设技术含量的不断提高（特别是有些工程的技术可能是具有世界先进水平的），人员素质的风险日益突出。

7）工程协调的风险。大型工程项目的实施不仅受自身施工规律的限制，同时还受众多环境方面要求的限制。工程计划一旦打乱，不仅调整困难，而且还会导致费用的增加、工期的延长，所以工程协调既重要又困难。

8）大型工程项目的单独设备试验和系统联调试验也是工程建设的十分重要的工作，试验风险是工程建设内部风险中的一种重要风险。一旦出现试验问题，就有可能打乱所有的计划。

2．大型工程项目建设的潜在风险

由于大型工程项目的特殊性，工程设计和建设中有很多因素会对竣工后的系统运用产生巨大的影响（如可维修性、故障率、系统的稳定指标体系等），但是这种影响在项目建设期间是隐性的，不会对工程建设过程产生不良的影响，我们称这些由工程建设期间原因导致的、对项目建设过程没有影响、但会给系统运营带来影响的风险为大型工程项目建设的潜在风险。如工程设计的缺陷或不周全不深入、施工中的质量不达标、竣工资料不完善等都会带来运营管理、维护、技术升级等各方面的问题。所以，在大型工程项目的实施过程中必须考虑这类问题的存在。

潜在风险有一般风险所不具备的特点：

(1)从风险因素存在到损失的发生存在一定的时间间隔——风险损失的时间延迟性。即潜在风险因素不会马上导致风险事件发生，风险因素需要一定的发展阶段才会导致风险事件。如某电气设备的连接焊点虚焊，该焊点可能要经过很长的时间才会发生故障。

(2)潜在风险的风险因素是隐性的，这些风险因素不会对工程项目的建设实施造成威胁。

(3)对潜在风险的处理会对项目的运用产生深远影响。如大量潜在风险可能会导致某一段时期系统大量故障的出现，致使系统不能正常使用；而技术资料不完整会给系统今后的维护和故障处理以及技术改造带来严重的不利影响。

(4)一般在工程实施期间处理潜在风险要比竣工后再处理所用的费用低得多。

(5)业主意识到某些潜在风险的存在往往成为工程变更，导致承包商进行索赔的原因。

要在大型工程项目的实施过程中解决潜在风险问题，必须在充分了解潜在风险的基础上，提前将其转化成工程实施过程中要解决的问题，即将其转变成合同中规定的承包商的某种任务，我们利用图4-2描述这个转化过程。

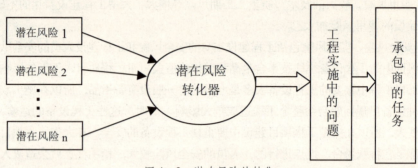

图4-2 潜在风险的转化

图4-2中的潜在风险转化器是将潜在风险转化成工程实施过程中要解决问题的某种机制。一个潜在风险可能涉及工程实施中的一个问题，也可能涉及工程实施中的几个问题。也就是说，要解决一个潜在风险，就必须解决工程实施过程中的一个或几个问题。

潜在风险和工程实施的这种关系可以用数学语言描述如下：

设 $f_1, f_2, \cdots, f_m$ 为某建设工程项目的潜在风险，$s_1, s_2, \cdots, s_n$ 为工程实施中要解决的问题，则 $f_i(i=1,\cdots,n)$ 与 $s_j(j=1,\cdots,m)$ 的关系可以用表4-1描述。

表4-1 潜在风险与工程问题关系

	s_1	s_2	$\cdots$	s_n
f_1	r_{11}	r_{12}	$\cdots$	r_{1n}
f_2	r_{21}	r_{22}	$\cdots$	r_{2n}
$\vdots$	$\vdots$	$\vdots$	$\cdots$	$\vdots$
f_m	r_{m1}	r_{m2}	$\cdots$	r_{mn}

由表4-1可以得到工程实施问题与隐性风险关系矩阵 R。

$$R = \begin{bmatrix} r_{11} & r_{12} & \cdots & r_{1n} \\ r_{21} & r_{22} & \cdots & r_{2n} \\ \vdots & \vdots & \cdots & \vdots \\ r_{m1} & r_{m2} & \cdots & r_{mn} \end{bmatrix}$$

$r_{ij}=0$ 表示隐性风险 f_i 与工程实施问题 s_j 无关系，$r_{ij}=1$ 表示隐性风险 f_i 与实施问题 s_j 有关系。

当已知的潜在风险解决后，可能还会产生新的潜在风险，所以，潜在风险的转化是一个反复循环的过程，直到出现业主最满意的结果（见图4-3）。图4-3中的工程状态是指整个工程设计、施工等的综合情况。

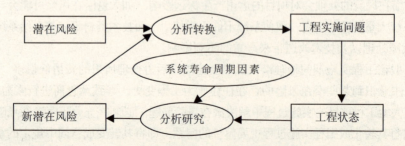

图4-3 潜在风险转化的循环过程

3．业主面临的合同关系衍生风险

通常，一项大型工程项目的建设仅凭业主的能力是不能完成的，这就需要邀请其他人员或单位参加到工程建设中来，这样就涉及到业主与这些参加到工程建设中来的承包商的合同关系。这些合同关系的存在与没有这些合同关系时相比就产生了一些其它的风险，如承包商的道德、合同文本的全面性和语言的准确性、承包商的人员素质等等风险，对这些由于商务关系而衍生出来的风险我们称之为合同关系衍生风险。

4.3 大型工程项目业主风险的控制方法

面对众多的工程风险，业主必须进行有效的控制，否则就有可能导致重大的损失，甚至整个项目的失败。

4.3.1 业主处理风险的原则

大型工程项目建设中业主处理风险的原则是：任何风险都应该在事前规定责任人，任何人都必须对自己负责的风险承担责任，也就是说，当任何风险转变成现实的损失时，都必须有人为此承担责任。

在大型工程项目建设的每一个阶段，如合同起草阶段、工程施工等阶段，该原则都应该得到很好的遵守。这里风险的责任人和承担者不仅只是承包商，还包括业主自己。实际上，作为一个原则，它只是我们处理问题的一个基点，在大型工程项目管理的实践中，由于各种各样的原因，使我们在处理问题时往往会偏离这一原则，不能和该原则完全保持一致。例如，由于信息的不完全性，实际在大型工程项目建设中的很多风险是不明确的，因此我们不可能在连风险都搞不清楚的情况下规定责任人。但是，作为业主进行风险管理工作的评判标准和理想状态，这一原则是应该得到遵守的。

4.3.2 大型工程项目建设中业主的风险控制方法

1．风险避免

风险避免是以放弃或拒绝承担风险作为控制方法，来回避损失发生的可能性。风险避免是各种风险管理技术中最简单也是较为消极的一种，如业主为避免工程项目风险而放弃项目的建设。

在工程建设中业主进行风险避免常用的形态有两种：第一，将存在风险的特定事件予以根本免除。如不进行工程建设就免除了该工程的所有风险。第二，中途放弃某种既存的风险。在与承包商签订合同时，业主应考虑如果发生某种巨大的风险，如何避免该风险。如在合同中写明如果承包商出现严重的违约情况，业主可中断合同，以此来避免承担风险。

2．损失控制

所谓损失控制，是指面对必须承担的风险，通过降低损失发生的概率，缩小损失程度来控制风险的方法。

损失控制的目的在于积极改善大型工程项目建设的风险特性，使其达到能为业主所接受的程度。损失控制措施可以按各种方式分类：(1)依目的的不同可以划分为损失预防和损失抑制两类，前者以降低损失概率为目的，后者以缩小损失程度为目的；(2)按照所采取的措施性质分，即依据控制措施侧重点的不同，可分为工程方法和人类行为法两种，前者以大型工程项目建设风险的物理性质为控制着眼点，后者则以人类的行为为控制着眼点；(3)按照执行的时间分，即以控制措施执行时间为标准，可分为损失发生前、损失发生时和损失发生后三个不同阶段的损失控制方法。

对业主来说，选择好的承包商、加强工程管理都对工程系统最后目标的实现有好处，能起到控制损失的作用。在工程合同中加入相应的条款（如罚款、质量保证期、服务等）也能减少业主的风险损失。

3. 风险转移

风险转移的方式有多种，通常将风险转移分为直接转移和间接转移两种情形。

工程招标发包就是直接风险转移的一种形式，大型工程项目建设的业主单位将进行工程设计、施工等的权利发包给承包商，同时就将与工程设计、工程施工等有关的风险转移给了中标单位。保证、保险是风险的间接转移，这种风险转移可以保证业主的损失获得一定的补偿。

4.4 大型工程项目建设中业主的风险转移与合同索赔

在进行大型工程项目建设时，业主可以完全凭自己的力量完成项目建设，也可以通过订立工程合同，请承包商帮助完成项目建设。从风险管理的角度分析，这两种情况实际是业主对风险进行了不同的处理，前者的处理方法是业主自己承担工程建设中的一切风险，而后一种处理方法是业主将相当一部分风险转移给了该工程的承包商。

4.4.1 大型工程项目建设业主风险转移的实质

在理想的自给自足的封闭社会中，由于不依靠其他人分担任何风险，所以某人生活中遇到的全部风险同时也是他进行某一项工作的风险。如孤岛上的罗宾逊在建造房屋时，他在生活中遇到的所有风险（如砍木头时被毒蛇咬伤的风险、到树上摘水果摔伤的风险等等），同时也都是他建造房屋这一项工程的风险，因为这些风险事件的发生会对罗宾逊建造房屋这项工程产生直接的影响。

而在商品经济社会（哪怕是商品交易非常不发达的社会），某人在进行某项工作时可以通过买卖、委托、保险等合同将该工作的一部分风险转移给他人，自己不用承担所有的风险，但他必须为转移这些风险付出代价，即给风险承担者一定的补偿。如为建造房屋某人到市场上购买木头（而不是自己去做植树、伐木、加工木料、运输木料等工作）的行为实质是把砍伐木头、运输木头等工作的风险转移给了从事这些工作的人，他到粮店买粮食（而不是自己去做种粮食、运输粮食、加工粮食等工作）的行为实质是把种粮食、运输粮食、加工粮食中的全部风险转移给了从事这些工作的人，而他的代价则是为购买木头、粮食所付出的金钱。由此，可以推而广之，我们在市场上为购买某一物品所付出的金钱，实际上是为把完全由自己制造这件物品所遇到的风险转移给别人而付出的代价。如一件毛料衣服的价格是 268 元，从风险转移的角度来看，卖家认为他代替我们承担完全由我们自己生产这件衣服所遇到的风险（如生产一定量的羊毛、纺纱、织布、染色、设计样式、制衣等的风险），我们应付给他 268 元。

风险之所以有在不同的人之间转移的可能，或之所以有人愿意替他人承担风险，是因为完全同样的事件对不同的人来说其风险是不一样的。从第 4.2.1 节对工程风险本质的研究中我们了解到，相对某人来说，一件事情对他的风险不仅和该事件本身有关，还和他所拥有的专业技能、专业经验以及他所掌握的资源有关。如对电工来说，他干与电有关的工作就比玻璃工干同样的工作风险小；而电工在干与玻璃有关的工作时，他的风险就比玻璃工的风险大。因此对不同的人来说，同一件事情的风险是不同的，这就从经济学的基础上为风险的转移（其实质是一种交易，交易的对象是风险）提供了依据。从整个社会的角度来看，电工干与电有关的工作，玻璃工干与玻璃有关的工作，可使整个社会的总风险较低，由此看来，风险转移实质上是使整个社会风险趋向最小的过程，所以风险转移与商品交易一样，有使整个社会资源配置趋向最优的效果。

4.4.2 大型工程项目中业主的风险转移

如前所述，专业分工使不同的人在从事同样的工作时所面对的风险大小不同；业主把工程项目建设的工作发包给承包商的实质是将风险转移给工程承包人。根据前文第3.2.1节所述的交易理论，某工程项目建设的风险对接受人来讲其风险应小于风险转移人，因为只有这样，接受风险的一方才有盈利的可能，风险转移的交易才有可能达成。

在一项工程项目的建设中，特别是大型复杂工程项目中，如果完全由业主承担所有的风险（从项目的论证、设计、原材料的加工一直到安装、调试等，一切都由业主自己来做），那么他所承受的风险非常巨大，将是难以承担的，所以任何一个业主都不会这样。他们都是将该建设工程项目的绝大部分工作交给他人——将大部分的风险转移给其他人（如承包商、制造商、材料供应商、运输商等），同时给予他们一定的补偿——款项。这些人之所以愿意承担这些风险，是因为他们有专业知识、丰富的经验和齐备的专业机具等，从而使这些工作的风险对他们来说远远小于对业主的风险。

同时，对于工程承包商来说较小风险的建设工程，也会使建设工程项目承包的成交价处在业主和承包商都有利可图的地位，即达成双赢的协议。

设某大型工程项目完全由业主自己进行施工时的成本为 y_1，由承包商进行施工时承包商的成本为 y_2，可能的成交价为 y。

当 $y_1 - y_2 > 0$ 且 $y_1 > y > y_2$ 时，有可能成交，这时业主节约了 $y_1 - y > 0$ 的成本，承包商获得了 $y - y_2 > 0$ 的利润。

当 $y_1 - y_2 \leqslant 0$ 时，就没有成交的可能性，因为如果交给该承包商做，整个工程项目建设的风险甚至比业主自己做的风险还大。这时如果成交，其价格必定是 $y > y_2 \geqslant y_1$（承包商不可能做赔本买卖），这时业主节约了 $y_1 - y < 0$ 的成本（实际是没有节约，反而多花了钱），承包商获得了 $y - y_2 > 0$ 的利润。这样对业主来说，请承包商进行施工却还不如由他自己施工的整个费用低，所以不可能成交。从现实意义来看，这时的情况就是承包商的工作水平甚至还不如业主自己的工作水平高，当然不会成交。

因此从风险转移的角度来看，业主将工程承包给总承包商就是将工程的风险转移给了总承包商；而总承包商还可以将工程分包给不同的分包商、制造商、运输商、服务商等，实际是将工程的风险又转移给了另外的一些人。整个工程的风险就是这样一层层被转移了出去。最好的结果是，所有接受这些工作（承担相应的风险）的人或单位面对这些工作的风险都是最小的，从而使整个工程的风险最小，工程建设总的社会效益也就最大。

通过工程承包合同业主将工程建设的一部分风险转移了出去，但是，由于业主与承包商之间存在的这种合同关系，使业主在通过合同将工程建设风险转移出去的同时也因为承包合同的存在而产生了相应的合同衍生风险。如合同文本的不完全性风险、歧义性风险、模糊性风险，承包商的道德风险、承包商队伍人员素质风险以及由于合同关系带来的大量的合同管理风险等。这些衍生风险是业主应承担的风险，他应采取各种方法和手段对这些风险进行控制，控制的手段同样也包括风险转移。如委托工程建设监理单位进行工程监理和工程合同管理，就是将承包商的道德风险和工程合同管理的风险等转移给工程建设监理单位。当然，业主与监理单位签订的监理合同也存在一个合同衍生风险的问题，但是，这时业主面对的就只有监理单位的道德风险以及相应的合同管理风险等相对简单的风险，这样就可以通过对监理单位的控制进而控制整个工程的风险，使业主的风险得以降低。

业主转移和自承担的风险见图4-4。

4.4.3 业主进行风险转移的方法

在工程建设中，业主进行风险转移的方式多种多样，通常可将业主的风险转移分为直接转移和间接转移两种。

直接转移是将与风险有关的财产或业务，直接转移给其他个人或团体。在工程建设中，业主主要通过签订业务承包合同的方法将与工程有关的风险直接转移给工程业务的承包者，如工程承包商、运输商、制造商、建设监理公司等。

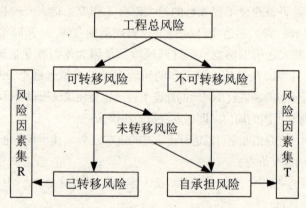

图4-4 业主转移风险与自承担风险

间接转移是将与财产或业务有关的风险进行转移，而财产或业务本身并不转移。在工程建设中业主主要通过要求承包商提供保证书、工程保险等，间接转移相应的风险。

工程保险是较典型的间接转移风险的方式，它将工程中业主和承包商都不愿意承担或没有能力承担的风险转移给了保险公司，从而保护了业主的利益。

要求提供保证也是一种风险转移方法，这样就把损失的风险转移给了保证人。目前使用保证书的类型有：①投标保证书，以确保承包商遵守其在投标过程中应履行的义务；②履约保证书，以确保如果承包商违约，工程仍能按合同规定完成。所有的履约保证书都有一个面值，以此作为保证人支付费用的最高限额。③人工和材料支付保证书，以保护业主免于承担由于承包商未支付用于建设工程项目的人工和材料所导致的问题。

4.4.4 大型工程项目建设中的业主风险转移与合同索赔

业主将工程设计、工程建设、设备制造、施工安装等承包给承包商、制造商实际是将相应的风险直接转移给了他们。同时承包商承揽工程实际就是替业主承担相应的工程风险。由于法律和工程惯例的规定以及工程本身的特点，并不是所有的风险都是可以转移的，同时，双方所订立的合同也并非把所有可以转移的风险都进行了转移（见图4-4）。

在实际的大型工程项目建设实践中，由于工程本身的复杂性、工程环境的开放性、信息的不完全性、合同词语的歧义性和工程界面的模糊性，使风险转移方（业主）和风险承担方（承包商或保险公司）对已转移、接受的风险有不同的看法，由此导致了对风险责任的不同看法（见图4-5）。双方的这些不同看法会对合同索赔产生重要的影响。

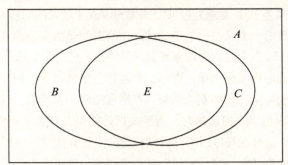

图4-5 风险责任图

图4-5中A集合是整个风险平面，表示某大型工程项目总的风险；B风险集合是B所在的整个椭圆；C风险集合C所在的整个椭圆；E风险集合是A、B两个椭圆相交的部分。B风险集合表示业主认为按照合同规定转移给承包商的风险；C风险集合表示承包商认为合同规定的他应该承担的风险；E风险集合是双方都明确认可的合同规定的转移的风险集合。风险集合$F=A-B\cup C$是明确了的业主自留的风险集合。

从风险转移的概念，我们能十分自然地揭示合同索赔实质，即索赔是因承担了本不应由自己承担的风险损失而向对方索要补偿的行为。对图4-5中不同的风险集合，由于业主和承包商对己方承担风险（风险责任）的不同看法，会形成了不同形式的合同索赔，主要有以下几种情况。

第一种合同索赔的发起方是业主，是针对风险集合E中的风险的索赔。在这种情况下，承包商会毫不犹豫地承担一切责任，业主要作的就是找到该风险损失发生的证据，由这种风险损失导致的合同索赔一般比较简单，双方容易达成一致。

第二种合同索赔的发起方可能是业主也可能是承包商，是针对风险集合$B-E$中的风险的索赔。这里，业主认为该风险已经转移给了承包商，所以他认为承包商应对风险负责；而承包商则认为业主没有将该风险转移给自己，业主应对风险负责（承包商认为风险处在他负责的风险集合C以外）。这种情况是双方对合同条款、有关的法律法规理解不同而造成的。此时，双方应根据现场取得的证据以及合同、法律的规定，协商解决，在某些情况下甚至还可以通过仲裁、诉讼等，要求对方承担风险责任。这种合同索赔相对第一种合同索赔来说要困难得多，因为它多了一道程序——认定风险的承担人。

第三种合同索赔的发起方一般是业主，是针对集合$C-E$中的风险的索赔。严格来说，承包商自己承认由他来承担该集合中的风险，其索赔应十分简单。但是，业主没有注意到这些风险的责任是属于承包商的。而当风险带来损失时，任何一方都不会主动承认由自己来承担有关风险，所以承包商会借机推脱自己的责任。只要业主能拿出相应的证据，承包商就会愿意承担这种风险带来的损失。

第四种合同索赔是针对集合 $F = A - B \cup C$ 中的风险的索赔,它很类似第三种合同索赔,但发起方是承包商。这里,业主已同意由他来承担该风险集合中的风险,但是,如果承包商不积极对待这种索赔,其索赔的目的也是很难达到的。如果承包商积极进索赔工作,找出证据和理由,这种承包商进行的合同索赔的成功率还是比较高的。

根据风险理论,风险损失的责任应取决于导致风险损失的原因,前文所说的业主转移的风险和承包商接受的风险不是根据风险所导致的结果来分的,而是由引起这些风险的因素来决定的。从本质上说,引起风险损失的因素才是风险归责和索赔的依据。

有些风险损失是由一个风险因素造成的,而有些则是由多个因素造成的。从图4-4中我们可以看到,属于 T 集合中因素导致的风险损失应由业主承担责任,由 R 集合中因素导致的风险损失应由承包商承担责任。但是在很多情况下,损失是由多个因素引起的,其中的一些因素可能属于 T 集合而另一些则可能属于 R 集合,这时就很难断定该风险造成损失的责任应由谁承担。这对应着前文所述的第二种和第三种合同索赔。

在工程合同中,最好把具体因素导致的风险的责任分清楚,但是,这在实际中是不可能的。一个补救的办法是,把导致风险的所有因素分为甲方责任风险因素、乙方责任风险因素和承担方不明责任风险因素三类。根据第4.3.1节提出的风险处理原则——在工程项目建设的过程中不存在没有责任方的风险。所以在工程项目建设过程中要随时对所遇到的责任方不明的风险进行研究、评判,最后通过谈判确认风险的承担方,为今后处理合同索赔打下良好的基础。图4-6给出了风险归责的流程,这种流程在工程实施的整个过程中重复进行,直至业主和承包商解除合同关系。

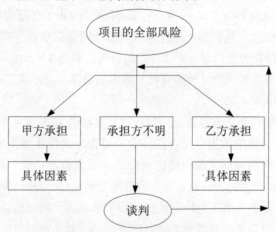

图4-6 风险归责流程图

4.5 基于大型工程项目系统寿命周期的潜在风险

大型工程项目的寿命周期是从项目论证、立项、实施、运营一直到淘汰的整个时间段。在项目的寿命周期中,业主即要向项目中注入资金,也要从中获得收益。项目寿命周期收益是指项目整个寿命周期内业主的总收益。

在大型工程项目的建设中,有时会为节约投资降低某些技术指标,有时会为提高某些技术指标而增加投资。在对这些决策进行评价时,不应简单地仅仅从工程建设的角度来考察，必须要从项目论证到系统淘汰的整个寿命周期来考虑。因为业主投资建设此项目的目的是为了使建成后的系统能获得较好经济效益和社会效益（业主从某项目中获得的利益实际上就是从项目的整个寿命周期来进行计算的），所以我们需要考虑的是项目整体的综合收益。其实，不仅项目建设期间一些技术指标的改变会影响到项目今后的收益，而且在工程建设中其他的一些变化也会对项目的综合收益产生影响。

4.5.1 大型工程项目寿命周期综合收益潜在风险分析

要控制潜在风险就必须了解潜在风险因素，并在大型工程项目建设实施的过程中找出克服这些潜在风险因素的方法。潜在风险因素的项目寿命周期综合收益风险分析就是通过对项目整个寿命周期综合收益情况的分析，找出影响综合收益的潜在风险，并反馈到项目的规划、设计和建设过程中，指导项目的实施活动，减低项目的潜在风险的过程，项目寿命周期综合收益潜在风险分析流程如图4-7所示。

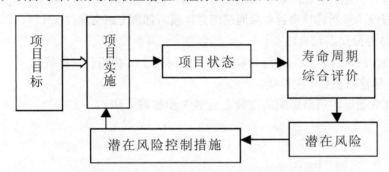

图4-7 项目寿命周期综合收益潜在风险分析

从费用方面分析，项目寿命周期的费用主要由两部组成：工程实施费用和项目系统运行费用。工程实施费用主要与工程实施过程有关，其数量在工程结束后就不会再发生变化。项目系统运行费用与工程竣工后的运用、维护等有关系，其总数随着时间的延续而累加，但是项目系统运行费用又不仅仅由工程竣工后的运用、维护等决定。从理论上分析，项目的实施对竣工后系统运行的许多方面都会产生影响，如能耗、生产效率、维护情况、安全情况、技术先进性等，甚至还对支持项目正常运转的管理机构产生影响——管理机构在很大程度上取决于设备的技术水平、设备布局等，而设备的技术水平和设备布局是在项目实施阶段决定的。

从风险管理的角度看，大型工程项目中的某些潜在风险是可以在工程实施阶段解决的，而工程实施主要包括工程设计和工程施工。因此，要解决潜在风险就必须将其转化为工程设计和工程施工中的要解决的问题。

4.5.2 大型工程项目寿命周期综合收益的潜在风险敏感性分析

如果大型工程项目实施与隐性风险关系矩阵 R 中 $r_{ij}=1$（$i=1,\cdots,n$；$j=1,\cdots,m$），那么针对潜在风险 f_i，就需要制定方案解决该潜在风险的工程问题 s_j（见表4-1）。

从理论上讲，潜在风险的数量是十分庞大的，我们不可能照顾到每一个潜在风险，而只能在大型工程项目建设的实施过程中对较重要的、关系重大的那一部分潜在风险进行处理。利用敏感性分析，我们可以判别哪些是较重要的风险因素。

从业主的角度来说，要判断一个风险的严重性就必须判断该风险对项目系统寿命周期综合收益的影响。所以，我们可以以项目寿命周期综合收益为目标来判断各潜在风险的优先级。对项目寿命周期综合收益的敏感性分析可能表明某特定的潜在风险对项目寿命周期综合收益影响不大。在这种情况下，去试图处理该潜在风险就没有多大价值，该潜在风险就不能称其为潜在风险。

有多种方式可用来表示敏感性分析所得出的结果，其中最简单的方式就是构建一个敏感性表。但是如果有多个变量发生变化的话，最有效的方法是用图形来表示分析结果，因为这样可以一目了然地表示出最敏感的或者最关键的变量。

用图示法来进行敏感性分析时，一种特别有效的工具是蛛网图。蛛网图是进行敏感性分析的一个有效的方法，其步骤如下：

(1) 利用各变量的期望值计算项目寿命周期综合收益；
(2) 找出哪些变量受哪些潜在风险的影响；
(3) 选择一个受某潜在风险影响的变量，我们可以把它叫作"参数1"，利用该参数值的不同假设，重新计算项目寿命周期综合收益，如假定该变量改变1%、2%等来重新计算项目寿命周期综合收益；
(4) 将得出的项目寿命周期综合收益绘于蛛网图上，将相邻点连接起来，就得到如图4-8中标注的参数1的曲线；
(5) 对其它受潜在风险影响的变量重复第3步和第4步。

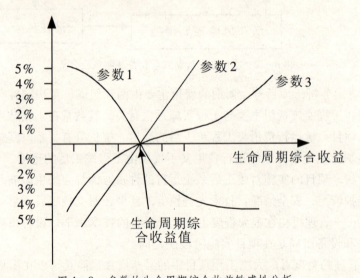

图4-8 参数的生命周期综合收益敏感性分析

蛛网图中每一条参数曲线表明了某一参数在一定范围内的变化对寿命周期综合收益的影响程度。曲线越陡，表明寿命周期综合收益对参数的变化越不敏感。图4-8中，寿命周期综合收益对参数3的敏感程度要比参数2的敏感程度高，说明与参数3相关的潜在风险对寿命周期综合收益的影响大，这样的潜在风险较重要。

4.6 大型工程项目业主风险动态控制模型

在进行大型工程项目风险管理时，业主不能用简单静态的方法进行管理，而应该用动态的方法。因为大型工程项目建设实施环境的开放性和人们对具体项目实施过程认识的局限性,使得项目建设风险的变化往往超出合同的规定;同时,随着工程项目实施的进行,还会出现签订合同时业主和承包商都没有预料到的风险出现;另外,业主面临的合同衍生风险也要求对合同的整个执行过程进行动态控制。

根据前文的分析结果和大型工程项目建设风险特点,本节将对大型工程项目业主风险动态控制模型进行分析。

大型工程项目业主风险动态控制模型见图4-9。

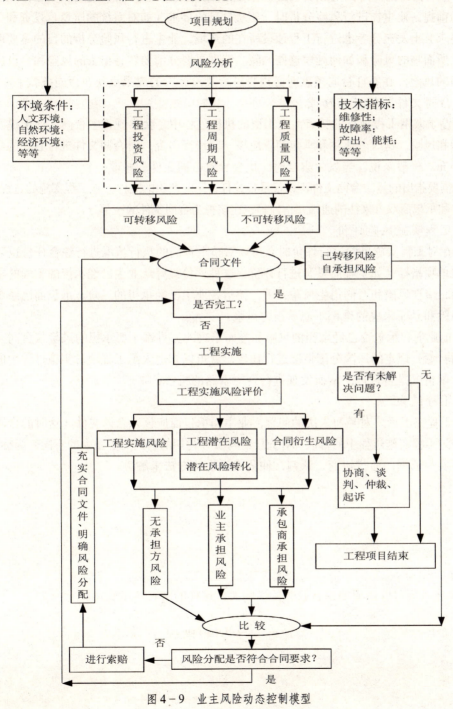

图4-9 业主风险动态控制模型

该模型对大型工程项目业主风险管理从项目规划开始,一直到整个工程结束的全过程进行了描述。在工程建设过程中要时刻监控风险的变化和业主自己承担风险的情况,一旦出现业主承担了自己不应该承担的风险或者合同条款未考虑到的风险时,该模型就会提示业主修改合同条款或向违约方索赔。

大型工程项目业主风险分析

在工程实施前,业主必须全面系统地进行项目的风险分析,这是业主进行风险管理的前提。业主在进行风险分析时,要从自己的要求(如对系统的质量、投资和工期等要求)出发充分考虑进行工程建设所在的环境。业主进行风险分析的目的是要明确自己所面临的风险和如何处理这些风险,特别是要分清要转移出去的风险和自己应该承担的风险,在签订合同条款时必须将进行风险分析的成果反映在合同条款上。

合同文件的签订与修改

鉴于大型工程项目的特点,在工程的执行过程中,会出现许多合同文件未提及的问题和风险,这时,业主和承包商就应该一起协商研究,对合同文件进行必要的修改和补充。一般来说,当发生索赔时,也会导致合同文件的修改。

需要指出的是,合同文件不仅仅是指签订合同时产生的文件,在工程实施的过程中,业主和承包商双方来往的通知、信件等也应该视为合同文件的一部分。

工程实施风险评价

在对工程实施风险进行评价时,可以对整个合同的执行情况进行综合评价也可以就某单项指标(如工程质量)进行评价。这种评价最好从业主已经承担的工程的实施风险、潜在风险和合同衍生风险入手,搞清楚业主已经承担的风险、承包商已经承担的风险和悬而未决的谁都不愿承担的风险。

把业主和承包商已经承担的风险和悬而未决的、谁都不愿承担的风险与合同(或合同合意)规定的风险分配情况进行比较,就可以知道大型工程项目实施过程中的风险分配情况是否合理,从而发现进行合同索赔的机会。

工程结束

工程完工后,对悬而未决的问题,业主和承包商应该以合同文件(这时的合同文件经过工程实施过程中的修改和补充已经与签订初期的合同有了很大的不同)为标准,以事实为依据,通过协商、谈判、仲裁或诉讼的方法来解决。

5 大型工程项目合同系统理论及索赔机会识别

5.1 概述

根据前文的叙述，合同索赔的发生是因为在合同执行过程中，由于客观或主观原因，合同的当事人没有按合同要求完成其应该承担的责任或义务。由于大型工程项目的实施是在一个开放的环境中进行的，合同的执行受到众多因素的影响，因此出现违背合同要求的现象是不可避免的，索赔机会的存在是一个客观的现象。

当事人不可能意识到并识别出客观存在的每一个索赔机会，这样就会使当事人的权益受到损害。一个极端的情况是，对所有的索赔机会，当事人都没有发现它们的存在，这样，他必定会遭受重大的损失。从业主的角度来说，不及时地对索赔机会进行有效的分析和识别，就可能使更多的因素混淆在一起，给今后的分析和识别造成更大的困难。同时还可能因此而衍生出其他的一些情况（如向承包商付款后又可能要扣款，给承包商辩解或索赔提供口实等），进而给今后的合同索赔管理造成困难。另外，业主不能及时准确地分析和识别索赔机会还可能会使承包商抱有侥幸心理、放松管理从而导致承包商违约行为的增加，给整个建设工程项目合同的执行带来不良的影响。

索赔机会的分析和识别对合同索赔本身也有十分重要的意义。

1. 索赔机会的发现和识别是合同索赔管理的首要内容和任务。没有索赔机会的发现和识别，合同索赔管理就丧失了存在的前提和基础。

2. 索赔机会的发现和识别是业主开展合同索赔工作和对合同执行情况进行监督的前提和基础。没有索赔机会的发现和识别，就谈不上进行有效的工程项目合同执行情况的监督和管理。

3. 现行的索赔分析和所有的合同索赔处理方法都是以索赔机会的及时发现和识别为前提的。只有在发现索赔机会并识别该索赔机会产生的原因、造成后果、合同依据的情况下，才能研究确定合同索赔策略、方法等，从而达到进行索赔的目的。

4. 索赔机会的及时发现和识别可以使业主在合同纠纷中处于主动的地位，有利于业主提出并采用卓有成效的控制策略和索赔对策。

5. 由于大型工程项目的复杂性，工程项目实施的不确定性和不可预知性，对索赔机会的发现和识别一般都不可避免地存在一定的滞后效应。只有认真研究和深入分析索赔机会存在的机理和识别方法，才能有效地减少这种滞后效应的影响。

本章将从合同的形成开始，用系统论的方法，建立合同执行模型，分析合同索赔产生的机理，为索赔机会的分析和识别提供科学的理论依据和方法。

5.2 工程项目合同系统理论

从系统论的角度来看，一个工程项目的实施过程就是一项系统工程，合同给出了建设工程项目实施中的条件、目标等，是该系统工程在执行中要遵守的规则集合。

5.2.1 合同状态的概念

合同要体现的是经济交往中双方当事人之间的合意，它规定了当事人在一定条件下所拥有的权利和义务。

所谓合同状态，是指从合同签订开始到合同结束为止的整个合同实施过程中，任一时刻所对应的全部计划合同目标、当时按照合同应该具有的合同基本条件（合同外部的与合同内部的、自然的与人文的、物质的与技术的条件）等方面所包含的全部要素的总和。

合同状态发生变化的动力来自依据合同条款而制定的工程项目建设实施方案，工程项目建设实施方案是经合同双方同意、认可的。在工程项目建设的实施方案中，规定了保证合同得以正常执行的人与人、人与事之间的各种关系，我们定义这些关系为合同正常（情况下的）规则，这些关系的集合就是合同正常规则集合。

由于与合同状态有关的合同目标和合同条件是随时间不断变化的，所以合同状态是时间的函数。

合同状态主要分为合同初始状态、合同理想状态、合同现实状态和合同目标状态四种。

合同初始状态是合同签订时合同目标、合同条件等方面要素的总和，是实现合同目标状态的起点。

我们把从合同初始状态开始，按合同正常规则推理演化出来的合同在某时刻的状态称为该时刻合同的理想状态，合同理想状态是假设合同文件被严格遵守时的一种假想状态。

在执行合同的过程中，由于各种干扰（如合同目标变动、前期合同目标没有实现、合同条件变化、合同规则不能被严格遵守等）的影响，实际的合同状态一般不会是该时刻合同的理想状态，而是一种与理想状态有联系但又不同的新的状态，我们称这种由于各种干扰而使合同状态偏离理想状态产生的新的状态为合同的现实状态。

当合同执行完成时应该达到的合同状态就是合同目标状态。

5.2.1.1 合同初始状态和合同目标状态的形成

从项目规划到合同签订的过程也是建设工程项目合同的形成过程，同时还形成了合同的初始状态以及合同的理想目标状态。在这个过程中，业主主要应完成以下各项工作。

1. 工程项目建设目标的制定

在大型工程项目目标的制定过程中，业主应特别注意以下几个方面的工作：

(1)整个项目系统总体目标要求

如建成后项目系统的产量要求、系统产出品的质量要求、经济指标、环境指标以及工程项目建设的质量等级、投资、工期等。

(2)分部工程、分项工程的目标

业主应该在遵守项目总体目标的前提下，制定分部工程和重要分项工程的目标。这些目标即是项目总体目标的细化也为该大型工程项目的工程管理、合同管理以及索赔管理提供了可操作的依据。

2. 提供进行工程项目建设所需要的条件

工程项目建设的进行需要一定前提条件，业主在工程项目建设开始前必须深入研究项目实施所需的条件并落到实处。

从工程项目建设前提条件的责任分析，项目前提条件主要分为三种。

(1)业主责任条件

业主责任条件是项目得以进行的应由业主完成的事项，如项目的法律法规和行政手续以及工程项目建设资金的筹措等。

(2)承包商责任条件

承包商责任条件是项目得以进行的应由承包商完成的事项，如准备符合项目建设要求的人员、机具，制定科学合理的工程建设施工计划等。

(3)第三方责任条件

在对大型工程项目建设中业主和承包商都不能承担的风险进行有效的处理以前，工程项目建设是不能进行实施的，一般的情况下，第三方责任的责任承担者是保险公司等。

从工程项目建设前提条件的具体形式分析，项目前提条件主要分以下几种：

①自然条件：如气象、地质、水文条件等；

②人力资源条件：如人员数量、素质等；

③法律条件：如与建设工程项目有关的法律批文、专利使用的法律手续等；

④经济条件：如业主的融资、承包商的履约保证等；

⑤物质条件：如有关的工程机械、工程设备、材料、能源、道路等；

⑥技术条件：如与建设工程项目有关的技术分析报告、技术论证书等。

3．工程项目建设活动规则的制定

工程项目建设活动规则是在工程项目建设过程中各个方面都应该严格遵守的规则，它是工程项目建设得以顺利进行的重要制度因素。制定工程项目建设活动规则实际上是为项目的实施建立一套运行机制。工程项目合同状态就是在这套运行机制的作用下演进的，它不仅能使工程项目建设活动顺利进行，同时还能保障参加工程项目建设各方的利益。

合同规定的工程项目建设活动的规则分为两类，一类是维持合同正常执行时的规则，这类规则被列入了工程项目建设的实施计划内；另外一类是当合同处于非正常状态时发生作用的规则，这类规则起矫正的作用，当这类规则起作用时，往往就会发生合同索赔。

4．工程项目建设合同的签订

工程项目建设合同是将工程项目目标、工程项目建设所需要的条件和进行工程建设活动的规则有机地结合起来形成有法律效力的文件，是进行某项工程活动的局部法（法律）。工程项目建设合同一旦签订，合同的初始状态和理想的目标状态也就确定了。

前文所述的合同初始状态是从合同签订开始的，这里我们可以把合同初始状态概念推广到合同执行的任意一个时刻。假设在合同执行到某时刻时，合同双方因某问题产生了纠纷，当双方就解决这个纠纷达成一致时，这时的合同状态就是代替了合同签订时的合同状态而成为以该时刻为起点的合同初始状态。

5.2.1.2 合同理想状态

由于合同的理想状态是从合同双方都同意的合同初始状态依据合同正常规则推演来的，因此合同理想状态与合同初始状态一样也是双方的合意，所以合同理想状态是进行工程评价和合同索赔的重要依据。如果合同的规则不变，那么从合同的理想状态应该可以反推回到合同的初始状态。

通常，只要合同状态偏离了理想状态，就说明建设工程项目没有按照合同要求进行——有干扰事件发生。

因为合同的理想状态是由合同的初始状态推演出来的,所以在研究合同的理想状态时,首先要说明与该理想状态对应的初始状态,否则合同理想状态就成了无根之木,无源之水。

5.2.1.3 合同现实状态

签订的合同实质上是合同双方对初始合同状态和目标状态的一种承诺,也是双方对建设工程项目实施阶段的一致的愿望、期待和控制目标。然而,在建设工程项目合同的实施过程中,由于大型工程项目本身固有的特征,其系统内部状态的不稳定性和系统外部环境的不确定性,使合同的演进并不一定会依业主的意愿向合同的理想状态发展,而有可能会偏离理想状态向另外的合同状态发展,该合同状态由当时合同执行过程中实际存在的目标、条件和合同正常规则形成,这种合同状态我们称之为合同的现实状态。

合同的现实状态是各种干扰因素作用于合同理想状态而形成的。由于造成合同现实状态的干扰不是合同双方的合意,因此合同现实状态也就不是双方的合意。这时,合同双方必须按合同的规定,人为调整合同状态,形成合意——新的合同初始状态,在调整合同状态的过程中必定有索赔因素存在,一般会发生合同索赔事件。

从以上的分析可以看出,工程项目建设的实施过程,从本质上讲,就是从合同的初始状态出发,到达新的合同状态——合同现实状态,比较从初始状态推演的理想状态与现实状态,矫正现实状态,得到新的初始状态,再由新的初始状态出发继续实施工程,这样不断循环的过程(如图5-1所示)。

由上面的分析可知,合同现实状态偏离合同的理想状态是合同索赔发生的必要条件。

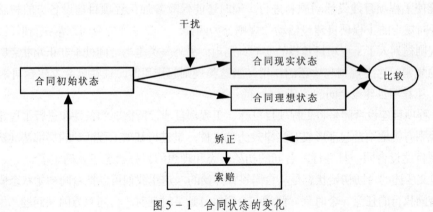

图5-1 合同状态的变化

这里,我们结合FIDIC《电气与机械工程合同条件(黄皮书)》,讨论机电工程项目合同现实状态可能的变化及其相应的调整。

1.在合同执行过程中,原来合同给定的初始条件发生变化,可能使业主和承包商双方的合同地位相对合同签订时发生变化。

(1)出现不可抗拒事件,如战争、叛乱、核污染、暴动等,业主应承担由此带来的风险(FIDIC《电气与机械工程合同条件(黄皮书)》26.1,37.2,44.5,44.6);

(2)法律人文环境变化(FIDIC《电气与机械工程合同条件(黄皮书)》35.2,47.2,48.1);

(3)建设工程项目执行的内部环境发生变化，如总承包商擅自更换分承包商（FIDIC《电气与机械工程合同条件（黄皮书）》3.1，4.1）和更改施工计划（FIDIC《电气与机械工程合同条件（黄皮书）》12.2，12.3）；

2．实际执行合同所达到的目标与计划目标发生变化，会使建设工程项目合同某一方的总效益发生变化。

(1)业主在工程进行过程中对建设工程项目总的目标或分部、分项工程目标（工期、数量、技术标准、质量、费用等）提出更改；

(2)由于承包商的责任使建设工程项目实施所达到的目标与合同文件规定的目标发生偏差（如工期的延误、工程质量降低等）；

(3)由于其他原因导致合同目标改变（如设备系统排污指标的变化、某专利技术发生费用等）。

这些变化还会引起合同其他方面的变化，从而导致合同价格的变化，或合同索赔的发生。工程项目建设目标的变化原因可能是业主的因素，也可能是由于设计或施工计划的不周引起的（如设计缺陷或施工计划缺陷）（FIDIC《电气与机械工程合同条件（黄皮书）》7.1，8.2，12.3，21.1，26.1，26.2，26.3，27.1，28.7，31.2等）。

3．在实际执行合同的时候，如果某一方违背合同规则，即导致合同的执行规则发生变化，会使所达到的目标与计划目标发生变化，从而引起建设工程项目合同状态的变化。

(1)承包商违约（FIDIC《电气与机械工程合同条件（黄皮书）》10.3 23.1，24.1）。

(2)业主违约（FIDIC《电气与机械工程合同条件（黄皮书）》46.1，46.3）。

(3)由于客观原因，导致业主或承包商违约（FIDIC《电气与机械工程合同条件（黄皮书）》44.2，44.4，44.5）。

5.2.2　合同状态的描述

一项大型复杂的工程项目是一个复杂的系统工程，建设工程项目实施的过程就是对该系统进行控制、实现目标的过程，而合同状态的变化实际反映了工程项目建设的过程，所以我们可以通过对工程项目合同状态的研究来了解工程项目建设的实施情况。

下面我们就用系统工程的理论和方法对大型工程项目建设合同状态进行分析。

根据前文的叙述，我们知道合同的状态可以用合同目标、合同基本条件等各方面所包含的要素总和来描述。

设，工程项目建设合同状态可以用一组状态变量描述，写成矢量的形式，即：

$$\boldsymbol{x} = [x_1, x_2, \cdots, x_n]^T \quad (5-1)$$

式中：$\boldsymbol{x}$——合同状态矢量，$\boldsymbol{x} \in R^n$；

x_i——合同的状态变量，$i=1,2,\cdots,n$；

n——维数（有限正整数）；

T——转置；

R^n——n维状态空间。

我们称状态空间R^n为合同状态空间，合同状态空间R^n中的某一点$(x_1,x_2,\cdots,x_n)$，对应于合同的某一状态矢量$\boldsymbol{x} = [x_1,x_2,\cdots,x_n]^T$；实际上，在工程合同的执行过程中，每一时刻都对应于合同的一个状态，这些合同状态对应的点相连就在合同状态空间R^n中形成了一条空间曲线，该曲线的起点对应于合同的初始状态，终点对应于合同的目标状态。

为了实现合同的目标状态，必须对工程项目合同的执行过程进行控制。根据第5.2.1节所述，正常情况下，合同状态发生变化的动力来自合同中规定的合同正常规则，于是，我们用合同正常规则来定义合同的控制矢量 u：

$$u = [u_1, u_2, \cdots, u_m]^T \tag{5-2}$$

式中：u——合同正常规则矢量，即控制矢量，m 维；

u_j——合同正常规则条款，$j = 1, 2, \cdots, m$；

m——维数（有限正整数）。

利用合同状态矢量和控制矢量，可构造如下的三元组：

$$<x_s, F(u), x_g> \tag{5-3}$$

式中：x_s——合同初始状态矢量，$x_s = [x_{1s}, x_{2s}, \cdots, x_{ns}]^T$；

x_g——合同目标状态矢量，$x_g = [x_{1g}, x_{2g}, \cdots, x_{ng}]^T$。

$F(u)$——u 产生的使合同状态发生变化的操作，即合同正常操作。

式（5-3）就是合同状态空间变化模型。它描述了一项工程项目建设从合同的初始状态 x_s 转移到合同目标状态 x_g 的控制过程。但是，由于这里使合同状态发生变化的是合同的正常操作，没有考虑干扰因素的存在，所以三元组 $<x_s, F(u), x_g>$ 描述的只是合同正常执行的情况，即理想的合同状态变化过程（如图 5-2 所示）。

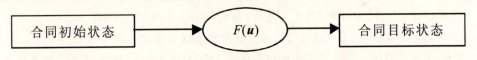

图 5-2　合同的正常执行情况

当存在干扰因素时，对合同状态变化过程发生作用的就不仅仅有正常规则，还有干扰因素。这时，合同状态变化的结果就不是合同的目标状态，而是与合同目标状态存在一定差别的合同的现实状态（如图 5-3 所示）。

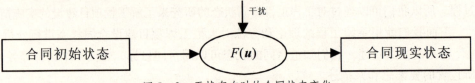

图 5-3　干扰存在时的合同状态变化

在三元组中，合同状态矢量 x_s 和 x_g 表达的是工程合同状态的叙述性知识，控制矢量 u 表达的是合同状态转移的过程性知识及控制性知识，所以，用大系统控制论的方法分析，三元组是知识的状态空间表达方法，是一种知识模型。

5.2.3　多层合同状态空间模型

大型工程项目结构复杂，整个工程项目往往由若干分项工程组成，而各个分项工程又由若干个分部工程组成，合同总目标是各个分目标综合的结果，因此大型工程项目的合同状态空间 R^n 具有层次结构的特点，即上层合同状态参数是下层状态参量的综合。于是，大型工程项目的合同状态空间就应该是一种多层状态空间，我们称之为多层合同状态空间。多层合同状态空间的概念如图 5-4 所示。

图 5-4 中显示最高层状态空间为一层状态空间 O_1——x_{1i}, x_{1j}, x_{1k}，往下是二层状态

空间 O_2 — x_{2i}, x_{2j}, x_{2k} 和三层状态空间 O_3 — x_{3i}, x_{3j}, x_{3k}。通常，各层状态空间的维数不一定是三维，每层状态空间的维数也并不一定相同，状态空间的层数也可能不止三层。

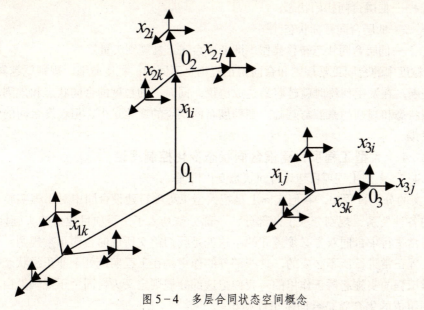

图 5-4 多层合同状态空间概念

在对多层状态空间系统进行分析时，不同的目的需要不同的"粒度"。对高层、宏观进行分析时用粗粒度的；对中层、中观进行分析时用中粒度的；对低层、微观进行分析时用细粒度的。在建立大型工程项目合同状态空间时，我们应该按照实际的需要，建立相对合适粒度的模型。这样不仅能达到较好的效果，而且能减少工作量。

合同粗粒度状态空间

如图 5-4 中一层状态空间 O_1 — x_{1i}, x_{1j}, x_{1k} 所示，该状态空间描述大型工程项目建设合同最高层的合同状态，用"三元组"描写为：

$$<\boldsymbol{x}_{1s}, F_1(\boldsymbol{u}_1), \boldsymbol{x}_{1g}>$$

式中：$\boldsymbol{x}_{1s}$——高层合同初始状态；

$\boldsymbol{x}_{1g}$——高层合同目标状态；

$\boldsymbol{u}_1$——高层合同状态转移操作，即高层合同正常规则矢量；

$F_1(\boldsymbol{u}_1)$——用相应的合同规则作用于合同执行过程。

合同中粒度状态空间

状态空间 O_2 — x_{2i}, x_{2j}, x_{2k} 描述的是大型工程项目建设合同中层的合同状态，用"三元组"描写为：

$$<\boldsymbol{x}_{2s}, F_2(\boldsymbol{u}_2), \boldsymbol{x}_{2g}>$$

式中：$\boldsymbol{x}_{2s}$——中层合同初始状态；

$\boldsymbol{x}_{2g}$——中层合同目标状态；

$\boldsymbol{u}_2$——中层合同状态转移操作，即中层合同正常规则矢量。

合同细粒度状态空间

状态空间 O_3 — x_{3i}, x_{3j}, x_{3k} 描述的是大型工程项目建设合同低层的合同状态，用"三元组"描写表示为：

$$<x_{3s}, F_3(u_3), x_{3g}>$$

式中：x_{3s}——低层合同初始状态；

x_{3g}——低层合同目标状态；

u_3——低层合同状态转移操作，即低层合同正常规则矢量。

不同粒度中的合同正常规则和合同矫正规则是不同的，粒度越细，规则就越具体、越容易判断，在发生纠纷时就越容易达成协议；同时，细粒度的合同状态和规则是高层次合同状态和规则的来源与基础，细粒度合同状态的变化是中、粗粒度合同的状态变化的发端。

5.2.4 大型工程项目建设合同状态变化控制理论

5.2.4.1 大型工程项目建设合同状态变化机理

在前文的分析过程中，我们实际上是把大型工程项目建设合同中对工程实施有控制作用的各种关系、规则分成了两部分：一部分被列入了工程项目建设的实施计划，是工程正常进行中合同双方必须遵守的，这就是我们前文所说的合同正常规则；另一部分是工程正常进行所不必要的，这一部分的作用是在工程实施处于非正常状态的情况下，对工程的实施起矫正作用的，我们把这部分规则定义为合同矫正规则，由合同矫正规则组成的集合就是合同矫正规则集。

大型工程项目建设合同状态的变化实际上就是工程在合同正常规则和合同矫正规则的共同控制下，实现合同目标状态的过程。正常情况下，工程合同状态将依据正常规则发展变化，这时得到的合同状态就是在实施工程前双方认可的理想合同状态。但是，由于大型工程项目的实施过程中一般都会存在这样或那样的干扰因素，这些干扰因素的作用会使工程合同的状态偏离目标状态，这样就得到了合同现实状态；由于合同现实状态与合同理想状态存在一定的差别，最终会导致不能实现合同规定的目标状态，因而这时就必须启动合同矫正规则，使合同状态回到理想状态。

这里我们提到的合同的初始状态在大部分情况下并不是合同签订时的最初状态，而是合同执行到某一时刻时双方都认可的现实状态。前文所说的目标状态在大部分情况下也并不是工程项目最终的目标状态，而是工程执行过程中的阶段性目标状态。

5.2.4.2 合同执行系统的自适应控制模型

"自适应"的概念最初来自生物科学，主要是指生物，特别是人，在外部环境和条件变化的情况下，保持生物内部环境稳定与生理状态正常的性能，是生物控制系统的特点之一。自适应控制系统能在运行环境或条件发生变化的情况下，保持控制系统稳定以及控制功能正常。从大型工程项目建设合同目的和工程实施的特点分析，我们可以看到，理想的大型工程项目合同系统应该是自适应的，即无论大型工程项目建设实施的环境或条件怎样变化，完善的大型工程项目合同系统都应该能在其条款（正常规则、矫正规则）的作用下自动地完成合同的目标——最终目标合同状态。图5-5为一种自适应控制系统的框图。

该模型中，通过对现实输出与想要得到的理想输出的不断比较，逐渐改变对控制对象的控制策略，从而得到满足要求的输出。

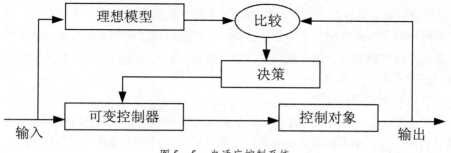

图 5-5 自适应控制系统

图 5-6 为合同执行的自适应模型。

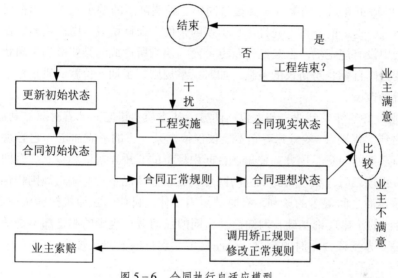

图 5-6 合同执行自适应模型

合同开始执行时，以签订合同时的初始状态为起点，在假想工程执行完全被合同正常规则控制，业主能通过推理得到合同的理想状态。但是，合同的执行不是在真空中进行的，所以，大型工程建设项目实施的实际情况是在各种干扰和合同正常规则共同作用下进行的，这样得到的是合同的现实状态。

通过对合同现实状态和合同理想状态的比较，有两种可能的结果：第一种是，合同现实状态与合同理想状态比较接近，即业主对合同执行的结果满意，那么，这时的合同现实状态就被作为执行合同下阶段的初始状态，进入工程实施的下一个阶段；第二种是，业主对合同现实状态和合同理想状态的比较结果不满意，这说明干扰较严重，以致现有的合同正常规则不能使合同正常执行以得到令业主满意的结果，这时就需要启动合同的矫正规则对原有的合同正常规则集进行修改（对原合同正常规则集进行修改、补充，组成新的合同正常规则），再用修改过的合同正常规则对工程的实施过程进行控制。通常，对合同正常规则的修改不是一步完成的，往往需要多次修改才能得到满意的结果。

如果合同条款全面、准确，工程项目执行过程中的各种干扰不是特别严重，那么整个大型工程项目就会在合同正常规则的作用和合同矫正规则的监视和控制之下，从签订合同时的合同初始状态自动地向合同的最终目标状态演进，直至实现最终目标状态。

合同索赔就是在修改合同正常规则时发生的，从前面的分析中可以看到，修改合同正常规则的原因是合同的正常执行受到了干扰，所以干扰的责任人就是被索赔的对象。另外，合同执行的自适应模型还显示了合同索赔的重要性——索赔是合同得以正常执行的必不可少的条件。

5.2.4.3 合同矫正规则

根据前文所述，合同正常规则是正常实施工程计划所必须的合同规则。当各种干扰致使合同执行结果不能满足要求时，仅靠合同正常规则不能使合同正常执行，就必须启动合同矫正规则，这实际上是根据合同的执行情况，从合同文件出发对合同正常规则进行修改或补充。

合同的矫正规则分两类：一类是合同中已经明确了的矫正规则，如合同中规定的要求必须进行返工的条件、允许延长工期的条件、允许增减合同价款的条件等；另一类是合同中没有规定的，但是经过双方协商、谈判所达成的某些影响合同状态演化进程或改变合同目标状态协议的条款，如对正常规则、工期、价款、质量标准或某些施工条件等的改变。

"规则"必然涉及到业主和承包商两方，从本质上讲它意味着对双方利益的分配，所以一提到"规则"，就意味着它不能仅仅依据某一方的意志而定，它必须得到业主和承包商双方的同意。因此在使用（合同中规定的）矫正规则和建立（合同中原本没有的）矫正规则时，必须得到双方的同意。在很多情况下，与矫正规则相伴的往往是业主和承包商之间艰苦的谈判，有时甚至需要仲裁机构、法律机构确认和执行。

从合同的法律理论基础我们知道，合同的任何矫正规则的制定都不是随意的，它的基础是双方签订合同时的合意、公序良俗、现行的法律法规等。

5.3 大型工程项目合同索赔机会的识别

根据合同状态和系统分析理论，本节将对大型工程项目合同索赔机会的识别进行深入的研究，并提出相应的定量分析模型。

5.3.1 大型工程合同状态控制模型

大型工程项目合同的执行过程实际上是对合同状态的控制过程，这里，我们给出合同执行的状态控制模型（见图 5-7）。

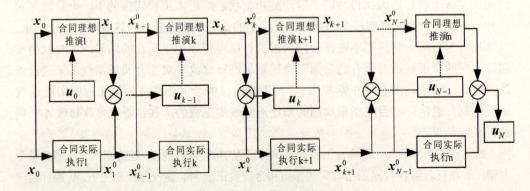

图 5-7 合同状态控制模型

图 5-7 中 $x_k = x(x_{1k}, x_{2k}, \cdots, x_{mk})$ 和 $x_k^0 = x(x_{1k}^0, x_{2k}^0, \cdots, x_{mk}^0)$ 为合同状态向量，x_{ik}、x_{ik}^0 为合同状态参量。该模型揭示了合同执行过程中对合同状态的控制：当合同某阶段执行完毕时，要对合同的执行情况进行判断，并依据判断结果对该阶段的合同执行情况提出整改要求（如索赔等），同时，根据第 5.2.4 节所述的方法得到下阶段合同的理想初始状态。图 5-7 中，x_k^0 是 k 阶段合同执行后的实际合同状态，x_k 是 k 阶段依据合同理想状态推演出的合同执行后的合同状态。$u_k = u(u_{1k}, u_{2k}, \cdots, u_{mk})$ 是在 $k+1$ 阶段对 k 阶段合同执行偏离理想状态的调整，它是在 $k+1$ 阶段进行索赔的基础，同时也是对 $k+1$ 阶段合同标准状态调整的依据，在数量上它应能弥补 k 阶段因合同执行偏离理想状态给有关方面带来的损失。

5.3.1.1 合同状态最优控制模型

根据工程合同执行的实际情况，x_0、u_0 是已知的，而且 $x_0^0 = x_0$、$u_0 = u(0,0,\cdots,0)$，假设工程建设共分 N 个阶段；由合同状态控制模型，我们可以得到合同控制系统的系统状态方程：

$$x_{k+1} = F_{k+1}(x_k, u_k, k) \tag{5-4}$$

$$x_{k+1}^0 = G_{k+1}(x_k^0, k) \tag{5-5}$$

式中，$k = 0, 1, \cdots, N-1$。

因 x_0 已知，$u_0 = u(0, 0, \cdots, 0)$，所以可以求出 x_1：

$$x_1 = F_1(x_0, u_0, 0) \tag{5-6}$$

若依据某种规则（如经双方谈判达成的协议）求出 u_1，于是可得到：

$$x_2 = F_2(x_1, u_1, 1) \tag{5-7}$$

依此类推：

$$x_N = F_N(x_{N-1}, u_{N-1}, N-1) \tag{5-8}$$

根据前文的叙述，合同状态最优控制模型为：

$$\begin{cases} x_{k+1} = F_{k+1}(x_k, u_k, k), k = 0, 1, \cdots, N-1 \\ J_N = \sum_{k=1}^{N}[u_k - (x_k^0 - x_k)] \text{最优} \\ x_0, u_0 \text{已知} \end{cases} \tag{5-9}$$

式中，$J_N = \sum_{k=1}^{N}[u_k - (x_k^0 - x_k)]$ 表示在合同的执行过程中，对各阶段合同执行偏差调整的总量与合同执行实际偏差总量的差。当合同执行完毕时，合同执行的情况是实际存在的，所以我们认为 $x_{k+1}^0 = G_{k+1}(x_k^0, k)$ 是已知的，式（5-9）中的 x_k^0 可以通过式（5-5）得到。

5.3.1.2 模型求解

模型中，$F_1(*,*,*)$ 已知。因为 u_k 是对已经完成的工程的第 k 阶段偏离前段合同要求标准的描述，它不仅决定索赔的数量，同时还会对工程 $k+1$ 阶段的合同标准产生影响，因此 $x_{k+1} = F_{k+1}(*,*,*)$（$k = 1, 2, \cdots N-1$）的具体形式是由 $F_1(*,*,*)$ 和 x_k 确定的。

在进行工程合同调整时，最优的调整结果应该刚好能抵消合同的执行结果与合同

要求标准之间的差异,所以式(5-9)的解可通过解下面的方程组得到:

$$\begin{cases} u_1 - (x_1^0 - x_1) = 0 \\ u_2 - (x_2^0 - x_2) = 0 \\ \cdots\cdots \\ x_N - (x_N^0 - x_N) = 0 \end{cases} \quad (5-10)$$

由式(5-4)和(5-5),上述方程组可变为:

$$\begin{cases} u_1 - G_1(x_0^0, 0) + F_1(x_0, u_0, 0) = 0 \\ u_2 - G_2(x_1^0, 1) + F_2(x_1, u_1, 1) = 0 \\ \cdots\cdots \\ u_N - G_N(x_{N-1}^0, N-1) + F_N(x_{N-1}, u_{N-1}, N-1) = 0 \end{cases} \quad (5-11)$$

对 $\boldsymbol{u}_k = \boldsymbol{u}(u_{1k}, u_{2k}, \cdots, u_{mk})$ 中不同的合同状态参量,u_{ik} 的正负号表示不同的含义。如对越小越好的工期和费用而言,$u_{ik} > 0$ 表示实际的工期或费用超出了合同要求,于是就有可能发生索赔;对越大越好的工程质量而言,$u_{ik} < 0$ 表示实际的工程质量低于合同要求,因此有可能发生索赔。

在对合同索赔进行定量分析时,一般不能直接使用式(5-10)或(5-11),因为责任分配的原因,必须对这两个方程组稍加改造。令导致 $\boldsymbol{u}_k = \boldsymbol{u}(u_{1k}, u_{2k}, \cdots, u_{mk})$ 的对方的责任向量为 $\boldsymbol{\varepsilon}_k = \boldsymbol{\varepsilon}_k(\varepsilon_{1k}, \varepsilon_{2k}, \cdots, \varepsilon_{mk})$,则有:

$$\begin{cases} u_1 - \boldsymbol{\varepsilon}_1(x_1^0 - x_1) = 0 \\ u_2 - \boldsymbol{\varepsilon}_2(x_2^0 - x_2) = 0 \\ \cdots\cdots \\ u_N - \boldsymbol{\varepsilon}_N(x_N^0 - x_N) = 0 \end{cases} \quad (5-12)$$

$$\begin{cases} u_1 - \varepsilon_1 G_1(x_0^0, 0) + \varepsilon_1 F_1(x_0, u_0, 0) = 0 \\ u_2 - \varepsilon_2 G_2(x_1^0, 1) + \varepsilon_2 F_2(x_1, u_1, 1) = 0 \\ \cdots\cdots \\ u_N - \varepsilon_N G_N(x_{N-1}^0, N-1) + \varepsilon_N F_N(x_{N-1}, u_{N-1}, N-1) = 0 \end{cases} \quad (5-13)$$

式中:$\boldsymbol{\varepsilon}_1, \boldsymbol{\varepsilon}_2, \cdots, \boldsymbol{\varepsilon}_N$ 为合同执行结果偏离标准原因的对方责任分配向量,且 $0 \leqslant \varepsilon_{ij} \leqslant 1 (i=1,2,\cdots,m; j=1,2,\cdots,k)$。

设 $i = 1, 2, \cdots, m$,

$$U_N^i = \sum_{k=1}^{N} u_{ik} \quad (5-14)$$

U_N^i 即为工程完成部分时的某方就合同状态参量 u_i 合理的索赔总数量。

5.3.1.3 实际案例求解分析

为说明问题方便,我们设计了一个工期索赔案例。设某工程的建设分四个阶段,第一个阶段计划工期为50天,实际用了80天,本阶段延误的工期的责任有20%属于业主;第二阶段原计划工期80天,根据第一阶段的情况,经双方谈判,承包商同意缩减2天,而实际用了70天,本阶段提前的工期有40%的功劳属于业主;第三阶段原计划工期30天,根据前面几个阶段的施工情况,业主同意延长5天,而实际用了45天,本阶段工期延误责任有30%属于业主;第四阶段计划工期70天,经协商业主同延长 10 天，实际工期为 110 天，本阶段工期延误责任有 50% 属于业主。求实际属承包商责任延误的天数（业主向承包商索赔的工期量）。

根据前文的叙述，我们知道：

$G_1 = 80$ 天，$G_2 = 70$ 天，$G_3 = 45$ 天，$G_4 = 110$ 天；

$F_1 = 50$ 天，$F_2 = 80 - 2 = 78$ 天，$F_3 = 30 + 5 = 35$ 天，$F_2 = 70 + 10 = 80$ 天；

$\varepsilon_1 = 0.2$，$\varepsilon_2 = 0.4$，$\varepsilon_3 = 0.3$，$\varepsilon_4 = 0.5$。

由式（5-13）计算得：

$u_1 = 0.2(80 - 50) = 6$ 天，$u_2 = 0.4(70 - 78) = -3.2$ 天，$u_3 = 0.3(45 - 35) = 3$ 天，$= 0.5(110 - 80) = 6$ 天。

由式（5-14）计算得，业主责任导致的工期延误为：

$U = 6 - 3.2 + 3 + 6 = 11.8$ 天

而工期总共延误了 $(80 + 70 + 45 + 110) - (50 + 78 + 35 + 80) = 62$ 天

所以，承包商导致的工期延误为：

$U^* = 62 - 11.8 = 50.2$ 天

5.3.1.4 注

合同状态控制模型揭示了工程索赔的根源，为工程索赔定量分析提供了科学有效思路和方法。但是，本模型没有给出 $F_{k+1}(\boldsymbol{x}_k, \boldsymbol{u}_k, k)$ 的结构，因为它往往不是数学解析式，而是双方谈判协商的结果，在本模型的使用中，$F_{k+1}(\boldsymbol{x}_k, \boldsymbol{u}_k, k)$ 的结构或者具体数量对最终结果有决定性的作用。

5.3.2 多层合同模型及索赔机会模糊评判

根据第 5.2.3 节的分析，大型工程项目合同具有多层状态空间的结构，整个大型程项目往往由若干分项工程组成，而各个分项工程又由若干个分部工程组成，合同目标是各个分目标综合的结果。从图 5-6 中我们可以看到，对合同索赔机会的识的一个重要任务就是要对合同的现实状态做出评价。大型工程项目合同的复杂性、时性、信息不对称性和执行过程的不确定性，都会导致对合同执行情况评判的困。这里，我们以模糊数学为工具，对工程合同的定量评价进行分析，并给出多层工合同的模糊评价分析模型。

5.3.2.1 工程项目建设合同的系统分析

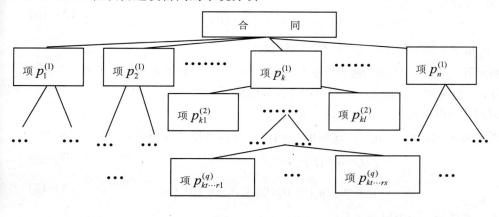

图 5-8 合同系统

由于大型工程项目的合同状态空间具有层次结构的特点，所以在分析建设工程项目合同时，可以采用层次分析法（AHP）。层次分析法的核心是将系统划分层次且只考虑上层元素对下层元素的支配作用。同一层次中的元素被认为是彼此独立的（见图 5-8 所示的合同系统）。我们称图 5-8 中最底层的元素为基本合同事件，基本合同事件实际就是合同规定的最基本的工作活动。

图 5-8 中符号 $p_{kt\cdots r1}^{(q)}$ 的意义如下：

q ——事件的层次；

p ——事件；

脚标 $kt\cdots r1$ ——共有 q 个字母（数字），表示事件 $p_{kt\cdots r1}^{(q)}$ 与哪些上层的元素有关。

令基本合同事件集合为 $P^{(q)} = \{p_1^{(q)}, p_2^{(q)}, \cdots, p_{t_q}^{(q)}\}$，基本事件上面一层中的元素的集合为 $P^{(q-1)} = \{p_1^{(q-1)}, p_2^{(q-1)}, \cdots, p_{t_{q-1}}^{(q-1)}\}$，其中每一元素都是由部分基本合同事件构成的集合，即 $p_{t_{q-1}}^{(q-1)} \subset P^{(q)}$。依此类推，图 5-8 中的每一层的元素都由下层的部分元素构成。因而从整个合同来看，完成合同就是要完成集合规定的全部事项。合同签订后，基本合同事件集就确定了。但是，当有干扰存在时，基本合同事件的集合就会发生改变。

签订合同的目的是规范合同双方的行为，合同一经签订，实际上就对集合 $P^{(q)}$ 中的每一个基本合同事件和各层元素进行了规范，规定了合同双方的责任、权利、义务。换句话说，就是规定了每一个基本合同事件及各层元素的合同标准，这种标准就是我们对合同执行情况进行评判的准则。

5.3.2.2 模糊综合评判模型

设 $U = \{u_1, u_2, \cdots, u_n\}$ 为 n 种因素构成的集合，我们称为因素集；$V = \{v_1, v_2, \cdots, v_m\}$ 为 m 种评判所构成的集合，称为评判集。由于各因素对事物的影响是不一致的，因此各因素的权重分配可视为　　上的模糊集：

$$A = \{a_1, a_2, \cdots, a_n\} \in F(U) \tag{5-15}$$

其中，$\sum_{i=1}^{n} a_i = 1$，a_i 表示第 i 个因素的权重。

另外，m 个评判也并非都是绝对地肯定或否定，故综合的评判也应看作是 V 上的模糊集，记为：

$$B = \{b_1, b_2, \cdots, b_m\} \in F(V) \tag{5-16}$$

式中，b_j 反映了第 j 种评判在总体 V 中所占的地位。

假定有一个 U 与 V 间的模糊关系 $R = (r_{ij})_{n \times m} \in M_{n \times m}$，利用 R 就可以得到一个模糊变换 $\tilde{T}_R$，这样便可以构造一个模糊综合评价模型。

模糊评价模型有三个基本要素，即：

因素集 $U = \{u_1, u_2, \cdots, u_n\}$，评判集 $V = \{v_1, v_2, \cdots, v_m\}$ 以及模糊映射：

$$f: U \to F(V)$$

$$u_i | \to f(u_i) = (r_{i1}, r_{i2}, \cdots, r_{im}) \in F(V) \tag{5-17}$$

由 f 可诱导出一个模糊关系：

$$R = R_{\tilde{f}} = \begin{bmatrix} r_{11} & r_{12} & \cdots & r_{1m} \\ r_{21} & r_{22} & \cdots & r_{2m} \\ \vdots & \vdots & \vdots & \vdots \\ r_{n1} & r_{n2} & \cdots & r_{nm} \end{bmatrix} \in M_{n \times m} \tag{5-18}$$

由 R 再诱导出一个模糊变换：

$$\tilde{T}: F(U) \to F(V)$$
$$A| \to \tilde{T}_R(A) = A \circ R \tag{5-19}$$

这样，三元体（U, V, R）就构成了一个模糊综合评价模型。它像一个"转换器"（见图 5-9 所示的模糊综合评价过程）。

若输入一个权数分配 $A = (a_1, a_2, \cdots a_n) \in F(U)$，则输出一个综合评判 $B = A \circ R = (b_1, b_2, \cdots, b_m) \in F(V)$。

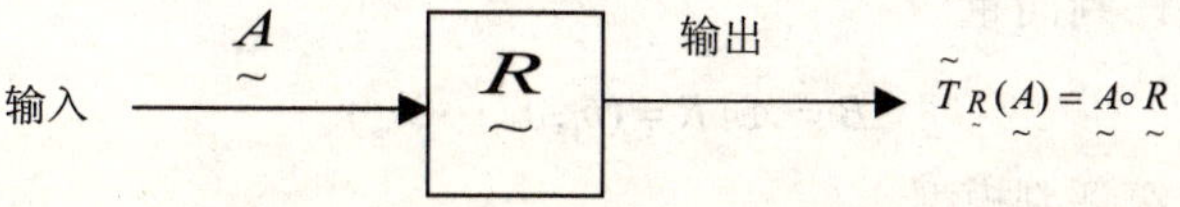

图 5-9　模糊综合评价过程

即：

$$(b_1, b_2, \cdots, b_m) = (a_1, a_2, \cdots a_n) \begin{bmatrix} r_{11} & r_{12} & \cdots & r_{1m} \\ r_{21} & r_{22} & \cdots & r_{2m} \\ \vdots & \vdots & \vdots & \vdots \\ r_{n1} & r_{n2} & \cdots & r_{nm} \end{bmatrix} \tag{5-20}$$

式中，$b_j = \bigvee_{i=1}^{n}(a_i \wedge r_{ij})$（$j = 1, 2, \cdots, m$）。

若 $b_{j_0} = \max(b_1, b_2, \cdots, b_m)$，则得到的评价为 v_{j_0}。

对于多层问题，我们把低层次诸因素看作子问题，先对各个子问题分别进行综合评判，然后对总体进行综合评判。即先对底层次因素进行综合，再对高一层次的因素进行综合，这就是多层综合评判。其步骤如下：

(1) 将因素集 $U = \{u_1, u_2, \cdots, u_n\}$ 按某些属性分成 s 个子集：

$$U_i = \{u_{i1}, u_{i2}, \cdots, u_{in_i}\}（i = 1, 2, \cdots, s） \tag{5-21}$$

满足条件：

1）$\sum_{i=1}^{s} n_i = n$

2）$\bigcup_{i=1}^{s} U_i = U$

3）$U_i \cap U_j = \Phi$（$i \neq j$）

(2) 对每一子因素集 U_i 分别做出综合评判。设 $V = \{v_1, v_2, \cdots, v_m\}$ 为评判集，U_i 中的各因素的权数为：

$$A_i = \{a_{i1}, a_{i2}, \cdots, a_{in_i}\} \tag{5-22}$$

其中,$\sum_{t=1}^{n_i} a_{it} = 1$,若 R_i 为单因素矩阵,则得一级的评判向量:

$$B_i = A_i \circ R_i = (b_{i1}, b_{i2}, \cdots, b_{im})\ (i = 1, \cdots, s) \quad (5-23)$$

(3)将每个 U_i 视为一个因素,记:

$$\Gamma = \{U_1, U_2, \cdots, U_s\} \quad (5-24)$$

于是 Γ 又是个因素集,Γ 的单因素评判矩阵为:

$$R = \begin{pmatrix} B_1 \\ B_2 \\ \vdots \\ B_n \end{pmatrix} = \begin{bmatrix} b_{11} & b_{12} & \cdots & b_{1m} \\ b_{21} & b_{22} & \cdots & b_{2m} \\ \vdots & \vdots & \vdots & \vdots \\ b_{s1} & b_{s2} & \cdots & b_{sm} \end{bmatrix} \quad (5-25)$$

每个 U_i 作为 U 的一部分,反映了 U 的某种属性,可以按它们的重要性给出权重:

$$A = \{a_1, a_2, \cdots, a_s\} \quad (5-26)$$

于是得到二级评判向量:

$$B = A \circ R = (b_1, b_2, \cdots, b_m) \quad (5-27)$$

图 5-10 为二级评判模型。

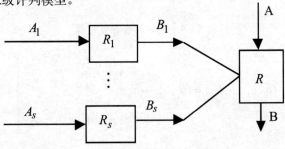

图 5-10 二级评判模型

如果每个子因素集 $U_i (i = 1, \cdots, s)$,仍含有较多的因素,可将 U_i 再划分,这样就得到了三级模型、四级模型等等。

5.3.2.3 工程项目建设合同多层模糊评判

从大型工程项目建设合同的分析中可以看到,大型工程项目合同的评判是多层评判。根据大型工程项目合同执行的特点,对大型工程合同的评判应该从基本合同事件开始,逐级向上最后得到对整个合同的评判。

在对合同进行评判时我们假设评判集为:

$$V = \{\ 不符合,\ 稍许不符合,\ 基本符合,\ 符合\ \}。$$

1. 大型工程项目合同施工评判

对于大型工程项目合同来说,在工程项目建设的执行过程中往往需要随时对合同的执行情况进行评判。

设在 t 时刻需要对合同进行评判,此时已完成的基本合同事件为集合:

$$P^{(q)}(t) = \{p_1^{(q)}(t), p_2^{(q)}(t), \cdots, p_n^{(q)}(t)\}\ (P_j^{(q)}(t) \subseteq P^{(q)},\ j = 1, 2, \cdots, n)$$

即该集合中的元素都为基本合同事件。对时刻 t 的基本合同事件集合 $P^{(q)}(t) = \{p_1^{(t)}(t), p_2^{(t)}(t), \cdots, p_n^{(t)}(t)\}$,可以用统计试验或专家评分的方法得到各个因素的权重,这样通过模糊评判模型就能得出时刻合同执行的情况。这样的评判我们称为大型工程项目合同施工评判。

2. 大型工程项目建设合同分层评判

由于大型工程项目施工的特殊性,一般情况下有 $p_{t_{q-1}}^{(q-1)} \neq P^{(q)}(t)$,所以在分层逐级向上对整个合同进行评判时,有些上层分项的基本合同事件只完成了一部分,这时对整个合同的执行进行评判的步骤如下(见图 5-11):

第一,逐级给出某分项下层分项在本分项中所占的权重。

第二,若某分项下层的某分项已经执行,

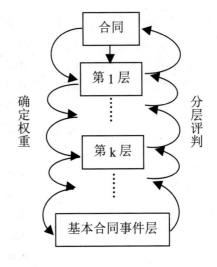

图 5-11 评判过程

则通过专家调查等方法给出单项评判,若某分项下层的某分项没有执行,给此单项为中等评判。

第三,从底层开始逐级向上,应用本文给出的模糊评判模型最终给出到某时刻为止的合同的执行评判。

5.3.2.4 案例分析求解

有一个大型工程建设项目,项目的合同结构共分三层(如图 5-12 所示),基本合同事件集为:

$$P^{(q)} = \{p_{11}^{(2)}, p_{12}^{(2)}, p_{13}^{(2)}, p_{21}^{(2)}, p_{22}^{(2)}, p_{31}^{(2)}, p_{32}^{(2)}, p_{33}^{(2)}\}$$

合同评判集为:

$$V = \{\text{不符合, 稍许不符合, 基本符合, 符合}\}$$

1. 工程项目合同施工评判

如果在时刻 t,该工程已完成的基本合同事件为:

$$u = \{p_{11}^{(2)}, p_{13}^{(2)}, p_{22}^{(2)}, p_{31}^{(2)}, p_{32}^{(2)}, p_{33}^{(2)}\} = \{u_1, u_2, u_3, u_4, u_5, u_6\}$$

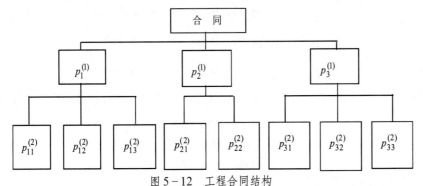

图 5-12 工程合同结构

经过专家对工程项目建设实施情况和合同要求的比较,对评判集:

$$V = \{\text{不符合, 稍许不符合, 基本符合, 符合}\} = \{v_1, v_2, v_3, v_4\}$$

给出单因素评判,结果如下:

$$u_1 | \to (0.55, 0.34, 0.10, 0.01)$$
$$u_2 | \to (0.60, 0.15, 0.25, 0.00)$$
$$u_3 | \to (0.25, 0.40, 0.15, 0.20)$$
$$u_4 | \to (0.80, 0.12, 0.08, 0.00)$$
$$u_5 | \to (0.50, 0.38, 0.12, 0.00)$$
$$u_6 | \to (0.21, 0.17, 0.44, 0.18)$$

于是：

$$R = \begin{pmatrix} 0.55 & 0.34 & 0.10 & 0.01 \\ 0.60 & 0.15 & 0.25 & 0 \\ 0.25 & 0.40 & 0.15 & 0.20 \\ 0.80 & 0.12 & 0.08 & 0 \\ 0.50 & 0.38 & 0.12 & 0 \\ 0.21 & 0.17 & 0.44 & 0.18 \end{pmatrix}$$

设专家根据已完成的这几个基本合同事件的相对重要性给出权重向量：

$$A = (0.23, 0.19, 0.04, 0.21, 0.25, 0.08)$$

则：

$$B = A \circ R = (0.25, 0.25, 0.19, 0.08)$$

归一化得：

$$B' = (0.32, 0.32, 0.25, 0.11)$$

结果表明，t 时刻对合同执行评判的结果是：处于不符合与稍许不符合合同要求之间，说明合同执行情况不好。

2. 大型工程项目合同多层评判

图 5-12 中，工程分项 $p_1^{(1)}$ 的下层分项集合为：

$$u_1^{(2)} = \{p_{11}^{(2)}, p_{12}^{(2)}, p_{13}^{(2)}\}$$

设专家给出的单因素评判为：

$$p_{11}^{(2)} | \to (0.55, 0.34, 0.10, 0.01)$$
$$p_{12}^{(2)} | \to (0.00, 0.00, 1.00, 0.00)$$
$$p_{13}^{(2)} | \to (0.60, 0.15, 0.25, 0.00)$$

注：因为 $p_{12}^{(2)}$ 尚未发生，所以假设它的评判结果为基本符合合同要求。于是：

$$R_1^{(2)} = \begin{pmatrix} 0.55 & 0.34 & 0.10 & 0.01 \\ 0 & 0 & 1 & 0 \\ 0.60 & 0.15 & 0.25 & 0 \end{pmatrix}$$

如果专家给出的权重为：

$$A_1^{(2)} = (0.4, 0.4, 0.2)$$

则：

$$B_1^{(2)} = A_1^{(2)} \circ R_1^{(2)} = (0.34, 0.166, 0.09, 0.04)$$

同理,若 $A_2^{(2)} = (0.7,0.3)$,$A_3^{(2)} = (0.3,0.3,0.4)$,可得:

$$B_2^{(2)} = (0.075,0.012,0.745,0.06)$$

$$B_3^{(2)} = (0.474,0.218,0.236,0.072)$$

所以对上一层有:

$$R^{(1)} = \begin{pmatrix} B_1^{(2)} \\ B_2^{(2)} \\ B_3^{(2)} \end{pmatrix} = \begin{pmatrix} 0.34 & 0.166 & 0.09 & 0.04 \\ 0.075 & 0.012 & 0.745 & 0.06 \\ 0.474 & 0.218 & 0.236 & 0.072 \end{pmatrix}$$

如果 $P_1^{(1)}$,$P_2^{(1)}$,$P_3^{(1)}$ 的权重分配为:$A^{(1)} = (0.4,0.25,0.35)$,得对整个合同的最终评判:

$$B^{(1)} = A^{(1)} \circ R^{(1)} = (0.321,0.146,0.305,0.056)$$

归一化得:

$$B = (0.388,0.176,0.368,0.068)$$

因为 $B = (0.388,0.176,0.368,0.068)$ 中最大的数是 0.388,由此可得出结论:到时刻 t 为止,即使假设尚未进行的部分工程为基本合格,对整个合同来说,该合同的执行情况为不符合合同要求。

利用工程合同模糊数学理论评价模型可灵活地对大型工程项目实施过程中的整个工程项目的进展情况进行评判。通过理论分析和实例计算,我们看到该模型不仅能对工程项目已经实施完成的部分给出合理的评判,还能在每一时刻对工程项目合同总体的情况给出评判。

通过对合同实施的评判,业主可以了解具体工作的实施情况(单层评判)和整个项目合同的实施情况(多层评判),从中及时发现问题,掌握合同索赔线索,识别索赔事件,为合同索赔管理提供依据。

6 大型工程项目系统效能与质量索赔

在大型工程项目建设中,项目质量是业主关注的重点之一。从本质上讲,质量对业主的影响不是质量问题本身,而是质量问题给业主带来的后果。当质量问题不能克服而导致业主必须承担由于质量问题而引起的后果时,业主就有可能向承包商提出合同索赔。在业主就质量问题向承包商提出合同索赔时,必须考虑该质量问题对整个系统的影响,并依此提出合同索赔的理由和数量。

由于业主进行大型工程项目建设的目的是使系统具有一定的功能,并以此来获得某种收益,因此对一个系统质量的描述不能仅仅局限在它的建设期间,而应着眼于系统的整个寿命周期。系统寿命周期是指从规划、构思、设计开始,经过试制、建设、长期维护使用,直至报废、处置为止的整个时期,亦即系统的"一生"。

系统在寿命周期中所耗费的费用总和称为系统的寿命周期费用(Life Cycle Cost,缩写为LCC)。概略地说,它包括系统建设费用(即论证、规划、设计、建造等费用之和)和系统使用费用(即人员、能源、保养维修、运输、事故停产损失等费用之和)。

业主在选择系统方案时,是以系统的寿命周期费用和系统建成后总的获利能力为标准的,我们可以称系统的这种获利能力为"系统效能"。承包商(设计方、制造方或安装施工方)一经签订工程建设合同,就允诺了业主在一定建设费用下,对某一确定的系统效能的要求。承包商在进行系统建设时必须满足该系统效能,否则就被视为违约。

所以,系统质量对业主的影响直接表现为对系统效能的影响。

6.1 系统效能与效能函数

6.1.1 系统效能

系统效能是指业主投入寿命周期费用后所取得的全部效果的总和。如果以寿命周期费用作为输入,则系统效能为输出。通常,系统输出表现为社会效益、经济效益等。

对机电系统,瑞典学者认为系统效能包括完成任务数、年平均产量、在某一时期内完成规定数量的概率等。这表明它含表征任务完成程度的指标、技术上的效果、完成任务的可靠性、维修性、可用度、后勤支援性等。日本学者对系统效能的定义是:表明系统完成其任务(使命)与可达到期望的尺度,它为可靠性、可用度、功能的函数。美国空军对系统效能的定义是:系统预期达到一组专门任务要求的程度的度量。

我们认为系统效能可理解为:系统能完成一系列规定任务要求的能力,它是系统具有的能力的度量。它是系统可用度、系统可靠度及系统功能参数的函数。系统的效能不仅受系统设计和制造方法的影响,而且受设备使用和维修的影响,即系统效能受设计人员、制造人员、安装调试人员、维修人员和使用、操作人员的影响。

可用度是指当系统在某一未知(随机)时刻开机时,处于可工作状态的程度。

系统可靠度是指系统、设备或零部件在规定条件下和规定时间内完成规定功能的概率。

6.1.2 系统效能函数

根据前文的叙述，系统效能应该能描述系统建成后所能达到的效果，所以，系统效能应该和系统的能力、可用度、可靠性等因素有关。因为不同的系统目的不同，影响系统效果的因素不同，业主采用的对系统的评价方法不同，因此描述系统效能的函数也不尽相同。

美国空军将系统效能定义为：

$$SE = A \cdot D \cdot C \quad (6-1)$$

式中：A——可用度；
D——良好完成任务的度量；
C——能力（或功能）。

美国航空无线电公司采用的系统效能模型为：

$$P_{SE} = P_{OR} \times P_{MR} \times P_{OA} \quad (6-2)$$

式中：P_{SE}——系统效能概率；
P_{OR}——战备完好概率；
P_{MR}——任务可靠概率；
P_{OA}——设计良好概率。

美国海军定义的系统效能模型为：

$$E_S = PAU \quad (6-3)$$

式中：E_S——系统效能指标；
P——系统性能指标，表示系统能力的数字指标；
A——系统可用度指标，表示系统准备好并完满执行其规定任务所能达到的程度的数字指标；
U——系统利用率指标，表示系统性能在任务期间被利用程度的数字指标。

在业主与设计承包商签订的大型机电工程项目的设计合同中，除了要确定整个系统的功能参数（如产量、能耗、污染排放等）外，一般还要确定系统（或单独设备）的可靠性参数和维修性参数，如 MTBF——平均故障间隔时间，MTTR——平均维修时间等。但是，在系统建设中，人们通常只注意对系统的功能参数的检查，而忽略可靠性和可用性参数，这往往会极大地影响系统寿命周期费用，使系统的获利能力下降，给业主带来极大的经济损失，严重时甚至可能会造成整个项目的失败。

系统的可用度和可靠性，其实质都是系统状态的时间变量，它们影响着系统在一定时间完成任务的可能性。因此系统可用度、可靠性和系统的维修性可以统称为系统的时间因变量。

结合大型机电工程项目的特点，我们定义其系统效能函数为：

$$E_{JD} = f(P_C, P_T) \quad (6-4)$$

式中：P_C——性能，表示系统性能指标，如产量、速度、功率等；
P_T——详细的时间因变量，表示系统时间利用程度，如系统的可用度、可靠性等。

如果系统性能指标已经满足了要求，则系统效能可简化如下：

$$E_{JD} = f(P_T) = f(A, R) \tag{6-5}$$

A ——系统可用度；

R ——系统可靠度。

6.2 基于机电工程项目系统效能的质量索赔

6.2.1 系统可用度模型

1．单个装置系统

当故障概率密度函数 $f(t)$ 及维修概率密度函数 $g(t)$ 为指数分布时，即：

$$f(t) = \lambda e^{-\lambda t} \tag{6-6}$$

$$g(t) = \mu e^{-\mu t} \tag{6-7}$$

式中：λ ——故障率；

μ ——维修率。

单个装置的系统或严格"串联"系统从时刻处于"开机"状态开始工作时，其可用度为：

$$A(t) = \frac{\mu}{\lambda + \mu} + \left[\frac{\lambda}{\lambda + \mu} e^{-(\lambda+\mu)t}\right] \tag{6-8}$$

由于在指数分布时，有：

$$\lambda = \frac{1}{MTBF} \tag{6-9}$$

$$\mu = \frac{1}{MTTR} \tag{6-10}$$

将式(6-9)、(6-10)代入式(6-8)，得

$$A(t) = \frac{MTBF}{MTBF + MTTR} + \left[\frac{MTTR}{MTBF + MTTR} e^{-(\frac{1}{MTBF}+\frac{1}{MTTR})t}\right] \tag{6-11}$$

串联系统的稳态可用度（或固有可用度）A_s 为：

$$A_S = \lim_{t \to \infty} A(t) = \frac{MTBF}{MTBF + MTTR} \tag{6-12}$$

这是因为，$A(t)$ 的瞬态项衰变很快。当：

$$t \geqslant \frac{4}{\lambda + \mu} \tag{6-13}$$

时，瞬态项可忽略。

式(6-12)还可写成：

$$A_S = 1/(1+\alpha) = \mu/(\mu+\lambda) \tag{6-14}$$

式中：α ——维修时间比，$\alpha = MTTR/MTBF = \lambda/\mu$。

当 $\alpha < 0.10$ 时，有：

$$A_S \approx 1 - MTTR/(MTBF) = 1 - (\lambda/\mu) \tag{6-15}$$

根据可用度的概念，我们可以推导出考虑预防性维修时间、后勤延迟时间等因素的可用度定义。

考虑预防性维修的可用度 A_a 为：

$$A_a = \frac{MTBM}{MTBM + \overline{M}} \tag{6-16}$$

式中：$MTBM$ ——修复性及预防性维修活动的平均间隔时间；

$\overline{M}$ ——有效的修复性和预防性维修的平均时间。

$MTBM$ 等于进行这些维修活动的频率的倒数。维修活动频率是修复性维修活动频率（λ）与预防性维修活动频率（f）之和，即 $MTBM = 1/(\lambda + f)$。

如果还考虑后勤时间、等待时间及开机准备时间，则其可用度为：

$$A_0 = \frac{MTBM}{MTBM + MDT + RT} \tag{6-17}$$

式中：RT ——开机准备时间；

MDT ——总平均停机时间。

2. 具有可修复或更换装置的串联系统

当一个串联系统由 个单元（具有独立的可用度）组成时，这些单元每当由于一个单元发生故障而使系统发生故障时可分别进行修理或更换，其可用度可用（6-8）式计算：

$$A_S = \prod_{i=1}^{N} A_i = \prod_{i=1}^{N} \left\{ \frac{\mu_i}{\lambda_i + \mu_i} + \left[\frac{\lambda_i}{\lambda_i + \mu_i} e^{-(\lambda_i + \mu_i)t} \right] \right\}$$

将式(6-14)代入上式，得：

$$A_S = \prod_{i=1}^{N} (1/(1 + \alpha_i)) \tag{6-18}$$

式中：$\alpha_i = \frac{MTTR_i}{MTBF_i} = \frac{\lambda_i}{\mu_i}$。

如果 $\frac{MTTR_i}{MTBF_i} \ll 1$（对大多数实际系统都成立），则式(6-18)可近似表示为：

$$A_S = \left(1 + \sum_{i=1}^{N} \alpha_i\right)^{-1} \tag{6-19}$$

如将式(6-19)与前面的式(6-14)比较，我们发现它们的结构完全相同，维修时间比为：

$$\alpha = MTTR/MTBF \tag{6-20}$$

但是串联系统的 $MTTR$ 及 $MTBF$ 分别为：

$$MTTR = \sum_{i=1}^{N} \lambda_i (MTTR_i) \bigg/ \sum_{i=1}^{N} \lambda_i \tag{6-21}$$

$$MTBF = \left(\sum_{i=1}^{N} \lambda_i\right)^{-1} \tag{6-22}$$

将式(6-21)及(6-22)代入式(6-20)，可得：

$$\alpha = \sum_{i=1}^{N} \lambda_i (MTTR_i) \cdot \sum_{i=1}^{N} \lambda_i \bigg/ \sum_{i=1}^{N} \lambda_i$$

$$= \sum_{i=1}^{N} \lambda_i (MTTR_i) = \sum_{i=1}^{N} \alpha_i \tag{6-23}$$

这表明，系统的 α 是各单元的 α_i 之和。

如果，$\sum_{i=1}^{N} \lambda_i/\mu_i < 0.1$，式（6-19）可进一步简化为：

$$A \approx 1 - \sum_{i=1}^{N} \lambda_i/\mu_i \tag{6-24}$$

3．有冗余的并联系统

有冗余的并联系统通过等效变换可以很容易地变为串联系统。设两个相同的、相互独立的单元并联配置，每个单元可分别修理或更换，而另一单元继续工作，若这两个单元都工作或其中之一工作，则系统处于良好的工作状态。

一个单元的不可用度为：

$$U = 1 - A = MTTR/(MTBF + MTTR) \tag{6-25}$$

则系统的不可用度为：

$$U_S = U^2 \tag{6-26}$$

所以系统的可用度为：

$$A_S = 1 - U^2 \tag{6-27}$$

对每个单元来说，有 $A + U = 1$，所以：

$$(A+U)^2 = A^2 + 2AU + U^2 = 1$$
$$A_S = A^2 + 2AU \tag{6-28}$$

通常，对几个相同余度单元组成的系统来说，进行二项式展开为：

$$(A+U)^n = A^n + nA^{n-1}U + \frac{n(n-1)}{2!}A^{n-2}U^2$$

$$\frac{n(n-1)(n-2)}{3!}A^{n-3}U^3 + \mathsf{L} + U^n = 1 \tag{6-29}$$

从式（6-29）中求出 $1-U^n$ 就得到了系统的可用度。

当两个并联的单元的可用度不同时，系统的可用度为：

$$A_S = 1 - U_1 U_2 \tag{6-30}$$

因为 $A_1 + U_1 = 1$，$A_2 + U_2 = 1$，所以：

$$(A_1+U_1)(A_2+U_2) = A_1 A_2 + A_1 U_2 + A_2 U_1 + U_1 U_1 = 1$$
$$A_S = A_1 A_2 + A_1 U_2 + A_2 U_1 \tag{6-31}$$

对于 个不同的单元，可展开：

$$\prod_{i=1}^{n}(A_i + U_i) = 1 \tag{6-32}$$

求出系统可用度。

这样，我们就把有冗余的并联系统变成了单个装置的系统，如果系统中有多处是并联的，那么只要对每一组并联进行变换，则整个系统就可以变成单纯的串联系统。

因此在后面涉及系统可用度时，我们仅讨论串联系统情况的可用度。

6.2.2 系统可靠度模型

所谓可靠度 $R(t)$，是指系统、设备或零部件在规定条件下和规定时间 t 内完成规定任务的能力（概率）。相应地，设备在规定时间内发生故障的概率 $F(t)$，称为设备不可靠度。显然：

$$R(t) + F(t) = 1 \qquad (6-33)$$

可靠度的取值范围为：$0 \leqslant R(t) \leqslant 1$

为研究问题方便，假设系统具有固定的故障率，其可靠度 R 为：

$$R = e^{-\lambda t} \qquad (6-34)$$

式中：λ ——故障率，$\lambda = 1/MTBF$；

t ——任务时间。

假定由 n 个分系统组成的串联系统的每个分系统的可靠度为 R_1、R_2、…、R_n，且分系统发生故障的概率是彼此独立的，则串联系统的可靠度为：

$$R_S = R_1 \cdot R_2 \cdot \ldots \cdot R_n \qquad (6-35)$$

即：

$$R_S = e^{-\lambda_1 t} \times e^{-\lambda_2 t} \times \cdots \times e^{-\lambda_n t} = e^{-\lambda_S t} \qquad (6-36)$$

式中，$\lambda_S = \lambda_1 + \lambda_2 + \cdots + \lambda_n$，为系统的总故障率，就是把系统视为一个设备时，该设备的故障率。

对有冗余的并联系统，我们也可以把它等效转换成单设备系统。

1. 并联储备（工作储备）

所谓并联储备，就是把几个分系统并联起来同时工作，只要不是所有的分系统同时都发生故障，系统就不会发生故障。

设有两个分系统并联，其可靠度分别为 R_1、R_2，那么系统的可靠度为：

$$R_S = 1 - (1 - R_1)(1 - R_2) = R_1 + R_2 - R_1 \cdot R_2 \qquad (6-37)$$

当两个分系统的可靠度为时间的指数函数时，其故障率分别为 和 ，则系统的可靠度为：

$$R_S(t) = e^{-\lambda_1 t} + e^{-\lambda_2 t} - e^{-(\lambda_1 + \lambda_2)t} \qquad (6-38)$$

设该系统的 MTBF——平均故障间隔时间为 θ，则：

$$\theta = \int_0^\infty R_S(t)dt = \frac{1}{\lambda_1} + \frac{1}{\lambda_2} - \frac{1}{\lambda_1 + \lambda_2} \qquad (6-39)$$

式（6-39）中，如果 $\lambda_1 = \lambda_2 = \lambda$，则：

$$R_S(t) = e^{-\lambda t}(2 - e^{-\lambda t}) \qquad (6-40)$$

$$\theta = \frac{1}{\lambda} + \frac{1}{2\lambda} = \frac{3}{2\lambda} \qquad (6-41)$$

2. 非工作储备

如果并联的两个分系统在其中一个发生故障时，相同功能的另一个便立即接上进行工作，使系统功能得以继续维持，这种工作方式叫非工作储备。假定两个分系统相同，其故障和转接完全可靠，那么，这两个分系统组成的系统的可靠度为：

$$R_S(t) = e^{-\lambda t}(1 + \lambda t) \qquad (6-42)$$

平均故障间隔时间为:

$$\theta = \frac{2}{\lambda} \tag{6-43}$$

通过上面的讨论可以看到,不论是工作储备系统还是非工作储备系统的可靠度,都可以变换成串联系统的可靠度,因此下文涉及系统可靠度时,我们仅讨论串联系统情况的可靠度。

6.2.3 大型机电工程项目系统效能函数

本节将通过对大型机电工程项目系统效能的研究,揭示建设系统效能变化对业主的影响。

6.2.3.1 大型机电工程项目系统效能函数定义

因为系统的可用度是系统在某一未知(随机)时刻开机时,处于可工作状态的程度,根据式(6-19)的描述,如果系统的结构是一定的,则系统的可用度就是常数。

系统可靠度是指系统在规定条件下和规定时间内完成规定功能的概率,根据式(6-36)的描述,系统可靠度的图像见图6-1。

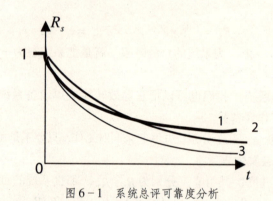

图6-1 系统总评可靠度分析

图6-1给出了三个系统的可靠度,显然系统3的可靠度最差,因为不论系统运行多长时间,它完成规定任务的可能性都是最小的。系统1和系统2孰优孰劣就不太好下结论,因为从固定的t来看,当t取某些值时,系统2比系统1优,而当取另外一些值时,系统1比系统2优。但是,从图中可以很明显看出,哪个系统的可靠度曲线与纵横坐标轴围的面积大,哪个系统的可靠度就高,所以可以用$\int_0^\infty R_S(t)dt$来描述系统总体可靠度的优劣。定义系统总评可靠度为:

$$\Re_S = \int_0^\infty R_S(t)dt$$

系统总评可靠度是对系统总体可靠度的综合描述。

根据前面的分析,考虑到机电系统的功能指标和开机时可能出现的状态(即系统的可用度),定义机电工程系统效能函数为:

$$E_{JD} = P_C \cdot A_S \cdot \Re_S = P_C \cdot A_S \cdot \int_0^\infty R_S(t)dt \tag{6-44}$$

式中:P_C——系统的单位时间功能指标;

A_S——系统可用度;

$R_S(t)$——系统可靠度。

从总体上讲,式(6-44)描述了机电系统在任意时刻开机,系统能无故障运行的效能。

设有一个机电工程项目由 N 个分系统串联而成，现在工程已经完成 n ($n \leqslant N$) 个分系统，每个分系统的故障率分别为 $\lambda_1, \lambda_2, \cdots, \lambda_n$；维修率分别为 $\mu_1, \mu_2, \cdots, \mu_n$；它们相应的故障概率密度函数 $f_i(t)$ ($i=1,2,\cdots,n$) 及修理概率密度函数 $g_i(t)$ ($i=1,2,\cdots,n$) 为指数分布。

根据式（6-18），系统的可用度为：

$$A_S = \prod_{i=1}^{n}\left(\frac{\mu_i}{\lambda_i + \mu_i}\right) \tag{6-45}$$

根据式（6-36），系统在 t 时间的可靠度为：

$$R_S = e^{-(\lambda_1+\lambda_2+\cdots+\lambda_n)t} \tag{6-46}$$

设某工程项目计划要实现的反映系统功能的最终指标有 k 个，工程总共有 N 个串联的分系统，当进行到第 n 个分系统时，按照合同规定应该达到的功能指标的实现率为 $\alpha_1^{(n)}, \alpha_2^{(n)}, \cdots, \alpha_k^{(n)}$（$0 \leqslant \alpha_i^{(n)} \leqslant 1$；$i=1,2,\cdots,k$；$n=1,2,\cdots,N$）；$k$ 个指标的权重分别为 $\beta_1, \beta_2, \cdots, \beta_k$，$\sum_{i=1}^{k}\beta_i = 1$；第 n 个分系统完成后应该实现的系统功能为：

$$\alpha_1^{(n)}\beta_1 + \alpha_2^{(n)}\beta_2 + \cdots + \alpha_k^{(n)}\beta_k = \sum_{i=1}^{k}\alpha_i^{(n)}\beta_i \tag{6-47}$$

将式（6-45）、（6-46）、（6-47）代入式（6-44），计算得到机电工程项目系统效能函数：

$$E_{JD}(n) = \frac{\sum_{i=1}^{k}\alpha_i^{(n)}\beta_i}{\sum_{i=1}^{n}\lambda_i} \cdot \prod_{i=1}^{n}\left(\frac{\mu_i}{\lambda_i + \mu_i}\right) \tag{6-48}$$

式中，$\lambda_i = 1/MTBF_i$，$\mu_i = 1/MTTR_i$。

式（6-48）表示的是，当系统建设完成 n 个分系统后，系统所具有的效能。

从理论上说，合同规定了 $n=1 \rightarrow N$ 的所有的 $E_{JD}(n)$，即在 $n-E_{JD}$ 平面内存在一条曲线，该曲线对应了合同规定的系统建设过程中的系统效能；同时，在系统建设过程中，我们可以通过式（6-48）计算出各个阶段系统的实际效能，于是，我们也可以在平面内画出一条曲线，该曲线与实际建设过程中的系统效能相对应。理想的情况是这两条曲线相重合，当不重合时（实际曲线在合同计划曲线下方时）就必然存在违约现象，见图 6-2。

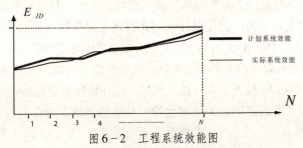

图 6-2 工程系统效能图

图 6-2 中，$n=1$、2、3 时，实际系统效能低于计划系统效能，可能存在承包商违

约现象，业主应注意识别工程质量索赔事件（如果是业主自己的原因导致的系统效能不足，业主不能进行索赔）；$n=4$ 时，实际系统效能高于计划系统效能，业主不能进行质量索赔；工程完工时 $n=N$，工程系统的效能没有达到计划要求，应该通过质量索赔或业主自己采取措施克服质量缺陷。

6.2.3.2 大型机电工程项目系统效能函数分析

假设工程进行到第 n 个分系统，计划系统功能指标为 E_n，即：

$$\sum_{i=1}^{k} \alpha_i^{(n)} \beta_i = E_n \tag{6-49}$$

令 $\sum_{i=1}^{n} \lambda_i = G$，$G_n$ 为前 n 个分系统总的故障率；$\sum_{i=1,i\neq j}^{n} \lambda_i = G_n^j$ 为前 n 个分系统除去第 j 个分系统后的总故障率；$\prod_{i=1,i\neq j}^{n} \left(\frac{\mu_i}{\lambda_i + \mu_i} \right) = Y_n^j$ 为前 n 个分系统除去第 j 个分系统后的可用度。

对式(6-48)求偏导：

$$\mathrm{d}E_{JD}(n) = \frac{\partial E_{JD}}{\partial \lambda_j} \mathrm{d}\lambda_j + \frac{\partial E_{JD}}{\partial \mu_j} \mathrm{d}\mu_j$$

$$= -\frac{E_n Y_n^j \mu_j}{(G_n^j + \lambda_j)(\lambda_j + \mu_j)} \left[\frac{1}{(G_n^j + \lambda_j)} + \frac{1}{(\lambda_j + \mu_j)} \right] \mathrm{d}\lambda_j + \frac{E_n Y_n^j}{G_n} \cdot \frac{\lambda_j}{(\lambda_j + \mu_j)} \mathrm{d}\mu_j$$

所以，

$$\mathrm{d}E_{JD}(n) = \Phi_j \mathrm{d}\lambda_j + \Psi_j \mathrm{d}\mu_j \tag{6-50}$$

式中：

$$\Phi_j = -\frac{E_n Y_n^j \mu_j}{(G_n^j + \lambda_j)(\lambda_j + \mu_j)} \left[\frac{1}{(G_n^j + \lambda_j)} + \frac{1}{(\lambda_j + \mu_j)} \right];$$

$$\Psi_j = \frac{E_n Y_n^j}{G_n} \cdot \frac{\lambda_j}{(\lambda_j + \mu_j)}$$

由上述分析，我们得到如下结论：

1. 由于机电系统项目的系统效能与系统功能指标 E_n、各分系统故障率 λ_j 和各系统维修率 μ_j 有关，所以在业主与承包商签订合同时，除了要确定合同工期、资金等项外，在说明工程质量时还必须明确系统功能实现率、各分系统（或设备）的故障率和各系统维修率。这样就使工程最后要实现的状态更加明确，为处理纠纷和索赔事宜奠定了基础。

2. 当系统建设承包商因为某种原因导致系统功能指标、各分系统故障率和各分系统维修率不能满足业主要求时，业主就应该据此发现索赔事件并提出索赔要求。

3. 从式（6-48）、（6-49）可知 E_n、λ_j、μ_j 发生变化造成的损失有相互替代性，所以在进行索赔时，可通过要求改善其他的参数来获得补偿。例如，因 E_n 减小所导致的损失可以用改善 λ_j（或）μ_j 的方法来补偿。当然，这种替代不是无限制的，因为三个参数中的任何一个与设计要求的剧烈偏差都会带来其他的问题，为业主所不允许。

4. 当 E_n、λ_j 和 μ_j（$i=1,2,\cdots,n$）满足业主的要求时，$E_{JD}(n)$ 即为业主要求的系统效能；当 E_n、λ_j 和 μ_j 与业主的要求有差别时，系统的系统效能就与业主的要求存在一定的差别，为 $E_{JD}(n)+\Delta E_{JD}$。根据式（6-48）可以精确地求出 ΔE_{JD}，为确定索赔数量提供依据。

5. 工程建式中每一个分系统的故障率和可靠性都对整个系统的效能产生影响。由式（6-50）可知 $\Phi_j<0$，$\Psi_j>0$，所以分系统的故障率的增加会导致总系统效能的降低；分系统的可靠率提高会致使系统总效能的提高。

6. 随着工程建设完成分系统的增加（n 的增加），G_n、G_n^j 将随之增加，而 Y_n^j 将随之减小，致使 Φ_j 和 Ψ_j 减小，于是 λ_j、μ_j 的同样变化所导致的总的系统效能变化减少，这就使得相应的索赔更加困难，即完成分系统数量的增加对由于各个分系统的 λ_j、μ_j 给总的系统效能带来的损失有一定的"湮没"作用。这就要求我们及时进行相应的索赔。

某大型机电工程项目进行一阶段后，业主也投入了一部分资金，按照合同的规定，承包商应该完成相应的工程量。在对工程进行评价时，对业主来说，最合理的指标应该是系统的效能函数。因为，归根到底业主要的不是物质形态的设备、系统，而是附着在这些设备、系统上的某种效能。如果业主没有获得相应的效能，就说明他投入的资金没有发挥合同要求的作用，如果是承包商的责任，业主就应该进行索赔，并获得相应的补偿。

6.2.3.3 基于机电工程项目系统效能的索赔计算

设到目前为止，业主为某机电工程项目系统已经投入了 M_n 元，完成了相互串联的 n 个分系统，根据式（6-48），此时按照合同的规定，系统应该达到的效能为：

$$E_{JD}^0(n) = \frac{\sum_{i=1}^{k}\alpha_i^{(n)}\beta_i}{\sum_{i=1}^{n}\lambda_i^0} \cdot \prod_{i=1}^{n}\left(\frac{\mu_i^0}{\lambda_i^0+\mu_i^0}\right) \tag{6-51}$$

式中，λ_i^0、μ_i^0（$i=1,2,\cdots,n$）为工程进行完 个分系统时的合同规定的指标。

而工程实际达到的效能为：

$$E_{JD}(n) = \frac{\sum_{i=1}^{k}\alpha_i^{(n)'}\beta_i}{\sum_{i=1}^{n}\lambda_i} \cdot \prod_{i=1}^{n}\left(\frac{\mu_i}{\lambda_i+\mu_i}\right) \tag{6-52}$$

式中，$\alpha_i^{(n)'}$ 为完成 n 个分系统时，系统功能指标的实际实现率，令 $E_n' = \sum_{i=1}^{k}\alpha_i^{(n)'}\beta_i$。

设工程完成计划指标的比例为 τ，则，

$$\tau = \frac{E_{JD}(n)}{E_{JD}^0(n)} \tag{6-53}$$

如果 $\tau \neq 1$，就说明没有达到合同规定的要求，从业主的立场来看，就存在着资金的损失，资金损失的数量为：

$$\Delta M_n = (1-\tau)M_n \tag{6-54}$$

假设承包商对系统效能指标达不到要求负有 η（$0 \leqslant \eta \leqslant 1$）的责任，因此有：

$$C_v = \eta \cdot \Delta M_n \tag{6-55}$$

为业主向承包商索赔的款额。索赔的计算步骤如下：

① 将系统看成多个分系统的串联，分别计算各个分系统的 λ_i^0、μ_i^0、λ_i、μ_i、E_n、E_n'

($i=1,2,\cdots,n$);

②分别将 λ_i^0、μ_i^0 和 λ_i、μ_i、E_n、E_n' 代入式（6-51）和（6-52），求出 $E_{JD}^0(n)$ 和 $E_{JD}(n)$；

③用式（6-53）求出 τ；

④利用式（6-54）、（6-55）求出 C_v。

6.3 机电工程设备索赔方法

在大型机电工程项目的建设中，投资规模不断增加，其中配套的工程设备投资往往约占总投资的一半以上。这些设备的设计、制造、安装质量会直接影响到竣工后整个工程系统的运行状况，从而影响工程建设项目整体质量及投资效益的发挥。所以在工程项目的执行过程中，对工程设备的检查验收是一项十分重要的工作。

6.3.1 机电工程设备价值因素

从索赔的定义可以看出，索赔应该是对己方损失的补偿，所以，要进行索赔就必须知道自己有损失发生，必须了解损失的多少——数量。以往的经验和惯例告诉我们，所有的损失都必须以价值的数量表示出来，因此在研究工程设备索赔时，我们必须从研究工程设备的价值开始。

工程建设单位之所以购买、安装工程设备，是因为这些工程设备对他们来说是有价值的。从价值的数量上看，建设单位认为的竣工后的工程设备的价值不应该少于工程设备的合同价，否则他就不会签订有关合同。我们把建设单位认为的竣工后的工程设备的价值称为业主价。从严格的意义上说，安装完成、交工投产后的工程设备应该具有建设单位设想的价值即业主价，最少也应与合同价相当。而工程设备的价值（价格）的确定涉及很多方面的因素，一般是由它的形态、质地、功能、技术水平等来体现的。如果用 y 表示某工程设备（系统）的价值，s_1、s_2、…、s_n 表示影响该工程设备（系统）价值的因素，于是工程设备（系统）的价值可用下式表示：

$$y = f(s_1, s_2, \ldots, s_n) \tag{6-56}$$

通常，在合同中对影响工程设备价值的因素 s_1、s_2、…、s_n 都有相应的规定，如果到货安装完毕的工程设备（系统）没有满足合同对所有这些因素的要求，业主就会认为工程设备供应商没有完全依合同行事，于是就会发生合同纠纷。

影响工程设备业主价的因素纷繁复杂，往往使人感到无从下手，为方便起见，我们把影响工程设备业主价的全部因素分为有形价值因素和无形价值因素。

(1)有形价值因素。有形价值因素是影响工程设备价值的物质因素，它一般包括工程设备的物质形态、材料质地、自然损耗、现有磨损等。

(2)无形价值因素包括技术价值因素和功能价值因素。技术价值因素是反映工程设备技术水平的因素，它包括工程设备选用的技术种类、精密等级等因素；功能价值因素包括工程设备的全部合同规定功能。

如果需要，我们还应该对工程设备的使用寿命、自然损耗以及功能1、功能2、…、功能K、技术种类、精密等级等继续往下分，直至影响工程设备价值的最基本的因素，我们称这样的因素为影响工程设备价值的基本价值因素。图6-3给出了工程设备价值因素系统的分析结构。

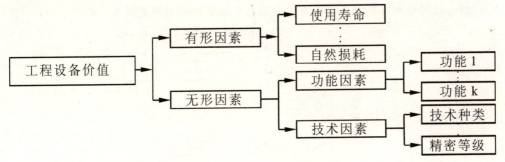

图6-3 工程设备价值因素

通过图6-3，我们可以清楚地了解影响工程设备价值的基本因素，这些基本因素中的任何一个发生变化时都会导致整个工程设备价值的变化，当工程设备的价值低于它的业主价时，就会导致业主向承包商提出索赔。

6.3.2 基本价值因素的分类

工程设备从订货到安装完毕、交工、投产使用，要经过设计、制造、运输、安装、调试、试运行、缺陷责任保证期等不同的阶段。在这些不同的阶段中，该工程设备的所有的基本价值因素逐渐形成，最后在整个工程完成时所有的基本价值因素全部建立起来，满足业主的要求。

根据基本价值因素的形成过程，我们把基本价值因素分为三类：第一类，能在较短的时间内形成的基本价值因素，如工程设备某部分所用材料的种类和型号、备件是否齐全等，对这类基本价值因素，监督检验人员能及时做出判断，当即决定是否有索赔事件发生；第二类，需要经过一段时间的延时但不会超过整个工程工期的基本价值因素，如工程设备的一些基本的功能、技术指标的形成（如多设备组成的系统的有关指标等）等，这类基本价值因素的形成有一个较长的过程，在这期间发生任何问题都会影响该基本价值因素，从而导致索赔事件的发生；第三类，这类基本价值因素是否满足合同的规定，不能在工程施工阶段得出结论，需要延续到工程验交完成后，这也是合同要规定一定缺陷保证期的原因，如整个工程设备的运行稳定性、工作效率、能耗等无形价值因素都属于这一类基本价值因素。

6.3.3 价值因素与工程设备交易合同

合同是约束发生经济关系双方行为的具有法律效用的文件，合同规定了双方的责任和义务。合同的签订使双方在交易过程中各自的期望效用有了保障，得到了法律的保护。从前文的分析中我们了解到，对业主来说工程设备的价值取决于影响工程设备价值的基本因素在工程完成时所处的状态。如果对影响工程设备价值的这些因素的状态没有限制，就不可能保证竣工后工程设备的整体价值能满足合同的要求。因此在签订合同前，业主应对工程设备的价值因素进行系统的分析，针对具体工程的实际情况，仔细分析影响工程设备价值的基本因素；在拟定合同文本时，应结合实际充分考虑影响工程设备价值的基本因素，仔细分析、推敲每一合同条款，以保证合同条款对每一个影响工程设备价值的基本因素都有明确的约束和规定，同时保证合同条款语义清楚，用词准确，彼此之间不相互矛盾。有了这样一份条款与影响工程设备价值的基本因素相对应的合同,就为今后可能发生的索赔事件的裁决提供了准确可靠的具有法律效用的依据。合同条款与影响工程设备价值的基本因素间的关系见图6-4。

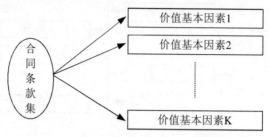

图6-4 合同条款与价值基本因素的关系

6.3.4 机电工程设备索赔事件的分类和特点

根据机电工程设备价值与基本价值因素的关系以及三种基本价值因素的特征,由三种基本价值因素引起的索赔事件各有其特点。在这里我们定义由于第一类、第二类、第三类基本价值因素受损而导致的索赔事件为第一类、第二类、第三类基本价值索赔事件。

第一类基本价值索赔事件发生的原因和结果之间的时间间隔短,因果关系较容易判别,争议较少,索赔容易成功;但是,由于导致这类索赔事件的原因有时显现的时间短,而且容易为其它的事件所掩盖(特别是复杂的工程设备系统或隐蔽设施等),所以科学严谨的现场管理和现场监督检查是这类索赔事件成功的关键。

第二类基本价值因素索赔事件的发生在很多情况下是由多种原因造成的,而且这些原因往往分布在一个较长的时间段内,涉及面较广,受到多种因素的干扰,同时索赔额一般也较大。这类基本价值因素索赔事件的责任认定需要回顾先前较长的一段时间,同时众多的干扰因素加大了责任认定的难度,索赔不太容易成功。这类索赔事件的成功不仅取决于良好的现场管理、翔实的现场记录,同时还要对合同条款、记载现场情况的文件和双方来往的公文、函件以及相关的技术文件进行深入的研究。

第三类基本价值因素索赔事件涉及因素最多、时间紧、难度最大,责任不易确定。因为对业主来说,第三类基本价值因素是最重要的,出现问题后无论索赔成功与否,业主一般都有可能会遭受较大的损失。因此,应对这类基本价值因素出现问题最好的办法是在合同中写进强制性条款,以使责任确定简单化。

6.3.5 机电工程设备索赔工作程序框架

机电工程设备索赔工作不应仅着眼于工程施工阶段,而应从工程规划设计开始,贯穿于整个工程的实施过程,直至工程责任缺陷保证期结束。

1．根据工程设备的设计、技术特点和有关商务情况以及业主的特殊要求,分析研究工程设备的基本价值因素,并对每个基本价值因素进行影响因素评估,为工程设备索赔指明方向,使索赔工作做到有的放矢。

2．在对每个基本价值因素进行评估的基础上,指导合同谈判和合同条款的制定,力争做到所有的基本价值因素都有合同条款提供保障,从而使己方在索赔谈判中处于优势地位。

3．在工程实施阶段,要严格执行合同要求,加强工程现场管理,仔细记录现场情况和双方往来信件、公函、会议记录等与工程有关的情报信息,同时还要加强对这些情报信息的分类、研究，从中得到索赔线索，及时发现索赔事件、提出索赔，为索赔的交涉提供翔实有力的证据，使己方在索赔谈判中处于有利地位。

4．由于工程建设一般是在开放的环境中进行的，所以总有一些意外的事情发生，此时要积极搜集相关情报，研究评估，尽量从合同中找到可以为该意外事件提供解释原则的条款，或根据已签订合同的原则提出并经双方谈判签订合同的补充条款，为将来可能因此而发生的索赔提供合同基础。

5．形成索赔文件。索赔文件一定要按照合同中的有关条款制定，同时按合同要求通知、送达对方。

6．索赔谈判。在索赔谈判中，既要坚持原则又要有一定的灵活性，特别是由第二、三类基本价值因素损失引起的索赔事件，由于引起损失的原因复杂、外部干扰多，很难说清楚多大的责任在己方，多大的责任在他方，这时没有一定的灵活性，谈判将很难达成协议。

7．仲裁。关于仲裁除了通常的要求外，有一点要特别提出，即在合同中关于仲裁机构和地点一定要选择自己熟悉的，否则可能因此造成巨大的经济损失。

6.4 基于合同满意度的工程设备索赔额确定模型

6.4.1 工程设备的合同贬值

在业主为得到某工程设备而与工程设备供应商签订的供货合同中一般都详尽描述了对该工程设备的要求，由此我们可以认为合同对影响工程设备价值的各种因素都有明确的要求，即 s_1、s_2、…、s_n（见公式 6–56）在合同中都有相应确定的"取值"。但由于设计、制造、包装、运输、设计更改等各种因素的影响，业主收到的工程设备或安装完毕的系统往往可能与业主认为的合同要求有一定的差距。于是，业主就会向工程设备承包商提出索赔。业主向工程设备供应商索赔的数额应该是他损失的部分。在众多的工程设备索赔案例中，由于没有一个确定索赔额的科学方法，索赔额的确定往往成为合同双方争论的焦点，甚至造成索赔的失败。为解决这个问题，这里提出工程设备合同贬值的概念。

按照合同对工程设备的要求，工程设备（系统）的价值即合同价值（价格）$y = f(s_1, s_2, …, s_n)$，如果到货或安装调试完毕的工程设备（系统）的价值因素为 $s_1^{'}$、$s_2^{'}$、…、$s_n^{'}$，那么其价值就变为 $y^{'} = f(s_1^{'}, s_2^{'}, …, s_n^{'})$。若 $y > y^{'}$，说明工程设备发生了贬值，这个贬值我们称为工程设备合同贬值，贬值额为：

$$B = y - y^{'} \qquad (6-57)$$

合同贬值额就是合同价值与到货价值的差。在索赔时，就工程设备本身来说（不包括其它相关费用，如运费等），索赔应该是 B。大于这个数额，索赔不易成功，小于这个数额，业主将蒙受损失。

6.4.2 工程设备合同满意度

由于各种因素的影响，业主接收到的工程设备所拥有的价值因素的具体值 $s_1^{'}$、$s_2^{'}$、…、$s_n^{'}$ 往往与合同要求的 s_1、s_2、…、s_n 有一定的差距，从而使整个工程设备的价值发生贬值，我们用工程设备合同满意度来描述整个工程设备相对合同要求的贬值程度。

定义：业主接收到的工程设备的综合价值与合同规定工程设备应该拥有的综合价值的比值为该工程设备的合同满意度。设 α 表示满意度，则：

$$\alpha = \frac{y'}{y} \qquad (6-58)$$

$\alpha \in [0,1]$，α 越大，α 表示业主满意度越高；α 越小，表示业主满意度越低；α 为 1 时；表示业主百分之百满意，α 为 0 时，表示业主完全不满意。

6.4.3 考虑心理因素的索赔额的确定模型

在发生索赔事件时，为确定索赔额 B，需要 y 和 y' 的值，而 y 是合同规定的该工程设备的价格，所以这里的关键就是求出 y' 的值；又由式（6-58）我们得到，要确定索赔额就要确定合同满意度 α 的大小。从根本上说，工程设备的合同满意度的确定取决于影响工程设备价值的所有价值因素的满意度，于是我们可以通过综合这些价值因素的满意度得到 α 的值。

6.4.3.1 基于心理的单因素满意度评估

设 $F = \{u_1, u_2, \cdots, u_n\}$ 是影响设备合同满意度的因素集（假定因素均为同一个层次），由于对设备进行评估的评估者的身份、地位不同，因此假定：

$$E_1 = \{e_{11}, e_{12}, \cdots e_{1k_1}\}$$
$$E_2 = \{e_{21}, e_{22}, \cdots e_{2k_2}\}$$
$$\cdots$$
$$E_m = \{e_{m1}, e_{m2}, \cdots e_{mk_m}\}$$

为 个不同类别的评估者集合。

任何一个工程设备，对每个因素 u_i（ $i = 1, 2, \cdots, n$ ），第 q 类的第 j 个人（$1 \leq q \leq m$，$1 \leq j \leq k_q$）在图 6-5 中的两条线段上打标记 x_{iqj}、a_{iqj}，x_{iqj} 表示他对该因素的满意程度，a_{iqj} 表示他对 x_{iqj} 的把握程度。

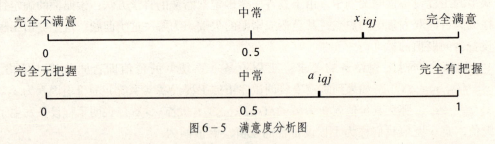

图 6-5 满意度分析图

用 α_{iq} 表示第 q 类评估者关于单因素 u_i 对被评估工程设备的集体评估的满意度点估计值，则：

$$\alpha_{iq} = \sum_{j=1}^{k_q} a_{iqj} x_{iqj} \bigg/ \sum_{j=1}^{k_q} a_{iqj} \qquad (6-59)$$

如果 m 层评估者的集合 E_2、E_2、$\cdots$、E_m 的权重分配为：

$$b_1, b_2, \cdots, b_m \quad (\sum_{q=1}^{m} b_q = 1)$$

则：

$$\alpha_i = \sum_{q=1}^{m} b_q \alpha_{iq} \qquad (6-60)$$

为各类别评估者关于因素 u_i 对被评估工程设备的点估计值。记:

$$A = (\alpha_1, \alpha_2, \cdots, \alpha_n) \qquad (6-61)$$

称 为单因素满意度评估向量。

6.4.3.2 多因素满意度评估

设 $W = \{w_1, w_2, \cdots, w_n\}$ 为诸因素 u_1、u_2、…、u_n 的权向量，构造综合函数：

$$M(x_1, x_2, \cdots x_n) = W \cdot X^T = \sum_{i=1}^{n} w_i x_i$$

这里，$X = (x_1, x_2, \cdots x_n) \in [0,1]^n$ 是 n 元变量，X^T 是向量 X 的转置。

若 $A = (\alpha_1, \alpha_2, \cdots, \alpha_n)$ 是已得到的单因素满意度评估向量，则：

$$\alpha = M(\alpha_1, \alpha_2, \cdots, \alpha_n) \qquad (6-62)$$

便是综合各因素的满意度点估计值。

6.4.3.3 多层满意度评估

由于影响工程设备价值的因素是分层次的，那么，在对工程设备进行合同满意度评估时首先要对某上层因素的下层因素进行单因素和多因素满意度评估，得到上层因素的合同满意度，然后再根据不同的权重分配求出更高层因素的合同满意度，最后求出整个工程设备的合同满意度。关于各级权重的确定方法可以用专家评分法或集值统计迭代法。

6.4.3.4 索赔额的确定

得到工程设备的合同满意度后，由式（6-58）可求出到达的工程设备价值 $y' = \alpha y$（y 为该设备的合同价），而后通过式（6-57）就能求出工程设备的索赔额为 $B = y - y'$。

6.4.4 案例计算

现对合同价为 500 万的某工程设备进行评估，评估小组成员共分成三个类别，类别 1 有 3 人，类别 2 有 2 人，类别 3 有 3 人；影响工程设备价值的有形因素有 4 个，功能因素有 3 个，技术因素有 3 个；评估小组各个类别权重，各个因素权重，以及评估的原始数据见表 6-1，求业主合理的索赔额。

由式（6-59）、（6-60）可求出评估小组对有形因素下层的 4 个因素、功能因素下层的 3 个因素以及技术因素下层的 3 个因素的单因素满意度评估向量 A_{11}、A_{21}、A_{22}。

$$A_{11} = (0.928, 0.920, 0.883, 0.985)$$
$$A_{21} = (0.839, 0.816, 0.843)$$
$$A_{22} = (0.875, 0.982, 0.905)$$

根据式（6-62）可计算得到有形因素、功能因素、技术因素满意度的点估计值分别为 0.926、0.833、0.916。

根据功能因素、技术因素占无形因素的权重和它们满意度的点估计值 0.833、0.916，可以求出无形因素的满意度为 $0.833 \times 0.55 + 0.916 \times 0.45 = 0.87$；最后求出工程设备合同满意度为 。

又 $y' = \alpha y$（y 为该设备的合同价），所以工程设备的索赔额为：$B = y - y' = y(1-\alpha)$ $= 500 \times 0.11 = 55$ 万元。

表6-1 示例评估数据表

因素						评估小组							
						类别1（权重0.4）			类别2（权重0.3）		类别3（权重0.3）		
因素层1	权重	因素层2	权重	因素层3	权重	人员1	人员2	人员3	人员1	人员2	人员1	人员2	人员3
有形因素	0.35			因素1	0.3	0.92 / 0.96	0.90 / 0.95	0.95 / 0.97	0.88 / 0.86	0.91 / 0.87	0.95 / 0.93	0.98 / 0.90	0.97 / 0.93
				因素2	0.25	0.92 / 0.95	0.95 / 0.95	0.94 / 0.96	0.90 / 0.91	0.91 / 0.92	0.93 / 0.88	0.90 / 0.90	0.91 / 0.91
				因素3	0.25	0.88 / 0.98	0.85 / 0.95	0.82 / 0.95	0.91 / 0.92	0.89 / 0.90	0.92 / 0.93	0.89 / 0.91	0.92 / 0.90
				因素4	0.2	0.98 / 1.00	0.97 / 0.99	0.99 / 0.99	1.00 / 1.00	0.99 / 0.99	0.97 / 0.98	0.98 / 0.99	0.99 / 0.97
无形因素	0.65	功能因素	0.55	因素1	0.4	0.91 / 0.95	0.95 / 0.96	0.93 / 0.96	0.93 / 0.96	0.95 / 0.95	0.96 / 0.96	0.98 / 0.94	0.95 / 0.98
				因素2	0.3	0.81 / 0.96	0.80 / 0.92	0.85 / 0.96	0.78 / 0.95	0.75 / 0.90	0.88 / 0.96	0.84 / 0.95	0.86 / 0.96
				因素3	0.3	0.85 / 0.95	0.88 / 0.90	0.82 / 0.90	0.75 / 0.88	0.80 / 0.85	0.90 / 0.85	0.89 / 0.86	0.92 / 0.85
		技术因素	0.45	因素1	0.4	0.85 / 0.95	0.88 / 0.90	0.86 / 0.92	0.95 / 0.95	0.91 / 0.90	0.82 / 0.80	0.85 / 0.86	0.84 / 0.83
				因素2	0.3	1.00 / 0.98	0.95 / 0.95	0.96 / 0.98	1.00 / 1.00	1.00 / 0.96	0.98 / 1.00	0.96 / 0.98	1.00 / 1.00
				因素3	0.3	0.92 / 0.95	0.89 / 0.90	0.91 / 0.92	0.88 / 0.95	0.90 / 0.90	0.94 / 0.90	0.91 / 0.95	0.90 / 0.90

注：同一格中斜线上方的数据为图（6-5）中的 x_{iqj}，斜线下方的数据为 a_{iqj}。

工程设备索赔是一项复杂艰苦的工作，往往使人感到无从下手。工程设备价值概念的引入为索赔事件的发现提供了判断的基点和有效的思路。工程设备合同满意度概念为工程设备索赔提供了量化基础，它是确定索赔额的基础性概念。工程设备多层次满意度分析模型是包含评估人员心理因素的量化模型，能较好地反映工程设备的实际情况，模型计算得到的索赔额一般符合实际情况。

7 工程延误责任及索赔定量

所有的工程项目合同都明确地规定了开工、竣工日期和工程实施持续的总天数，合同中规定的工期是各个承包商（包括设计、施工、制造、运输、服务等）对业主的一项重要承诺。

工期是大型工程项目的最重要的三个指标之一，是业主和承包商共同奋斗的目标。工程延误给业主带来的不利影响是显而易见的，控制工程延误、分析工程延误的责任和确定工程延误索赔的数量是业主工程管理和合同索赔管理的十分重要的内容。

7.1 工期延误给业主带来的影响

工期延误是相对工程计划而言的，当工期发生延误时，业主和承包商原有的工程计划被打乱，从而给双方带来各种负面的影响。工期延误给业主带来的影响主要包括以下几个方面。

7.1.1 工期延误对业主工程管理的影响

由于大型工程项目建设涉及专业、技术种类和相关单位众多（如设计、土建、设备制造、设备运输、安装调试等，甚至还有政府部门和个人），同时，整个建设工程项目往往由多个承包商承包建设，某一个承包商的延期交工就可能打乱工程的计划，使整个建设工程项目的管理陷入混乱状态，给业主造成损失。

1．从工程总的网络计划图中看，每个承包商的工作只是计划图中的某一项或几项工作，他的工作按时完成通常也是其他承包商开展工作的前提和条件。因此如果甲承包商没有按计划完成任务，导致他所承包的工作延期，就很有可能使乙承包商的工作不能按期开工，致使乙承包商也延期交工……最终导致整个工程的延期。

2．由于甲承包商的延期可能会给乙承包商带来不利的影响，从而造成乙承包商向业主提出工期和费用的索赔。

3．由于某承包商的延误引起整个工程网络图的变化，从而导致各个承包商施工计划的变化，在进行调整和确定新的工程施工计划时，业主要进行的协调工作将是十分艰苦的。

4．大型工程项目的有些工作是需要一定自然条件的，承包商的工程延误可能导致施工错过最有利的自然条件（如气候条件等），从而造成工期延误。

7.1.2 工期延误给业主带来的额外损失和费用

工期延误会给业主带来各种费用的增加和损失，从而导致整个工程投入的增加。

1．工期延误给业主带来直接的费用增加

当工程工期延长时，业主对建设工程项目进行管理的时间也要相应地延长，这时，业主直接用于建设工程项目管理的管理费会增加。

2．工期延误给业主带来间接的费用增加

延长工期可能使业主的资金利息负担加重；因某些设备、人员的闲置造成浪费，可能会增加设备的保管费用，导致某些设备在投产前的维护费用加大，如某些设备投产前的维护次数增加、维护工程增加等；工期延误还可能导致某些附属设施的增加，给业主造成额外的开支。

3．整个建设工程项目的延期会使业主失去一定的商业机会和利益

从寿命周期费用的观点来看，整个建设工程项目的延期会使系统的建设费用增加，提高了系统的成本，使建设工程项目的获利能力下降。

同时，系统建设工期的确定是业主综合多方面因素的结果，它的推迟往往会使业主在激烈的市场竞争中处于不利的地位，并失去一些获利的机会，严重时还可能会导致整个建设工程项目不能发挥应有的作用。

7.2 工程延误的分类

工程延误是指工程实施过程中任何一项或多项工作实际完工日期迟于合同规定的完工日期，从而可能导致整个合同工期的延长。应该指出的是，根据合同或双方有关协议规定认可延长的工期应视为合同规定日期的组成部分。

从形式上来看，工程延误的后果是时间上的损失，但实质上是经济的损失。无论是承包商还是业主都不愿无缘无故地承担由于工程延误给自己造成的损失。于是，分析造成工程延误的原因以及相应的经济责任就显得十分重要。

7.2.1 按工程延误的责任方分类

从工程延误的责任方来看，工程延误可分为业主引起的延误、承包商引起的延误、第三方引起的工程延误和非可控因素引起的延误。

1．业主引起的延误

业主引起的延迟一般可分为两种。第一种可称为业主（或业主代表）直接原因延误，如在业主提供施工场地、创造工作条件、提供材料、设备等方面没有按照合同规定的期限完成。第二种为合同变更原因，即在合同的实施过程中由于工程量增加、重大设计变更造成工期推迟。业主应对因为他的责任造成的工程延误承担一切损失，不能进行索赔，甚至还要赔偿因此给承包商带来的损失。

2．承包商引起的延误

承包商引起的延误往往是因其内部计划不周、组织协调不利、指挥错误、自购材料供应间断、质量事故返工、劳动力不够等原因引起的工程延误。对此种工程延误，业主可以向承包商提出索赔，索赔的形式可以是扣款、要求恢复原状（如加速施工赶回工期）等，必要时甚至可以按合同规定终止合同。

3．第三方引起的工程延误

当第三方引起工程延误时，为了划清业主、承包商双方的延误责任，通常按照业务关系进行划分，即与业主有关的第三方引起的延误后果由业主负责；与承包商有关的第三方原因引起的延误后果由承包商负责。这里"有关的第三方"应理解为与业主或承包商有某种合同或协议关系的单位或个人。

不论是业主或承包商，因这种第三方引起工程延误造成的损失都可以转嫁给造成这

种延误的直接责任者。对业主来说，当责任归承包商时，他应直接向承包商进行索赔，索赔的形式通常是扣款或要求加速施工，而承包商可根据他与第三方签订的合同将因业主索赔造成的损失转移给第三方。当责任是业主时，业主就会受到来自承包商的索赔，这时，业主应向与他有合同或协议的工程延误的直接责任者提出索赔，索赔的量应该能冲抵自己发生的损失与应允承包商的索赔之和。

4．非可控因素引起的延误

非可控因素是指非业主或承包商能控制的对工程产生影响的因素。通常有以下几种类型。

(1)不可预见因素引起的工程延误

指因工程实施前即便是有经验的业主或承包商也无法发现的因素导致的工程延误。如在工程实施中发现文物古迹，因政府特殊指令不能使用原本可以使用的有关场地、道路等导致的工程延误。

(2)不可抗力引起的工程延误

根据FIDIC《电气与机械工程合同条件》第44.1条定义，不可抗力是指双方无法控制的任何情况。包括社会因素不可抗力和自然因素不可抗力等，如战争、军事征用或禁运、叛乱、政变、暴动、骚乱或混乱（非双方责任）、有毒炸药爆炸、核辐射、地震、龙卷风、洪水等。

根据FIDIC《电气与机械工程合同条件》第37.2条的规定，在一般情况下，非可控因素引起的工程风险都是由业主承担的。因此，当这种工程延误发生时，业主一般不能向承包商提出索赔。

7.2.2 按工程延误的后果分类

从业主的角度来看，根据工程延误的后果，工程延误可分为无费用损失无工期损失工程延误、有费用损失无工期损失工程延误、无费用损失有工期损失工程延误和有费用损失有工期损失工程延误四类。如果工程延误的考察点在工程进行中的某一个时间点，则工期损失是一种或有损失；如果工程延误的时间坐标点超过了计划竣工的日期，则工期损失就是一种确定的损失。

1．无费用损失无工期损失延误

这类工程延误往往发生在网路图中的非关键线路上的工作，对其它工作和整个工程的工期没有任何影响。同时，业主对这一工作的管理又融合在对其它工作的管理中，即便是在延误后，业主也没有为处理此类延误发生专门的费用。所以业主对这类工程延误不能进行索赔，但是这类延误的进一步延续就可能发生根本的变化。所以，业主对这类索赔也不能视而不见，而应关注它的发展变化，并采取措施阻止延误的发展。

2．有费用损失无工期损失延误

这类工程延误也发生在网络图中的非关键线路上的工作，它对关键线路没有任何影响，但是对其它承包商（或与工程有关的单位、个人）的工作有影响，这样就会导致这些单位或个人向业主提出索赔，从而致使业主的费用增加。

3．无费用损失有工期损失延误

这类被延误的工作的紧后工作由同一个承包商承担，不会导致其它承包商对业主提出索赔，也没有增加业主的管理费用。但有可能会导致总工期的延误，对这类工程延误业主不能以费用增加为理由提出索赔，但可以以总工期延误为理由向承包商提出工期或有索赔或要求承包商加速施工。

4. 有费用损失有工期损失延误

此类延误不仅会给业主带来费用损失，还有可能导致工期延误。业主的费用损失可以是管理费用的增加和其它的损失，也可能是因此延误招致的其它承包商的索赔，对这类工程延误业主不仅能因费用损失向承包商提出索赔，还可以对承包商提出工期索赔。

7.2.3 按工程延误事件的关联性分类

1. 单一延误

在某一延误事件从发生到终止的时间间隔内，没有其它的延误事件发生，该延误事件称为单一延误。

单一延误的损失应该由该延误的责任者承担。

2. 共同延误

共同延误是指两种以上的不同类型的延误事件导致的工程延误。

对共同延误，可以通过责任分配变换为多个单一延误，并按照变换后的单一延误出现的先后顺序，依次追究责任，即先发生的先负责，直至该延误事件结束，最终就把共同延误处理成了多个不同的单一延误。

7.3 变粒度全因素工程网络图的工程延误责任分析

业主在进行工程延误索赔管理过程中，工程延误责任的判断是一个十分关键和困难的问题。从理论上讲，工程建设过程中的每一个延误都有其原因和责任者，但是，由于看问题的层面不同，在延误责任的判断方面就有不同的结果。在第5.2.3节中，我们对合同状态的不同粒度空间进行了论述，实际上，在对工程实施的过程进行分析时，也可以用不同的粒度空间进行分析，从而得到更真实具体的工程实施过程情况。

7.3.1 变粒度工程网络图

在大型工程项目的建设实施过程中，工程网络图是一个十分重要的工具，但是，在实际应用中，工程网络图的详细程度是不同的，现在最详细的工程网络图一般只反映到工作包。为更详细地分析工程实施的过程，我们在这里提出变粒度工程网络图分析的概念。

定义： 在对建设工程项目进行系统分析的前提下，从不同的系统层次对工程系统进行工程网络图分析称为变粒度工程网络图分析。

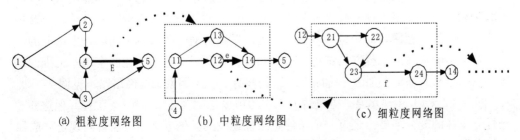

图 7-1 变粒度工程网络图

分析过程得到的多个网络图称为不同粒度的网络图，较高层次（粗线条）的网络图称为粗粒度网络图，较底层次（细线条）的网络图称为细粒度网络图（见图7-1）。

图7-1（a）中的工程活动E是通过图7-1（b）中的一系列工程活动实现的，而图7-1（b）中的活动e是通过图7-1（c）中的一系列活动实现的。依此类推，我们可以用不同的粒度将工程网络图进行简略或细化，以便了解工程建设过程的细节。

通过了解较细粒度的工程网络图中各项工程活动的进行情况，我们可以了解工程进程的具体细节，以便对工程延误进行有效的控制。

例如，在工程的进行过程中，我们发现工程活动E（见图7-1）发生了延误，但是，图7-1（a）并没有告诉我们该延误发生的细节，而在图7-1（b）中，我们可以知道较详细的情况是该延误发生在e活动中，图7-1（c）则告诉我们该延误最根本的原因是工程活动f出现了问题。于是，在认定该延误责任时，导致工程活动f延误的责任者是该工程延误的责任人。

一般来说，不管是粗粒度工程网络图还是细粒度工程网络图，它们都是参加工程建设的某一方（如承包商），根据自己的任务和工程建设施工技术所要求的特定程序制定的，但是，工程建设中的任何一方的工程活动都离不开其它方面提供的条件，一旦工程建设的其它方面出现问题，就可能会打乱其它承包商的工程进度，甚至发生工程延误，这时，工程延误的责任往往难以分清。

为解决这个问题，这里提出全因素工程网络图的概念。

7.3.2 全因素工程网络图

定义：反映进行工程建设所需要的全部条件和工程活动的工程网络图称为全因素工程网络图。

全因素工程网络图有以下特点：

1．它是最细粒度的工程网络图，能反映出与工程有关的全部活动。

2．工程建设所需要的全部条件必须都反映在这个工程网络图中。

在工程建设的实践中，我们不需要搞清楚全因素工程网络图的结构，更没有必要把它画出来（也很难把它画出来）。因为对工程建设的某一方来说，他可以根据合同的内容认定工程建设的其它方会完成合同规定的相应任务、提供相应的条件。所以，工程建设的任何一方都可以根据自己的合同和任务确定自己的工程网络图，这种工程网络图实际上是全因素工程网络图的一种简化，我们称为无干扰全因素工程网络图。

但是，当工程建设的某一方没有完成规定的任务或提供必要的条件时，就必然对工程建设中的其他方面产生影响（我们称发生了干扰因素），使工程网络图发生变化。这时，像前文提到的那种全因素工程网络图的简化就出现了问题——不能反映工程的全部活动和条件，因为这时某一方为了应付非正常的情况必定采取一些行动，而这些活动在原来的工程网络图中是没有的；另外，其他方对这些影响上述某一方情况的处理也必然影响他按照工程网络图进行施工的进程。所以，这时简化的全因素工程网络图应该在原来的基础上加上干扰因素，我们称有干扰全因素工程网络图，见图7-2。

图7-2（a）中显示某一方进行f工作的前提是他自己完成e、g工作，但这并非进行f工作的充分条件，还有一个条件是工程建设的其他方必须按照合同规定完成他们的工作。图7-2（b）就反映了这样的情况，如果工程建设其它方面负责的工作f的

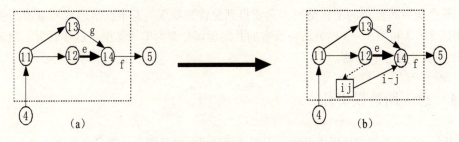

图7-2 有干扰全因素工程网络图

紧前工作i-j没有完成，就有可能影响到上述某方工作f的开始时间。如果造成工程延误，则责任在其他方。

需要指出的是，干扰因素可能来自工程建设的其他方面，也可能是某承包商自己内部管理或施工出现了问题。

7.3.3 有干扰全因素工程网络图工程延误责任分析

利用有干扰全因素工程网络图可以十分方便准确地分析判断工程延误的责任和确定延误的数量。

1．当没有干扰因素发生时，延误的责任归自己承担。

2．当有干扰因素存在时，可以用有干扰全因素工程网络图分析工程延误责任。

①工程合同其他方提供的某承包商实施某工程活动的前提条件延误时（见图7-2）。第一，上述承包商工作正常，同时，他方的延误超过了该承包商方实施该工程活动开始的最晚时刻，责任在他方；第二，该承包商工作延误，同时，他方的延误超过该承包商的延误时，他方负责；第三，该承包商工作延误，同时，该承包商的延误超过他方的延误时，该承包商负责；第四，该承包商工作延误，同时，他方的延误与该承包商的延误相等，该承包商负责。

②他方导致的干扰因素作用于某承包商的某个工程活动，导致该承包商实施该工程活动效率降低时。第一，该承包商应对无误，处置正确，他方负延误责任；第二，将他方的干扰转换为该承包商增加的工作量，并以适当的劳动生产率计算工作时间，得到他方负责的延误时间。同时，用实际的工作时间减去他方的延误和原定的工作时间就得到了该承包商负责的延误时间。图7-3中该承包商的工程活动E受到了来自工程建设他方的影响，由于他方的原因，该承包商增加工作量y，完成这项工作的时间是他方的延误时间，用实际完成从④—⑤之间工程活动的时间减去他方延误的时间和合同规定的该承包商方完成工作E的时间就得到了该承包商负责的延误时间。

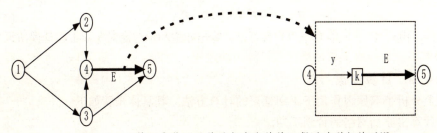

图7-3 干扰因素作用于某承包商方的某工程活动引起的延误

不论是多么复杂的干扰情况,只要得到足够细粒度的有干扰全因素网络图,就可以用图7-2和图7-3的方法将所有的共同延误分解为单一延误,这样就为工期延误的定量分析奠定了基础。

7.4 总工期延误责任

从第7.2.3节的分析中可知,工程项目建设中的延误最终都可以变换成单一延误,但是,当工程延误是由多个单一延误造成,并且这些单一延误的责任有业主的也有承包商的时,最终延误结果的责任分配就成了进行索赔的首要问题。因为最终工程延误的结果是由双方共同造成的,所以我们称这类工程延误为双因素延误。本节将研究双因素延误责任的分配模型。

7.4.1 模型

对所有导致工期延误的原因,我们可以分为两大类:一类是业主单独责任原因,用集合 $M=(m_1,m_2,\cdots,m_t)$ 表示;另一类是承包商单独责任原因,用集合表示。

设由业主单独原因(无承包商责任)导致的工程延误为:

$$T_1 = f_1(m_1,m_2,\cdots,m_t) \tag{7-1}$$

由承包商单独原因(无业主责任)导致的工程延误为:

$$T_2 = f_2(e_1,e_2,\cdots,e_k) \tag{7-2}$$

在发生双原因延误时,由于双方责任单一延误共同存在时的相互作用,最后真正发生的延误 T 并不等于 T_1+T_2,而是:

$$T = T_1 + T_2 + \Delta \tag{7-3}$$

其中,Δ 为由双原因造成的工程延误的"附加值",该附加值可能是正值也可能是负值。

设 K_1 为业主原因在 Δ 中的影响程度,K_2 为非业主原因在 Δ 中的影响程度,且:

$$K_1 = T_1/(T_1+T_2) \tag{7-4}$$

$$K_2 = T_2/(T_1+T_2) \tag{7-5}$$

所以,业主和承包商引起的工程延误的"附加值"分别为:

$$\Delta_1 = K_1\Delta \tag{7-6}$$

$$\Delta_2 = K_2\Delta \tag{7-7}$$

设 T_m 为业主责任导致的延误,T_e 为承包商导致的延误。将式(7-6)、(7-7)代入式(7-3),得:

$$T_m = T - T_2 - \Delta_2 = T - T_2 - K_2\Delta \tag{7-8}$$

$$T_e = T - T_1 - \Delta_1 = T - T_1 - K_1\Delta \tag{7-9}$$

这样,由式(7-8)、(7-9)就可以计算出业主和承包商对实际工程延误所承担的责任份额。

7.4.2 计算步骤

以上分析了双原因作用下工期延误的计算方法,其具体步骤如下:

(1)计算出原始网络的计划工期;

(2)分别做出承包商单独责任原因下、非承包商责任原因下、承包商和非承包商共同

责任原因下的网络状态图;

(3)将步骤(2)做出的网络状态图同原始网络图进行比较,算出 T_1、T_2、T 和 Δ。

(4)用式(7-8)、(7-9)计算业主和承包商该负责的工程延误时间。

7.4.3 算例

某工程网络计划如图7-4所示,经网络分析,计划工期为9天,假设在实施过程中出现以下两种情况:

(1)工作 A 由于非承包商原因延误5天,工作 B 和工作 D 因为承包商原因分别延误5天和2天。

(2)在情况2下,不仅工作 A、B、D 因上述原因延误,而且工作 F 由于承包商原因延误7天。

为便于讨论,现画出带时标的原始网络图(见图7-4)。

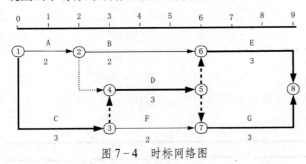

图7-4 时标网络图

情况1

工作 A、B、D 受到来自非承包商或承包商方面的干扰,分别拖延5天、5天和2天。现分别做出各单方原因及双方原因作用下的网络状态图,即承包商干扰下的网络状态图、非承包商干扰下的网络状态图以及在承包商与非承包商共同干扰下的实际网络状态图,如图7-5、7-6和7-7所示。

情况2

在情况1的基础上,又由于承包商的原因使工作拖延了7天,由此做出承包商单

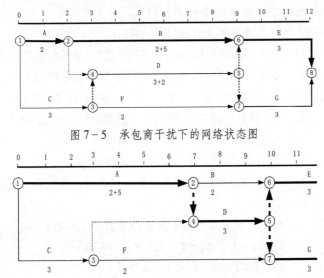

图7-5 承包商干扰下的网络状态图

图7-6 非承包商干扰下的网络状态图

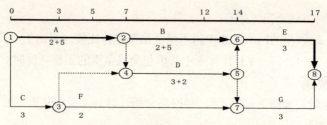

图 7-7 承包商与非承包商共同干扰下的网络状态图

独延误作用网络状态图，如图 7-8 所示，而非承包商单独干扰作用网络状态图如图 7-6 所示。

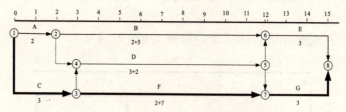

图 7-8 承包商干扰下的网络状态图

承包商、非承包商联合延误原因作用下的网络状态图如图 7-9 所示。

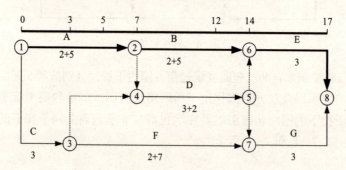

图 7-9 承包商与非承包商共同干扰下的网络状态图

在情况 1 中，按照模型要求的步骤进行计算。

(1) 原始网络图的计划工期为 9 天（见图 7-4）；

(2) 承包商单独责任原因下工期为 12 天（见图 7-5）、非承包商单独责任原因下工期为 13 天（见图 7-6）、承包商和非承包商共同责任原因下的工期为 17 天（见图 7-7）；

(3) 算出 $T_1 = 13 - 9 = 4$、$T_2 = 12 - 9 = 3$、$T = 17 - 9 = 8$ 和 $\Delta = T - T_1 - T_2 = 1$。

(4) 用式（7-8）、（7-9）计算业主和承包商该负责的工程延误时间：

$$T_m = T - T_2 - \Delta_2 = T - T_2 - K_2\Delta = 4.57$$
$$T_e = T - T_1 - \Delta_1 = T - T_1 - K_1\Delta = 3.43$$

即，最终工期延误的 8 天中，非承包商负责的有 4.57 天，承包商负责的为 3.43 天。

同理，情况 2 中：

$$T_1 = 4、T_2 = 6、T = 8 \text{ 和 } \Delta = T - T_1 - T_2 = -2。$$
$$T_m = T - T_2 - \Delta_2 = T - T_2 - K_2\Delta = 3.2$$
$$T_e = T - T_1 - \Delta_1 = T - T_1 - K_1\Delta = 4.8$$

即，最终工期延误的 8 天中，非承包商负责的有 3.2 天，承包商负责的为 4.8 天。

通过前面的分析和计算，我们对实际发生的工程延误的责任进行了科学合理的分配，从而为合同工期延误索赔工作的开展提供了科学的依据。

7.5 业主总工期延误损失定量分析

前文我们分析了工程延误责任的判定方法，并给出了工程延误的时间分配模型，从而可以求出因承包商责任造成的总工期延误的确切时间。但是，在总工期真的发生延误时，业主索赔额的确定却没有一个统一的方法，国内一般的做法是在合同中加进业主对承包商的惩罚条款，规定承包商每延误一天工期，业主就按合同价扣除固定比例的金额，有的甚至直接规定了每延误一天扣除的金额。

按FIDIC工程合同条件的规定，业主和承包商应共同确定如果工程未能按竣工时间完工，业主每日可扣减的比例（以合同价为基础）以及可扣减的最大比例和承包商对业主最大的赔偿责任。

业主对承包商以工程延误为理由的扣款其本质是对项目系统不能按时投入使用的补偿，是一种索赔。从索赔的实质来说，这种补偿应该和业主受到的损失相等，只有这样才符合公平的原则。

下面我们就来分析业主因为总工期延误而遭受的损失。

7.5.1 总工期延误给业主造成的损失

当总工期发生延误时，业主因此遭受的损失主要有以下几个方面：前期投入资金的利率损失、工程系统推后发挥效益带来的资金和商业机会损失以及延误期间的管理费损失。

商业机会的损失是不能确定的，有时工期的延误甚至还可能使业主避免某些商业损失。因为索赔是对已经发生的损失的补偿，所以在进行总工期延误索赔时，业主的商业机会损失不能计算在内。但是，在大多数情况下商业机会的损失是存在的，要挽回这方面的损失，业主可以利用自己在合同谈判中的有利地位，加大对工期延误索赔的数额。

7.5.2 业主总工期延误损失的计算模型

现有一个工程，计划工程建设期为 n 个单位时间，各个单位时间业主投入的资金为 A_1、A_2、…、A_n；从工程竣工开始，建成的系统寿命为 m 个单位时间，各个时间单位的净现金流出为 F_1、F_2、…、F_m；则建设工程项目的计划净现金流量如图 7-10 所示。

第一种情况：无工程延误。

如果我们以时间 T 结束后的时刻为时间基点，则前期投入资金的现值为：

$$A = \sum_{j=1}^{n} A_j (1+p)^{[n-(j-1)+T]} \qquad (7-10)$$

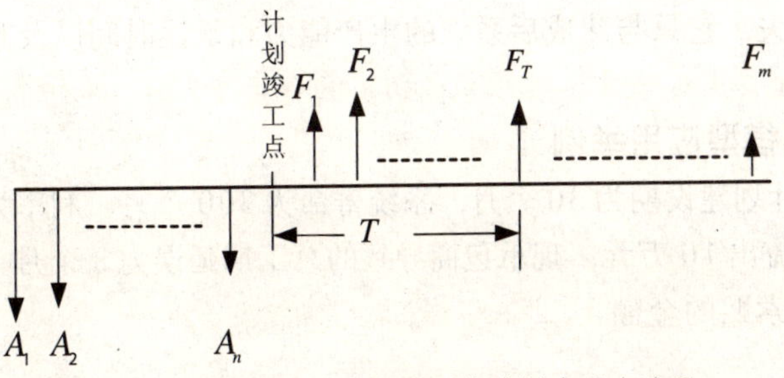

图 7-10 工程项目的计划净现金流量

工程已经产出和将要产出的现值为：

$$F = \sum_{k=1}^{T} F_k(1+p)^{T-k} + \sum_{i=T+1}^{m} \frac{F_i}{(1+p)^{i-T}} \quad (7-11)$$

所以，以时间T结束后的时刻为时间基点时（图7-10）整个工程的净现金流出量为：

$$L = \sum_{k=1}^{T} F_k(1+p)^{T-k} + \sum_{i=T+1}^{m} \frac{F_i}{(1+p)^{i-T}} - \sum_{j=1}^{n} A_j(1+p)^{[n-(j-1)+T]} \quad (7-12)$$

式中，i，j和k为自然数。

第二种情况：有工程延误。

假设工程延误了时间T，那么建设工程项目的实际净现金流量就变成了图7-11。

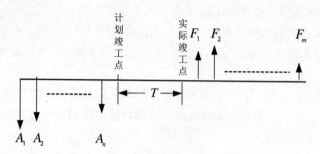

图7-11 工程项目的实际净现金流量

这时，仍以时间T结束后的时刻（现在为实际竣工点）为时间基点，则前期投入资金的现值为：

$$A' = \sum_{j=1}^{n} A_j(1+p)^{[n-(j-1)+T]} \quad (7-13)$$

工程未来产出的现值为：

$$F' = \sum_{i=1}^{m} \frac{F_i}{(1+p)^i} \quad (7-14)$$

于是，延误竣工时刻的整个工程的净现金流出量为：

$$L' = \sum_{i=1}^{m} \frac{F_i}{(1+p)^i} - \sum_{j=1}^{n} A_j(1+p)^{[n-(j-1)+T]} \quad (7-15)$$

用式（7-12）减去式（7-15），就得到了业主因总工期延误而遭受的损失：

$$\varphi = L - L' = \sum_{k=1}^{T} F_k(1+p)^{T-k} + \sum_{i=T+1}^{m} \frac{F_i}{(1+p)^{i-T}} - \sum_{i=1}^{m} \frac{F_i}{(1+p)^i} \quad (7-16)$$

从式（7-16）可以看到，业主因总工期延误而遭受损失的实质是工程没有及时投入生产带来的损失，它只与建成后系统的生产能力和延误时间以及利率有关，与投入无关。

7.5.3 模型应用举例

设某工程计划建设期为30个月，系统寿命为300个月，利率为0.8%，建成后平均每月净资金流出10万元，现承包商导致的总工期延误为8个月。求业主在工程实际竣工时应提出索赔的金额。

此处 $m=300$ 个月，$p=0.008$，$F=10$ 万元，$T=8$ 个月。则工程实际竣工时业主应提出索赔的金额为：

$$\varphi = \sum_{k=1}^{8} 10\times(1+0.008)^{8-k} - \sum_{i=293}^{300} \frac{10}{(1+0.008)^i} = 82.3 \text{ 万元}$$

7.5.4 业主总工期延误索赔额的确定

从前文的分析我们知道，在进行合同谈判时，业主和承包商要共同确定如果因承包商的原因使工程总工期延误时，业主每日可扣减合同额的比例或具体的金额。

目前，在大多数合同中，这个比例或金额的确定没有理论依据。通过第7.5.2节的分析，我们知道，业主因工程延误的损失是由式（7-16）确定的，这就为业主因工程延误的索赔数量的确定提供了理论依据。但是，式（7-16）仅仅考虑了业主前期投入资金的利率损失和整个系统滞后发生效益带来的损失，没有考虑业主商业机会的损失以及相应的管理费用增加带来的损失，所以，在用式（7-16）确定业主的索赔额时，应从考虑业主商业机会的损失出发，对确定的数量进行适当的调整。

8 大型工程项目业主合同索赔战略

在大型工程项目的建设过程中，索赔事件不可避免。业主在处理这些索赔事件时，必须有一个总体的思路，即对合同索赔工作有一个较明确的战略。在面对具体的索赔事件时，业主要在总体索赔战略的指导下制定具体的索赔策略。只有这样，业主才能有效地加强对索赔工作的指导，使自己在与承包商进行的索赔交涉中处于有利的地位，提高索赔的成功率和项目的整体综合效益。当然，随着项目的进行，业主还应该结合工程实施的具体情况，适时地调整自己的合同索赔战略。

8.1 业主合同索赔战略的定义

合同索赔战略是业主在整个工程建设过程中处理索赔事件的总体思路和态度。业主合同索赔战略与项目的性质、合同的总体情况以及项目所处的外部（社会、经济、政治）环境有很大的关系。

8.2 影响业主合同索赔战略的因素

制定合同索赔战略的目的是使自己在未来的合同索赔管理工作中，能把握大的方向和处在相对有利的地位，减少损失，降低风险。因此在制定合同索赔战略时，业主必须对各个方面的情况和信息进行全面的分析，明确自己的风险所在。具体地讲，在制定合同索赔战略的时候必须立足于项目的性质、合同和当事人的情况以及项目所处的环境；同时，业主的合同索赔战略并不是一成不变的，在合同的执行过程中，业主应该根据合同执行的具体情况，及时调整和充实索赔战略的内容。

8.2.1 项目的性质

项目的性质包括项目的规模、技术含量、业主和承包商的交易方式、项目在业主和承包商经营战略中的地位等，是所有这些因素的总和。

项目的性质对业主进行合同索赔有很大的影响，因为面对不同性质的项目，业主和承包商所承担的风险是不同的。对业主或承包商来说，某些项目只是相对独立的项目，其影响范围十分有限，业主或承包商面临的风险相对较小；而另一些项目则不同，这些项目对业主或承包商来说具有战略上的意义。因此，业主或承包商在这样的项目中所承担的风险和责任就显得十分巨大，对管理人员的压力也就更大。如某个具体项目是承包商开辟新市场的第一个项目，则对承包商来说，该项目的战略地位十分重要。这时承包商会十分注意他在该项目中的形象，此时业主的索赔就会比较容易，谈判相对会顺利。项目的这些情况必然会反映在业主的合同索赔管理中，影响业主处理索赔事件的思路。

8.2.2 项目所处的环境

项目的实施是在一定的环境中进行的，工程项目的执行时时刻刻都受到环境的影响，因此业主的索赔工作也必然会受到环境的作用，这就要求业主的合同索赔战略也必须要适应环境的变化，随环境改变做出相应的调整。

这里所说的环境是指项目所处的政治、经济、技术、法律和自然环境。有些环境因素对项目的性质影响较大，如国家重点工程项目往往处在一定的政治环境中，这些项目的业主和承包商的心态就与进行一般商业项目建设的业主和承包商有所不同。通常，国家法律法规的变化也会对索赔产生明显的影响，如利率的变化会影响索赔标的的确定。另外，由于大型工程项目的实施一般都依赖一定的自然环境条件，所以在很多情况下，自然环境也会对业主的合同索赔产生一定的影响，例如某索赔谈判的拖延有可能会使承包商错过有利的施工季节，从而加大承包商的施工成本或导致承包商更严重的违约，因此，在进行合同索赔时，业主可以充分地利用这种情况，获得更有利的索赔结果。

总之，业主合同索赔战略的制定应该密切结合项目外部环境进行，这样可能会给业主的合同索赔工作带来意想不到的好处。

8.2.3 合同情况

双方签署合同文本（包括相应的附件）的具体情况对业主的合同索赔战略有重大影响，这种影响来自于合同对双方的责任和权利规定。如果随着合同的执行，业主发现合同规定的己方承担的风险有不合理的情况，会导致业主比较强烈的索赔欲望。另外，合同的模糊程度和双方不同的合同地位将对业主的合同索赔战略产生很大的影响。

合同的模糊程度会影响索赔谈判中双方讨价还价空间的大小，这必将对合同索赔工作产生广泛的影响；同时，因为业主在对工程信息把握方面的劣势，就使得合同的模糊程度必然影响业主进行风险控制的能力，所以，在进行合同索赔时，业主必须根据合同的模糊程度制定索赔的策略和进行索赔定量。

根据前文的分析，理想的成交了的合同是双赢的交易，业主和承包商都会从中获得利益。所谓合同地位是指双方在合同执行过程中各自的获利情况。如果相对其他类似的合同而言，承包商获利的空间更大，则在合同谈判和索赔管理过程中，业主就可以采取较为强硬的战略，充分利用合同的模糊性来压缩承包商的获利空间，从理论上来说，这是合理的，也是可以做到的。

8.2.4 对方当事人的情况

合同索赔不是合同某一方的事情，而是合同双方的事情，只有双方达成协议才能索赔成功。在进行索赔管理的过程中，对对方当事人的了解十分重要。只有了解了对方当事人对所签署合同的总体评价、对某索赔事件的态度、大致的处理方式、该索赔事件对对方的影响，以及对方处理该索赔事件的负责人的工作岗位、地位、爱好、脾气等，才能拿出适当的应对措施，制定出正确的合同索赔战略战术。

8.2.5 合同履行情况

合同的最终目的是履行，业主进行合同索赔是对承包商不规范执行合同给业主造成的损失的追讨。合同履行情况的好坏必然影响业主合同索赔的战略。而合同本身是对未来的事物的描述，同时又有模糊性的特点，这就使得业主对合同的评价会随着合同的执行而不断清晰，因此，业主必须对合同的执行情况进行系统、细致的了解，对合同信息进行深入的分析和评判。

8.3 业主合同索赔战略的制定

在合同索赔工作中，明确索赔战略是非常重要的，它为项目的整个索赔工作指明了方向。

根据前文的分析，工程项目的许多方面都会对业主的合同索赔战略产生影响，在制定具体的合同索赔战略时，业主必须特别注意制定合同索赔战略的原则方法。

8.3.1 业主制定合同索赔战略的原则

业主合同索赔战略的制定涉及众多的因素，为科学合理地制定合同索赔战略，业主必须坚持以下几个原则。

1. 目的性原则

业主合同索赔战略的制定必须坚持目的性原则，即在制定合同索赔战略时必须明确进行合同索赔的目的。合同索赔战略的目的一般应该根据合同内容和条款的规定、合同执行的环境和合同执行的情况而定。业主的合同索赔战略目标各种各样，诸如保证合同严格按照合同文件的规定实施、在保证合同执行的同时坚持获得最大的合同模糊区域的利益、获取尽可能多的技术情报等。在特殊情况下，如果业主怀疑承包商的能力，可以在索赔谈判中采取强硬的态度，将谈判的弹性压缩到很小的程度，这时业主进行索赔的目的甚至有可能是撕毁合同，更换承包商。

在制定索赔目的时，业主一定要有十分开阔的视野，切忌将索赔战略的目的仅仅局限在合同规定的业主的权利和项目建设的物质目的上。业主的眼睛一刻都不能离开自己建设该工程项目的最终目的——项目综合收益，于是，与项目综合收益有关的工程目标都应该是业主制定索赔战略时要考虑的因素，如质量、工期、可靠性、可维护性、寿命等，索赔的目的就是维护这些指标的合理合法性——符合合同和相关法规的规定。

2. 合同原则

合同是项目执行过程中的"法律"，是双方行动的准则，项目执行中双方的所有行为都应该以合同为依据。业主进行合同索赔必须以合同为基础，因此在制定索赔战略时，业主必须立足于合同，根据合同的具体情况制定相应的索赔战略。当然，在制定索赔战略时不能仅凭合同条款的表面规定，还应对合同的合意进行研究，探究合同条款背后的意思。

对合同合意的追求在业主索赔战略制定的过程中是十分重要的。为更清楚地了解双方所订立的合同的真实意思，在制定索赔战略之前，业主应该向后退一步，换个角度和立场，从宏观上对合同进行全面的审视。对业主而言，这些工作是极端重要的。通过对现有合同全面评估，并与当初自己设想（理想）的合同进行比较，业主就可以判断自己可能的得失。这样进行比较的过程和得到的结果必然对业主索赔战略的制定产生深远的影响。

3. 灵活性原则

随着工程项目的进行和索赔事件的发生、解决，双方的合同地位和利益分配在不断发生变化。同时，一些模糊的概念和模糊性的利益划分也逐步清晰，因此，业主的索赔战略也应该与时俱进，不断进行调整，只有这样才能使业主制定的索赔战略符合工程实际情况的要求。

同时，由于索赔战略的制定通常要基于一些模糊的概念和状况。因此，当情况明了时，真实的状况就可能与业主原来的判断存在差距，这时索赔战略就必须要进行一定的调整。因此灵活性原则是业主制定索赔战略时必须坚持的基本原则之一。

8.3.2 索赔战略的制定

业主制定索赔战略的过程是一个十分复杂的过程，它不仅要求制定索赔战略的人员站在较高的层面，而且还要求他们必须考虑到具体的经济和技术方面的实际情况。在制定索赔战略时，需要从以下几个方面入手：

(1)设想抛开一切约束，从理想的、科学的、合理的、公平的情况和状态考虑业主自己的权利和义务，由此得到一个关于业主自己的权利和义务的"理想模型"。

(2)根据工程项目的实际情况以及项目所处的自然、人文、经济、技术环境，对自己权利和义务的"理想模型"进行修正，得到一个"理想的现实模型"，这个理想的现实模型是在工程项目建设过程中业主应该得到的结果和所追求的目标。

(3)业主应该对合同进行认真的研究，了解清楚合同规定的自己的义务、权利与"理想的现实模型"之间的差距以及弥补这些差距的可能性。在这里，合同的模糊性是一个值得关注的重要问题，因为如果合同对某些东西有十分确定的描述，索赔就变成了一件十分简单的事情。通常，重大、困难的索赔往往发生在合同描述不清楚或双方对合同理解有所不同的地方。另外，在对合同进行研究时，业主还要注意合同的总体结构、逻辑和技术标准等方面的问题。

(4)在制定索赔战略时，业主还要注意通过与对方进行的交涉、合同初期工作的实施和其它渠道加强对对方的了解，分析判断对方的企业文化、组织结构以及人员情况（甚至某些关键人物的性格特点）等。通过这些工作，可以做到知己知彼。这同样是使索赔工作得以顺利开展的一个重要条件。

(5)从经济、技术、管理和谈判等方面分析自身的情况，组织专门的机构负责合同索赔战略的制定和索赔的操作。

(6)在高层的直接领导下，坚持制定合同索赔战略的目的性原则、合同原则和灵活性原则，经过多次调整和反复试用，最后制定出合适的索赔战略。

8.4 业主合同索赔战略分类

从不同的角度出发，业主的合同索赔战略可以分为许多不同的种类。

8.4.1 按照对待合同索赔的态度分类

从对待合同索赔的态度方面来看，业主索赔战略可分为进攻性合同索赔战略和防守性合同索赔战略。

1. 进攻型合同索赔战略

进攻型合同索赔战略是指在工程的实施过程中，业主摆脱合同文本的具体约束，从自己认为的较理想状态和合同合意出发，发掘、识别合同索赔机会，意在获得合同模糊地带和合同文件没有进行规定的利益，从整体上提高自己的综合收益水平。虽然进攻型合同索赔战略要求"摆脱"合同文本的约束，但是这种合同索赔战略还是要在合同规定的范围内进行，只不过它所依据是合同的"合意"。

在实施进攻型战略时，先是发掘有可能进行索赔的事由，而后找出充分、有力的索赔理由。实施进攻型战略需要很好地利用合同文件中遗留下来的"活口"和对方的弱点。

在合同文本中找到可以作为索赔理由"落脚点"的条款或语句是进攻型索赔成功的关键。

2．防守型合同索赔战略

防守型合同索赔战略就是业主只对给自己造成较明显损失的索赔事件进行索赔，不主动深入探究按照合同合意规定的自己的利益。在防守型索赔战略的环境下进行索赔管理时，业主显得不是十分积极，只是从合同文本和条款出发，很直观地判断和识别能进行索赔的机会、确定索赔的标的和数量。

8.4.2 按照业主的索赔目标分类

根据不同的合同索赔目标，业主的合同索赔战略可分为直接目标战略和间接目标战略。

1．直接目标战略

直接目标战略是指进行合同索赔的事由与索赔的标的直接相关，索赔的标的能直接补偿索赔事件给业主带来的损失而不延伸涉及其它的利益。如当安装的设备不合格时，只是要求对不合格的设备进行更换，补偿与该设备有关的其它的直接损失，而不追究该设备不合格的深层次的原因和这些原因给业主带来的损失。

2．间接目标战略

间接目标战略不只是要求弥补索赔事件带来的可见的直接损失，还暗含有其它的潜在的索赔目标。潜在的索赔目标包括两类：一类是与索赔事件有关，但处于深层次，需要挖掘的目标，如由某设备的问题推断出系统或其它设备的问题，将索赔面扩大；另一类是与索赔事件有关，但不直接涉及业主利益损失的目标，如在索赔事件的处理过程中力求获得有价值的技术、商业情报，或者期望通过索赔谈判实现对合同中某些内容进行有利于己方的修改等。

8.4.3 从实现索赔目标的方式分类

从促使索赔目标得以实现的方式来看，业主的合同索赔战略可分合同地位战略、威慑战略、双赢战略、简单化战略、预期利益战略、各个击破战略等。从合同基础的角度来说，这些战略都必须是基于合同条款或合同条款的模糊性的。

1．合同地位战略

合同地位战略是利用双方不同的合同地位和业主天然的优势，在谈判中向对方施压，要求对方让利，从而达到自己索赔的目的。如有时业主可以利用承包商想要承揽今后新的项目的心理，强制承包商承担责任归属模糊的索赔事件的责任，达到索赔的目的。

2．威慑战略

威慑战略是指根据合同赋予业主的权利和承包商的缺点、弱点，威胁对方并给对方设置障碍，使承包商感到如果不满足业主的索赔要求，他就可能会受到更大的损失。

这里所说的承包商的损失是综合性的,包含的内容十分广泛,如经济的、物质的、(单位或人的)声誉的等。例如,当业主怀疑承包商使用的某种材料有问题(业主的真实目的可能是要得到对方关于该材料的技术数据)提出索赔要求,而承包商出于保密的原因不愿拿出相关的证据时,业主就可以要求对该材料进行试验。该试验可能持续很长时间,将会严重影响工期,工期的延误可能导致对承包商的罚款和影响他的声誉。这样,在权衡利弊后,承包商很有可能答应业主的索赔要求,提交一些技术资料。

3. 双赢战略

双赢战略多用在要价时,指业主提出的索赔要价不仅能保证他自己的利益,同时还尽量使对方的付出(损失)较小,这样不仅有利于协议的达成,还能创造良好的合作氛围。

4. 简单化战略

简单化战略是当索赔形势比较复杂时,往往有多种因素交织在一起,这时应该将复杂的索赔问题分解为一个个简单的问题,通过谈判达成协议,最终解决复杂的索赔问题。在使用简单化战略时,业主首要从有利于自己的索赔事件和简单的问题入手,保证在处理这一系列简单问题时自己始终处于较为主动的地位。

5. 预期利益战略

为获得满意的索赔结果和有利于索赔事件的处理,业主往往还需要让对方了解到达成某索赔协议后他所取得的收益,他的这些收益有些是因为业主(对某些权利)让步而带来的。

6. 各个击破战略

在很多情况下,多个索赔事件存在内在联系,这些内在的联系可能是技术方面的也可能是时间、当事人方面的,业主应该充分利用这些联系从某个索赔事件入手,使多个索赔事件得到圆满的解决。如当某索赔事件涉及到两方以上的当事人时,可先与其中"责任较轻的"一方当事人达成协议,迫使另一方当事人接受业主的索赔要求。

在具体处理索赔事件时,业主通常不会只用上面列举的其中某一种索赔战略,而是多种索赔战略同时使用,这样可以获得较为理想的综合收益。

实务篇

論文

9 业主合同索赔管理工作的任务、总体组织结构和流程

在进行合同索赔管理时,业主首先必须明确自己的工作目标,同时还要建立相应的组织,通过该组织保证这些目标的实现。由于项目本身的特点、所处的环境和管理人员的素质等因素的不同,致使在不同项目中,业主可能会有不同的合同索赔管理任务或工作的侧重点,同时,业主进行合同索赔管理的组织机构也相应地会有所不同。

9.1 业主合同索赔管理工作的任务及目标分解

业主进行合同索赔管理的最高目标是维护合同规定的自己的利益,但是,这个目标的实现不是一蹴而就的,它需要经过一系列相当艰苦细致的工作才能实现。在开展合同索赔管理工作时,业主必须将进行索赔管理工作的最终目标分解为一系列具体的分项目标,再将这些分项目标转变成一系列具体的工作任务,只有这样,才能保证合同索赔管理工作最终目标的实现。

业主的合同索赔管理工作过程如图9-1所示。

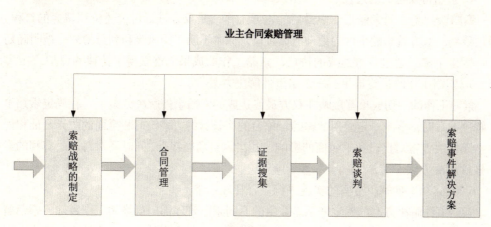

图9-1 业主索赔管理工作过程

从上图我们可以看出,业主的合同索赔管理工作主要由索赔战略的制定、合同管理、索赔证据搜集和索赔谈判等工作组成。同时,这几部分工作也是业主进行合同索赔管理时的几个不同的工作步骤。

1. 业主合同索赔管理工作大方向的把握——索赔战略的制定

业主的合同索赔战略是业主在整个工程建设过程中处理与索赔有关的工作和事务的总体思路和指导思想,对整个合同索赔管理工作有十分重要的指导作用,决定着合同索

赔管理工作的大致走向和最终收益的轮廓，制定索赔战略是业主做好合同索赔管理工作的前提。

业主制定索赔战略的基础是合同，具体地讲，业主合同索赔战略的制定要求业主必须对在现有合同条件下自己所面临的风险情况有真实的、充分的了解。鉴于大型工程项目的特点，这些风险决不是一目了然的，有些风险在合同签订后不会马上显现出来，而是在合同执行过程中逐渐显现出来。为充分了解自己面临的风险，业主需要随着项目的进行，不断对各种风险进行分析和评估，并与在签订合同时自己所承担的风险进行对比。如果这时业主对他所面临的风险的评估结果与签订合同时有所不同，就有可能发生索赔。当索赔发生时，为增加索赔的综合效用，业主应该选择能够使自己的风险降低最多的索赔标的。通常，相同索赔事件在不同的合同索赔管理战略的指导下会取得不同的效果，好的索赔战略能更大程度地降低业主的风险。

2．业主进行合同索赔管理的基础性工作——合同管理

合同索赔管理最根本的依据是合同，没有良好的合同管理工作作为支撑的合同索赔是难以想象的，合同管理是进行索赔管理的基础。因此，合同管理是业主索赔管理工作中一项十分重要的任务。

3．合同索赔管理工作的焦点——证据搜集

合同索赔不是强迫，它要求双方对相应索赔事件的处理意见取得一致、达成协议。在双方就某索赔事件进行交涉的过程中，关于索赔事件证据的获取和论证就成了该项索赔工作成败的关键。合同索赔证据的获取涉及许多方面的工作，主要有合同管理、现场管理、法律规范分析等方面。

4．索赔协议达成的过程——索赔谈判

索赔谈判是合同索赔工作中最后的重要工作，是双方进行讨价还价和博弈的过程。通过谈判，双方就索赔事件的处理达成协议，原本不明了的风险和利益的划分被明确划分、固定下来。通过双方达成的协议，索赔工作的成果最终获得了法律的保护。

5．索赔工作的最终成果——索赔事件解决方案

索赔工作的一切成果都反映在双方最终达成的索赔事件解决方案上，在确定索赔事件解决方案时，业主一定要用战略的、综合的、长远的、系统的和全面的眼光论证和评估索赔解决方案对自己和承包商的影响，找出承包商能接受，同时又对自己最有利的索赔事件解决方案。

6．对索赔事件解决方案的实施进行监督管理

索赔事件解决方案的确定并不是业主的合同索赔管理部门最终的工作目标，索赔解决方案确定后业主的合同索赔管理部门还要监督该索赔方案的落实，在这个过程中，很有可能涉及到新的纠纷或者产生新的索赔事件。

9.2 业主合同索赔管理工作组织机构

通过前文的分析，我们知道了业主合同索赔管理工作的主要内容，所以在建立相应的业主合同索赔管理组织机构时，必须考虑业主进行合同索赔工作管理时的这些具体工作，同时还需要考虑业主进行这些索赔工作时的其它一些特殊要求。

从管理学的角度分析，虽然不同的组织各自有其不同的特点，但不管什么样的组织，总是由工作目标、组成人员和组织规范（制度）这三个基本要素组成的，业主的合同索赔管理机构也不例外。

9.2.1 工作目标

对于业主的合同索赔管理来说，索赔管理组织机构的目标是维护合同规定的自己的利益，管理好一切与合同索赔管理最终目标有关的事务；同时，由于合同索赔管理工作的特殊性，该组织又必须有反应灵敏、自主决策、行动迅速的特点。

9.2.2 组成人员

由于业主合同索赔管理组织机构的工作任务涉及业主合同索赔管理工作的各个方面，因此，该组织应该包含各类与业主的合同索赔管理工作有关系的人员。一般而言，这些人员主要包括：合同索赔管理决策人员、商务和谈判人员、技术人员、工程管理人员、合同管理人员等。

1．合同索赔管理决策人员

业主的合同索赔管理决策人员要掌控合同索赔工作的战略，在时机成熟时及时对合同索赔事件的处理做出准确决策。通常，这些决策人员一般包括业主方面的项目总负责人，如项目总指挥（项目总监）、副总指挥（项目副总监）、总工程师、总经济师、法律顾问等。他们必须了解项目和合同的来龙去脉，能根据整个项目总体的执行情况，结合具体索赔事件的发生和发展状况，在全面、系统分析和研究的基础上做出处理索赔事件的正确决策。

2．商务和谈判人员

在对索赔事件进行处理的过程中，业主负责商务的人员的介入是必须的。因为即便是在索赔事件处理的最后阶段，业主首先必须要做的事情就是对索赔事件的解决方案进行商务方面的评价，只有这样，业主才能知道自己得到和失去的东西，而后才能做出最终的决策。要对索赔事件处理结果进行准确的商务评价，就必须了解该事件的来龙去脉，因此，在处理索赔事件时，业主的商务谈判人员还要参加双方的谈判，以利于在谈判中灵活地把握自己的得失，选择取舍，以求获得满意的解决方案。因此，商务谈判人员是合同索赔工作中不可缺少的重要人员。商务谈判人员一般包括负责商务的高级人员、风险分析人员、法律事务人员、有关的技术人员和财务人员等。

3．技术人员

对在建系统和设备的技术评价是项目管理中不可缺少的一个基础性环节，也是索赔工作中十分重要的日常工作内容。当出现意外的情况时，业主进行技术评估显得十分重要，这时技术人员是不可或缺的，因为只有他们才能从技术的角度对系统和设备做出正确的判断。同时，在与对方进行索赔交涉过程中，必要的技术支持是必不可少的。

4．工程管理人员

在业主合同索赔管理工作中，对施工现场真实情况的了解有十分重要的意义。一切索赔证据获得的过程实际上就是不断将现场情况与有法律效力的文件（合同文件系统）的要求进行比较的过程，没有现场工作人员的配合、良好的工程管理（特别是工程实施信息的管理）和翔实的工程信息，合同索赔是不可想象的。

5．合同管理人员

在业主的合同索赔管理工作中，合同管理人员通常负责索赔管理的日常工作，在业主的索赔管理中处于核心地位。从索赔工作的流程上看，他们起着承上启下的作用。对下，合同实施过程中的承包商违约现象要通过合同管理人员得到确认，并对合同的执行起着监督和管理作用；对上，商务谈判、索赔决策的资料和信息来自合同管理人员，他们对索赔的商务谈判和索赔决策起着不可或缺的支持作用。同时，业主和承包商就解决某索赔事件达成的协议或备忘录的管理和落实也由合同管理人员负责。在起草和审查双方即将达成的协议和备忘录时，合同管理人员必须考虑这些协议、备忘录之间，协议、备忘录与合同文件系统之间的系统性、协调性和前瞻性，避免冲突和歧义。总之，合同管理人员的工作涉及合同索赔管理工作的各个阶段和层次，发挥着十分重要的作用。

9.2.3 组织规范

每个组织都必定有约束组织行为和组织成员行为的组织规范，它表现为组织的方针政策和规章制度。通过组织规范使组织成员和组织整体的行为有利于组织目标的实现。一个没有行为规范的组织，必然是一盘散沙，组织将不成其为组织，组织的目标也不可能实现。

在项目管理中，业主合同索赔管理机构的名称可以是"合同索赔管理办公室"，"合同索赔管理工作小组"等。该机构可以由专人组成，也可以由不同专业和部门的人员兼职组成。实际上，从某方面来看，业主的索赔管理机构是一些人员通过一系列组织规范和规章制度组织起来的，其中的人员可以是流动，但制度是相对不变的。没有科学完善的制度，即便是有专人负责管理合同索赔工作，也不会达到预期的目的。业主的合同索赔管理机构应该有以下几个主要的规范和制度。

1．组织和人员的职责

根据组织的任务和组织任务的分解，确定组织以及该组织内部人员的职责；同时，在必要时还需要根据工程项目的具体情况，对非合同索赔管理组织机构内部的有关人员（如相关的工程管理人员等）从事与合同索赔工作相关的工作行为进行适当的规范。

2．组织内外行文制度

文件是信息的载体，合同双方的权利和义务都是通过文件的形式表达的；同时，合同索赔管理工作又有非常强的原则性和政策性，这要求业主在进行文件管理时必须有十分严格的制度做保障，以便业主方的所有人员能清楚地表达自己的想法和正确地理解其它各方的意思。这要求业主方必须对收文、发文制度进行明确的规定，如文件的起草、签发、传阅、保存等。

3．信息、事务处理程序

信息和事务处理程序是业主处理有关索赔事务的流程，该制度是合同索赔工作的基础性制度，它应该对合同和工程实施信息的获得、处理及与索赔相关事务处理的程序做出详细的规定，对合同索赔管理人员的一般工作行为进行合理有效的规范。

4．重大合同索赔事件运作处理方式

在业主的合同索赔管理工作中，对重大合同索赔事件的处理具有特别重要的意义。一方面，业主对重大合同索赔事件的成功处理不仅可以使自己避免较大的损失，还可以向对方展示自己处理索赔事件的能力，对对方产生一定的威慑力，促使其加强工程管理，避免违约事件的发生；另一方面，重大索赔成果的获得可以极大地增强业主合同索赔管理人员的自信心，锻炼合同索赔管理工作队伍。当重大索赔事件出现时，业主可以规定特殊的处理方式和工作形式，以提高工作效率和索赔的成功率，如可以对重大的索赔事件采用"项目制"，即把对某重大索赔事件的处理当作一个项目来做，组织专门的一班人马就该索赔事件的信息收集、合同分析、技术研究、证据查找、谈判等进行攻关，业主高层领导在人员、资金等方面给予支持，必要时还应允许调用外界的专家或机构进行协助，在我国的某些大型工程项目中，这种方式取得了非常好的效果。

5.保密制度

从某种程度上看，索赔工作是业主和承包商之间的一场博弈。根据博弈论理论，信息在博弈中起着非常重要的作用，不同的信息数量和质量可能会导致截然不同的博弈结果——索赔结果。因此，保密制度在合同索赔管理中极为重要。根据一些大型工程项目业主合同索赔管理的实践经验，在制定保密制度时，除了要注意一般的日常保密工作外，还要注意特别保密工作的层次和保密工作对索赔管理工作效率的影响。

6.决策机制

在就合同索赔问题进行决策前，业主首先要解决由谁来决策、如何决策等问题，即建立决策机制。一个索赔事件的解决通常涉及属于不同层次的多个决策，如信息的认定、证据的确认、谈判策略的制定、索赔数量和最终解决方案的确定等。决策机制的制定要考虑进行决策的程序、人员和与之相关的因素等，不同层次的决策需要不同的决策机制和人员。

同时，在制定业主合同索赔管理组织的制度时，还要应该注意与现行的业主项目管理规章制度相配合，要充分利用现有的制度，不能和现行制度发生冲突和矛盾。

9.3 业主合同索赔管理组织的结构

合同索赔管理是业主项目管理的一个重要组成部分，必须与整个项目的管理协调一致，只有这样，才能全方位地对整个项目的执行进行监控和管理，实现项目管理目标。

根据前文所述的业主合同索赔管理工作组织机构应具备的要素及其特点，业主合同索赔管理的组织结构应该具有管理幅度大、管理层次少、反应迅速灵敏的特点，这样有利于充分调动所有的资源和力量投入到合同索赔管理工作中去，同时还能提高合同索赔管理工作的效率，减少信息失真，提高索赔的成功率。另外，业主还要特别注意合同索赔管理组织与整个项目管理机构之间的关系，使合同索赔管理组织有机地融入项目管理机构的结构和工作之中。

9.3.1 业主合同索赔管理组织在整个项目管理组织机构中的地位

业主的合同索赔管理组织在整个项目管理组织机构中处于十分重要的地位，是业主进行工程项目管理的重要部门。通过它，业主可以对整个工程项目的实施情况进行严密的监督，保证自己利益的实现。在工程项目管理中业主的合同索赔管理组织有权对各个承包商和工程监理单位进行管理和监督。图9-2显示了业主的合同索赔管理机构在工程项目管理组织机构中的地位。

9.3.2 业主合同索赔管理机构的总体组织结构

根据业主合同索赔管理组织机构应该具有的反应迅速、灵活高效、自主决策等特点，其组织结构应该有较少的管理层次，见图9-3。

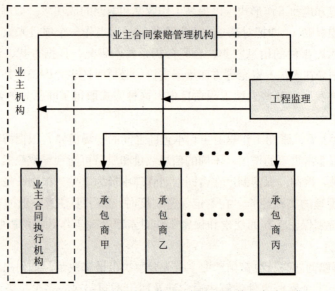

图 9-2 业主合同索赔管理机构在项目管理中的地位

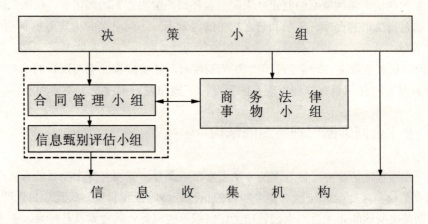

图 9-3 业主合同索赔管理机构总体组织结构

1. 信息收集机构

业主合同索赔管理总体组织结构中的信息收集机构负责收集与工程项目建设有关的所有信息。这项工作涉及到参与工程项目的所有部门和人员。信息的来源主要有业主和承包商的谈判、工程实施现场、对相关设备和系统的测试试验、对工程系统的调试试验和试运行现场等。另外，日常工作中合同双方当事人在交涉过程中形成的文本与口头信息、业主内部不同部门之间的沟通和信息交流以及（社会、自然和技术的）环境信息等也是信息机构应该收集的信息。同时，通过对合同文件系统的分析也可能获得重要的索赔信息。

2. 信息甄别评估小组

信息甄别评估小组负责对收集上来的信息进行甄别和评估，找出对合同索赔工作有用的信息，并对其进行研究和分析，找出有利于和不利于业主方面进行合同索赔的证据。同时，信息甄别的过程也是获得合同索赔信息的重要途径之一，因为在很多情况下，通过对已有信息的分析和处理，可以得到新的有用的索赔信息或能为今后索赔信息收集指明方向的信息。

3．合同管理小组

合同管理小组是合同索赔管理组织体系中的一个核心小组，也是业主进行合同索赔管理工作的主要执行机构，在业主合同索赔管理机构中起着中枢的作用，担负着合同索赔管理的日常工作。它主要负责指导和组织合同索赔信息收集工作、索赔机会的初步判断工作、与对方进行的交涉工作等，安排或协助有关部门完成具体的合同索赔管理工作任务（如进行特殊的试验验证和获取某一具体的信息）；同时，它还要下达指令，具体落实决策层与对方达成的解决索赔事件的协议，并监督执行情况。在进行决策时，它要及时为决策层和商务谈判人员提供正确的合同和工程实施信息以及有关索赔事件的初步解决方案。

通常，在实际工作中，信息甄别评估小组和合同管理小组往往合并为一个工作小组协调进行工作（见图9-3），这样不仅有利于减少组织的层次，还便于统一指挥，充分调动和利用各个方面的资源，提高合同索赔管理工作效率。

4．商务和法律事务小组

该小组负责在商务和法律层面上与对方进行交涉。当然，这种交涉必须是以合同和工程项目实施的具体情况为基础的，正是因为这样，该小组的工作人员除了专业的商务和法律人员外，通常还需要有合同管理和技术人员的参加。该小组和合同管理小组、决策层存在着非常密切的联系，在很多情况下，该小组人员是与合同管理小组、决策小组的人员以及技术专家一起并肩工作的。

通常，不同的索赔谈判阶段、时期以及不同的谈判内容需要不同的人员，但是，出于工作方面的要求和礼节上的需要，谈判双方出席人员的地位或工作性质一般是对等的。在进行重要的结论性的谈判时，往往需要与所谈判的内容相匹配的、有相应决策权的人员参加。

5．决策小组

决策小组一般由最高级行政和经济、技术方面的领导和专家组成。该小组统领着业主的整个合同索赔管理工作，负责索赔战略的制定和进行决策。

在进行决策时，该小组不仅要对合同管理小组和商务法律小组提供的资料进行研究，必要时还要对来自工程实施现场的第一手资料进行更深入的研究，对各种方案进行比较和权衡。这样不仅可以提高决策的正确性，更重要的是可以加快决策的速度，及时提出正确合理的决策方案。因此，决策小组有时会直接对现场信息的获取进行指导。

9.4 业主合同索赔管理工作总流程

索赔成功的前提是要有不可辩驳的强有力的证据，这要求业主搜集到的事实信息与合同信息相配合构成证据链，在此基础上经过谈判得到索赔事件的解决方案并签署相应的协议，形成有法律效用的文件。业主合同索赔管理工作总流程见图9-4。

9.4.1 业主索赔信息收集

索赔信息的收集是在合同内容指导下进行的，它涉及整个工程项目的所有方面，不仅包含工程内部的信息，还包含与工程有关的外部的信息，如自然的、经济的、法律的和人文的信息等；不仅要收集对方的信息，还要收集己方的信息以及与工程有关的第三方的信息。索赔信息种类包括技术的、经济的、管理的、法律的等，其载体和形式可以是多种多样的，如纸质文件、图片、图像、录音等。

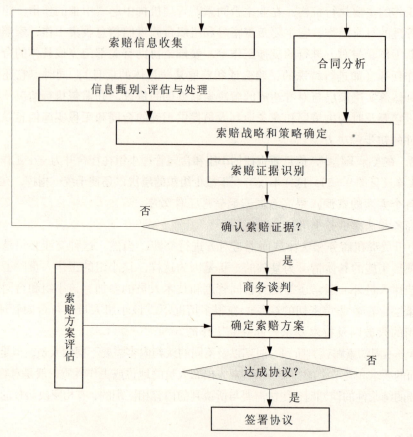

图 9-4 业主索赔管理工作总流程图

9.4.2 业主对索赔信息的甄别、评估与处理

对收集到的索赔信息，业主要根据合同的内容进行甄别和评估，找出可能的索赔理由和证据。在对信息进行分析时，业主要注意用系统的观点，揭示该信息所包含的事物的本质与合同要求或规定之间存在的联系，并引申出与该事务有关的其它信息。有时分析多个不同来源信息的内在联系也是十分重要的。业主进行信息处理的最终目的是使多个信息有机地联系起来，形成有利于自己的信息链和与自己的索赔标的相联系的索赔证据。

9.4.3 业主合同索赔战略和策略的制定

根据收集到信息的总体情况和合同文件规定，结合自身的项目计划追求目标，业主就能制定出较合理的合同索赔战略。鉴于工程实施的事实和现场发现的有关信息链的情况，业主还可以针对具体的索赔事件提出切实可行的索赔策略。

9.4.4 索赔证据的识别

综合索赔战略、索赔策略和信息及合同的规定，业主自己可以对索赔证据进行初步的识别，以作为与对方进行索赔谈判的基础。如果没有识别出索赔证据，就应该重复前面的步骤（见图9-4），重新进行信息收集和合同分析；如果识别出索赔证据，就可以要求与承包商进行索赔谈判。在谈判的过程中，业主还可以更多地了解一些信息，加深对索赔证据的理解并对其进行必要的充实。

9.4.5 商务谈判

业主和承包商根据索赔事件的具体情况，结合各自的利益所求，通过商务谈判找到双方利益的平衡点，最终达成解决索赔事件的协议。但是对业主来说，商务谈判的目的决不仅限于此。通过谈判，业主可以了解对方的要求，探求对方对某些事务的看法和认识程度，同时还可以使对方充分理解自己的态度和立场。根据与对方谈判的情况和通过谈判了解到的信息，业主可以及时调整合同索赔的战略战术，以求达成更有利的协议。

9.4.6 对索赔解决方案的评估和确定

双方就解决某索赔事件达成协议的内容是某索赔事件的解决方案。协议一旦达成，双方的权利和义务就被固定了下来，该协议也就成为了这个工程项目的合同文件系统的一部分，具有法律效用，不能再有任何更改。因此，在签署协议前，业主一定要对索赔解决方案进行全面的研究和评估，明确该解决方案给自己带来的全面（综合的）影响。如果认为该协议不能满足自己的要求，就应该拒绝签署协议；一旦签署协议，该索赔事件就得到了解决。

如果没有达成协议，需要重新进行谈判和重复前面所有的步骤（见图9-4）。这时，业主要对合同进行更深入的分析，收集更详细的证据，最终促使双方达成协议。

在追求双方利益的平衡点时，有时不能很快达成协议，在这种情况下，可以将该索赔事件暂时搁置，待时机成熟后再解决。在某些情况下，由于双方的立场相差较远，则可以就某索赔问题的解决请有关部门进行仲裁或进入法律程序。无论如何，对所有的索赔事件最终都会有一个结果，即双方必然会达成某种广意的"协议"。

10 基于索赔的业主合同管理方法

在业主合同索赔管理中,对合同的管理是非常重要的,没有良好的合同管理,就不可能做好索赔管理工作,合同管理是业主索赔管理工作的基础。

业主的合同索赔管理工作不是从索赔事件发生后开始的,而是从合同招标、投标和为签订合同而展开的谈判起就开始了。首先,合同是业主和承包商责任和利益分配的具有法律效用的文件,它明确了双方的责任和义务,任何索赔要求都离不开合同的约束。第二,合同具有模糊性,它不可能将双方所有的责任和利益都分配得非常清楚。对描述得十分清楚的条款我们可以称作确定性条款,它对双方的权利和义务进行了详细而确定的规定;而在合同中包含着更多的是不确定性条款,我们称之为模糊性条款,它描述的双方的确切的权利和义务的分配只有在工程的进行过程中才能搞清楚。如果在招标、投标和合同谈判的过程中考虑到将来可能的索赔情况,在这些模糊性条款中加入某些特定的文字来保护自己的利益,就有可能使将来的业主索赔变得容易一些,使自己的利益得到保护。

10.1 合同签订前的工程项目情况分析

在合同签订前,业主要对与工程项目有关的各种情况和因素进行全面的分析,这也是业主进行风险控制的前提。

10.1.1 合同签订前的合同总体策划

在签订合同以前,业主要根据工程项目的总体情况和自己所追求的目标,对承包商的选择、合同的形式和种类、合同条件的选择、重要的合同条款以及某些重要的战略性问题等进行深入透彻的研究,在考虑可能存在的索赔的情况下,提出合同的整体结构。

10.1.2 业主需求分析

业主要全面分析自己的需求。在进行分析时,业主要特别注意用系统论的方法和从整个项目系统的寿命周期角度出发,只有这样才能保证自己利益的实现。实际上在一般情况下,业主的需求通常不能在合同中得到全面的反映,这主要有两个方面的原因。首先,业主往往不是工程技术专家,不能对自己在技术上的要求提得十分清楚。另外,业主的某些要求得不到承包商的回应,不能写进合同,如业主对某些技术知识产权的要求等。这时,业主要利用自己在签署合同时的主导地位,将自己所了解的项目所应有的功能指标(如系统的性能指标、环境指标、能源指标、产出指标等)都写进合同中,为今后可能的索赔埋下伏笔。

从整个项目系统的寿命周期方面考虑,业主的需求包括技术和经济方面的要求,但归根到底是经济方面的要求,技术方面的要求是实现经济指标的基础。

一般来讲,这些指标是在项目规划和决策时必须要考虑的,但它们是通过工程合同的实施来实现的,因此,业主在进行需求分析时,要注意以下十个方面:

⑴总体系统、分系统、子系统和重要设备功能性指标的要求；
⑵总体系统、分系统、子系统和重要设备详细完备技术指标的要求；
⑶系统、设备安全性分析；
⑷系统的环境指标分析；
⑸系统、设备的可操作性分析；
⑹系统、设备的可维护性分析；
⑺系统可用性和故障率分析；
⑻备品备件的数量和获取；
⑼技术资料的收集、整理及其完备性；
⑽人员的培训等。

对这些方面的描述可以较充分地表达业主对整个工程项目的总体的需求。

10.1.3 合同约束体系结构及其建立

根据第 2 章的理论分析，合同对合同双方都有约束，在签订合同时，业主要结合工程项目的具体情况，有意识地建立对承包商的约束体系，为今后的合同索赔奠定良好的基础。

1．合同约束体系

合同的约束体系主要有合同外围约束、合同条款约束、合同目标的约束、合同运行机制的约束和合同合意的约束等。

2．合同约束机制的制定程序

在建立合同约束体系时，业主要坚持合同约束建立的一般原则，既从外向里、从笼统宽泛到具体的原则。当合同中对承包商的具体约束（如明确的条款等）不能发挥作用时，业主可以在合同中找出较宽泛但不具体的合同约束来论证自己的合同索赔要求，这样可以保证业主的利益得到较大限度的保护，为将来可能的索赔奠定基础。如对整个系统的总体功能指标的较详细描述不仅可以保证最终系统性能指标的实现，还对业主自己不了解技术细节的缺陷有一定的弥补作用，因为，不能满足最终目标得以实现的技术显然是不合格的技术。为达到这样的效果，业主可以在签署合同时写上如下的语句来保护自己的利益："……双方基于诚实信用的原则签署本合同……"，当对某合同条款产生异议时"……双方应通过谈判探究签署合同时的合意……"等。

具体来讲，合同约束体系的建立步骤是：原则性约束（诚实信用等）→项目系统所在的环境描述（最好是定性定量结合）→项目系统总体功能指标的详细描述（从整个寿命周期考虑）→分系统指标→重要设备和分项指标→一般设备指标→详细的技术要求等。

10.2 对所签订合同的分析

索赔是以合同为基础的，已经签订并生效的合同具有法律效用，是整个工程项目赖以实施的"法律"，对该"法律"全面、深入、细致的了解是业主进行合同索赔管理的基础性工作，是保证自己的行为符合"法律"的规定、维护自己的合法权益的前提。

10.2.1 合同分析的基本要求

1. 准确性

合同分析的结果应该准确、全面地反映合同的内容。如果分析中出现误差，必然会反映在对合同的管理控制和索赔工作中，严重时还可能会导致索赔工作的失误，给自己带来重大的损失。

2. 客观性

客观性要求合同分析不能自以为是和"想当然"，不能只分析对自己有利的情况，这样极有可能造成重大的偏差，给今后的合同索赔管理带来十分不利的影响；在进行合同分析时，必须忠实于合同条款和合同合意，不能依当事人的主观意愿，要站在中立和客观的角度进行分析，只有这样才能为合同索赔提供正确的指导。

3. 全面性

合同分析应该是全面的，它要求对全部的合同文件（包括合同附件）进行分析。对合同中的每一条款、每一句话，甚至每个词都应该认真推敲，细心琢磨。合同分析不能只观其大略，不能错过一些细节问题，是一项非常细致的工作。在实际工作中，一个词甚至是一个标点符号都可能成为索赔成败的关键所在。

合同分析的全面性还要求搞清楚整个合同的逻辑结构和层次。一个合同通常是一个有机的整体，合同中的不同条款之间是有联系的，掌握它们之间的关系将对索赔提供有力的支持。

4. 简易性

合同分析的结果必须采用使不同层次的管理人员、工作人员都能够接受和理解的明确简易的表达方式。在提供合同分析结果时，要根据不同工作人员承担的不同任务，向他们提供拥有不同内容和形式的合同分析资料和成果。

10.2.2 合同分析的内容

业主进行合同分析的目的是要建立起对合同的全面认识，以便在索赔事件发生时，能及时认清事件的本质，找出进行索赔的理由和有力证据。

1. 对合同描述的法律、自然、技术环境进行分析

每一个合同都有其生效和实施的法律背景，合同双方的行为都应该处在此法律背景的约束之下。

自然环境是指合同规定的工程实施所处的自然环境，如最高温度、最高湿度、风速、降雨、地震和地理位置等。

技术环境是指合同中对某些设备或施工技术的描述，如"某设备的技术水平应该符合某某规范（标准）的规定"等。

法律环境对双方的约束是不言自明的，业主对法律环境的分析不仅可以使己方避免违反相关的法律而给对方造成索赔的机会，还可以及时发现对方的违约，从而避免损失。

对业主的合同索赔管理来说自然和技术环境的约束是非常重要的，因为自然环境指标和建设项目系统的技术规范等是最底层、最基础的技术指标。一旦承包商在这方面违约，如在设计计算时使用了错误的环境指标和错误的技术标准，就会从根本上改变整个工程项目系统的技术性能，这时，给业主带来的损失将是难以估量的。所以业主一定要十分重视对这两个方面的分析，得出明确的结论，并总结成书面的材料。

2. 工程量和技术指标分析

对业主来说，进行工程建设最基本的目的就是要得到符合合同要求的技术和经济指标的工程实物系统。合同中对工程量和工程技术指标的描述是业主进行工程评价和对承包商进行考核的十分重要的标准，也是业主对工程的最具体和最重要的要求。

根据第10.1.2节所述的业主对自己需求进行分析的内容来看，在进行技术指标分析时，业主应该将整个项目系统分为总体系统、分系统、子系统、设备、部件等不同的层次，并逐层进行分析。同时，在进行分析时，业主还要特别注意对有关技术标准的分析和研究，因为这些技术标准也是技术指标的重要组成部分。在对工程量进行分析时，业主必须结合对技术指标进行分析，因为工程技术指标是附着在工程设施上的，对工程技术指标的分析能对工程量起到印证的作用，如某指标的实现必然意味着某设备（或某一些设备）的安装完成并达到质量要求。

只有通过对工程量和技术指标的分析，业主才能真实地知道按照合同规定自己应该得到哪些东西，这就为监控工程实施和进行工程索赔奠定了基础。

3. 双方责任分析

合同规定了甲乙双方的一个交易，一般而言，合同并不能将双方的责任和义务描述得十分确切。工程合同交易的特点决定了这种合同在双方责任和义务划分方面的模糊性。在对合同规定的双方责任进行分析时，业主要特别注意合同中对双方责任描述模糊的地方，一定要对合同中这些模糊的方面做到心中有数，并积极在整个合同文件系统中寻找划分该责任的间接条款和理由，为将来可能的索赔提前作好准备。

在进行分析时，业主还要特别注意对对方完成的合同义务的认可方式，因为对对方完成某义务的认可就涉及到了对对方的免责，不认可就意味着保留对对方责任的某种追索，这对业主的合同索赔管理各自来说具有特殊的意义。

4. 合同运作机理分析

每个合同都有其独特的运作机理，如合同涉及各方之间的关系、一些工作流程、计划、工程执行标准、验收流程和准则、奖惩规定等。它描述了合同事件和任务得以执行的因果关系和逻辑顺序。业主通过对合同运作机理的分析，可以更详细地了解和预测合同的执行情况，这样，当索赔事件发生时，业主就能快速地了解索赔事件对合同执行情况的影响，为合同索赔提供依据。同时，在对合同运作机理进行分析时，还要对与工程项目有关的各方以及实施和管理合同的人员、机构、制度等进行详细的分析，找出推进某合同事件得以实施的关键组织和人员，为索赔管理工作提供基础信息。

5. 合同事件分析

合同的实施是由一系列具体的工程活动和合同双方的其他经济活动构成的。这些活动都是为了实现合同目标，履行合同义务，必定受到合同内容和条款的约束。这些活动我们称作合同事件。在一项工程中，这样的事件可能有几百件、几千件甚至更多。合同事件之间存在一定的技术上、时间上和空间上的逻辑关系，并形成网络，这种网络被称为合同事件网络。

每一项合同索赔都必须是有事由的，这个事由一般都涉及到某个（或某些）合同事件，通过对合同事件网络的分析，可以较详细地了解合同执行的路径。将业主和承包商双方的权利和义务分解到合同事件网络中，有利于合同索赔证据的获取。对重要的合同事件需要用合同事件表的方式来进行描述（见表10-1）。

6. 合同中的错误、矛盾和歧义分析

合同文本出现错误、矛盾和歧义常常是难以避免的。不同的文化背景、立场和不同语言之间的翻译都会造成合同的错误、矛盾和歧义情况出现。尽早发现并对这些情况采取相应的措施将十分有利于业主合同索赔管理工作的开展。

对合同中错误、矛盾和歧义进行处理的一个途径是：在相关的事件发生（如业主向承包商进行索赔）时，利用自己的有利地位，根据合同的合意，尽可能地对合同中的错误、矛盾和歧义做出有利于自己一方的注释或者解释，明确其意义，并形成双方认可的文字性的东西。这样不仅提高了自己的合同地位，还为将来可能发生争执的解决埋下了伏笔。

7. 对合同中索赔条款、索赔程序、争执解决方式及程序的分析

在合同中往往有一些索赔条款，这些索赔条款涉及到合同双方。在进行合同分析时，业主要对合同中规定的索赔程序、争执的解决方式和程序、仲裁条款等进行深入的分析，为将来可能的索赔作好准备。

表10-1 合同事件表

合同事件表			
子项目	编码		日期： 更改次数
事件名称和简要说明：			
事件内容说明：			
前提条件：			
主要活动：			
负责人（单位）：			
费用 计划： 实际：	其他参加者 1. 2.		工期 计划： 实际：

一般而言，合同中明列的索赔条款并不会对索赔的操作作出详细的规定，这样，业主自己必须通过对索赔条款的分析提出自己的合同索赔操作方式和程序，将合同中索赔条款的规定变成可以进行实际操作的内部合同索赔管理工作条例。

特别要注意的是，对合同进行的分析决不仅仅只是合同签订以后的工作，它同时也是在合同执行过程中业主要进行的一件十分重要的日常性工作。在合同的执行过程中业主必须根据合同执行的进展不断对合同进行分析。因为随着合同的执行，业主对合同的理解会不断加深，同时合同的执行还会产生一系列的合同文件附件，所以只有不断地对合同进行分析才能真正准确地理解合同。

10.3 对合同实施的控制和管理

由于立场和角度的差异，业主和承包商的合同控制和管理有很大的不同。同时，在提出合同索赔时，业主和承包商的目的也是不同的。承包商承包工程的目的是获取一定（尽可能大）的经济利益，所以承包商向业主提出索赔的目的无非是款项或工期的延长。而在和承包商保持工程合同关系期间，业主的最终目标是要求承包商保质保量地完成建设项目——按照合同要求正确履约，以保证在项目系统的整个寿命周期内的经济效益，所以当承包商违约时，业主向承包商提出索赔的标的首先是（按合同标准）"恢复原状"，其次才是款项或其他要求。

10.3.1 合同实施过程中业主控制的焦点

在合同控制方面，业主最终考虑的是建设项目系统在整个寿命周期内的经济利益，但是经济利益是建立在技术指标和物理性的设施、设备上的，所以业主在合同实施中的控制焦点主要包括以下几点。

1．工期

计划工期的实现是保证业主利益得以实现的前提。按照合同规定的日期竣工将保证系统在计划的时间节点投入运行和生产，确保业主利益的实现。工程延期不仅会使项目系统发挥经济效用的时间拖后，给业主带来直接的经济损失，同时，还有可能会打乱业主的整个企业发展战略计划，甚至失去应有的市场份额。

2．建设费用

项目系统的建设费用是业主计算整个系统在寿命周期内现金流量时十分重要的一个指标，这个费用的增加必然会影响到业主的总体收益，因此，保证项目建设费用不增加是业主实现其项目总体经济指标的另一个重要的基础。

3．功能指标

功能指标是系统或设备的重要参数（如产出品的速度、消耗指标等），这些指标不仅直接与业主的经济利益相联系，同时还是对系统进行验收和评判的基础性数据，因此这些指标的实现是实现业主利益的有力前提和保障。

在涉及大型机电设备的工程项目中，系统的功能性指标对业主有特殊的意义，因为大型机电设备一般都具有"单一性"的特点。就技术方面而言，承包商处于绝对的优势，而业主处于明显的劣势。在这种情况下，业主首先应该关注这些大型设备关键的功能指标的实现，这样业主的利益就在一定程度上得到了保证；同时，功能指标的实现也从一个侧面反映了系统技术指标的情况，因此，对系统功能指标的详细分析和严格控制对业主来说有极为重要的意义。

4．技术指标

虽然对功能指标的控制能保证系统的输出，但是支撑这些功能指标的技术指标对业主仍有特殊的意义。不同的技术指标会给系统今后的运行带来不同的、长远的影响，必定会导致系统的维护费用、故障率、能耗和环境指标等的不同，影响系统的使用寿命、备品备件的供应和系统的技术改造和技术升级等。因此，对业主来说不同的技术指标将导致不同的运行效果，这会极大地影响整个系统在寿命周期内的经济效益。

5．安全和环境指标

通常，安全和环境指标可以归到技术指标之中。但在现实社会中，从业主的角度看，这两种指标在技术指标中又有其独特性。安全和环境指标都处在国家的强制性管理范围内，都具有"一票否决"的特点，处理不好可能会给业主带来巨大的经济损失，甚至导致整个建设项目的失败。因此在合同管理的工作中，业主必须将对这两个指标的控制放在极其重要的地位。在涉及这两种指标时，业主的态度必须是明确和不打折扣的。

6．寿命指标

系统"活着"是发挥功效的根本，因此与安全和环境指标一样，寿命指标对业主也有特殊的意义。一方面，虽然在设计系统时对寿命指标进行了规定，但是在项目的实际建设过程中，寿命指标的实现往往会被合同双方所忽略；另一方面，系统寿命指标的变化将会对业主带来综合收益方面的巨大变化，因此，系统寿命指标必定应该成为业主关注的焦点。系统寿命指标的不同定义对业主带来的影响是不同的，在进行合同管理和工程实施控制时，双方必须首先明确系统寿命的定义方法，以减少纠纷。

7．可操作性、可维护性、可用性和故障率以及备品备件的数量和获取途径等

这些指标或规定的不同将对业主运用和操作项目系统带来造成深远的影响，给系统所带来的经济效益产生直接的影响。

8．技术资料的收集、整理及完备性、人员的培训等

这些都是系统正常运作的必备条件，也是承包商应该提供的服务，在合同管理时必须引起业主的足够重视。

10.3.2 合同实施控制体系

合同涉及双方的权利和义务，因此合同的执行是双方的事情。一般来说，对合同实施的控制不是业主或承包商其中某一方的事情，它要求业主和承包商双方的共同参与，只有这样才能真正实现对合同实施状况的控制，图10-1为合同实施控制体系。

图10-1显示，业主和承包商双方各自都有一套合同控制系统，但是，在合同的执行过程中，合同双方的协调、协商和谈判是不可避免的，只有通过协调、协商和谈判机制才能真正实现对合同执行的控制。

对业主来说，其内部的合同实施控制体系主要有合同管理决策机构、工程技术管理机构、合同商务管理机构、合同信息管理机构、工程监理和现场合同监控组织等组成。业主的合同索赔管理机构是有机地融合在这些机构中的，鉴于前文已经做过详尽的论述，这里就不再讨论。

1．合同管理决策机构

该机构的主要职责是全面负责整个合同的管理工作，制定合同管理和索赔战略，对业主与承包商的交涉、索赔工作的进行提供指导，就重大的合同事件进行决策。该

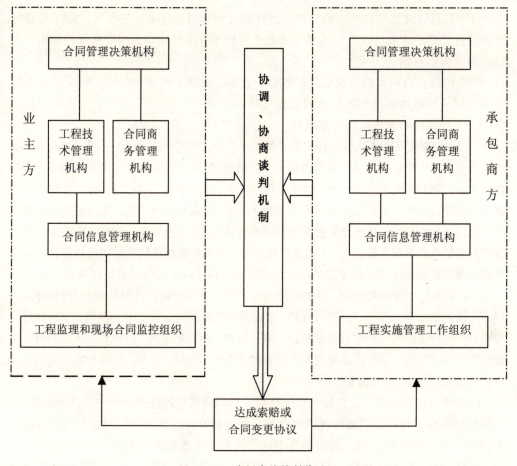

图 10-1 合同实施控制体系图

机构的成员主要是项目的高层主管和技术、商务负责人以及重要的骨干人员。

2. 工程技术管理机构

该机构主要从技术方面对合同的实施进行监管、控制，负责工程技术和质量方面的管理。同时，从技术方面对合同事件进行评价，就技术问题与承包商进行交涉，为合同谈判和合同决策机构提供技术上的支持。该机构人员应是专职人员，最好选用一些合同意识比较强的技术人员。

通常，业主还可以从社会上聘请有关专家作为顾问和技术指导，帮助进行工程技术方面的管理。

3. 合同商务管理机构

该机构的主要职责是从商务上对合同事件进行评价，为决策机构提供合同事件商务解决方案。该小组的组成成员主要是合同商务条款起草人员、商务专家、合同法学专家和业主的法律顾问等。

从业主的角度看，技术管理和工程管理是商务管理的基础，只有充分利用技术管理和工程管理的成果，才能对合同的执行情况进行客观的评价。因此，工程技术管理机构和合同商务管理机构必须协同工作，充分发挥这两个机构的作用。

4. 合同信息管理机构

合同信息管理机构在整个合同的实施控制方面起着十分重要的作用，除了设置专职的信息管理工作人员以外，还必须调动工程技术管理机构和合同商务管理机构的人员参与合同信息的管理工作。

该机构负责合同实施情况信息的收集、甄别、分类、整理和保管工作，并为工程技术管理机构和商务机构提供合同信息支持和服务。

5. 工程监理和现场合同监控组织

工程监理制度虽然在我国已经实施了很多年，但在现实生活中，由于我国相关法律制度的不完善和工程监理人员自身能力和水平的限制，使得工程监理在维护业主利益方面的作用十分有限，因此在许多方面，对业主利益的保护还要靠业主自己的力量。合同的实施就是工程项目的建设过程，在合同实施控制体系中，从某种程度上讲，工程监理和业主自己的合同监控组织（包括建设工程系统的接收人员）的地位基本是一致的，在很多情况下他们只是信息的采集和提供者。工程监理和现场合同监控组织的信息采集工作是合同实施体系中最基础性的工作，业主必须制定相应的制度保证这些信息的采集和向上传达。

在合同监控中发现的问题，往往需要对方的配合才能解决，这时就需要合同的协调、协商和谈判机制发挥作用。合同的协调、协商和谈判是以对合同文本的研究、了解和对工程项目实施的实际情况的掌握为基础的。通过协调、协商和谈判，合同双方达成的协议又成为了合同系统的一部分，必须纳入合同管理体系中。合同的协调、协商和谈判机制是进行合同实施控制的重要途径。

合同管理决策机构、工程技术管理机构、合同商务管理机构、合同信息管理机构、工程监理和现场合同监控组织都可以与承包商进行交涉，不同的机构在不同的层面和不同的工作范围进行交涉，解决的是不同层次和不同难度的问题。

在合同实施控制体系中，还涉及到一系列业主进行工程管理的内部管理制度以及业主和承包商之间进行配合、协调的制度，如业主内部的例会制度、决策制度、信息管理制度、保密制度等，还有业主和承包商之间的信息交流制度等，这些制度在合同的实施过程中同样发挥着重要的作用。

10.3.3 合同实施的控制

从业主的需求或者目标，即业主想要获得的工程成果来看，业主要得到的东西都是通过承包商的工作获得的，因此业主对工程实施的控制实际上是通过对承包商的控制实现的。而承包商和业主的关系是合同关系，因此，业主对承包商的控制是以对合同文本的研究和对合同实施情况的了解为基础的。

1. 业主实施合同控制的主要内容

归根结底，业主对合同执行的控制的目的是获得符合合同要求的经济效益最优的工程成果。在具体操作时业主实施合同控制的主要内容就是前文提到的业主要控制的焦点，即工期、投入费用、功能指标、技术指标、安全性和环境指标、寿命指标、可操作性、可维护性、可用性和故障率、备品备件的数量和获取途径等。

2. 业主实施合同控制的流程

业主实施合同控制的流程涉及合同控制的整个过程，主要有合同信息收集和分析、合同执行情况评价、合同谈判、合同文件系统补充等几部分组成（见图10-2）。该图只是对合同控制流程主要环节的一个描述，其实在业主合同控制流程的各个部分还包含着许多工作。如合同信息收集和分析本身就是一项十分复杂的工作,它涉及到现场管理、技术标准、信息管理等。而合同执行情况评价、与承包商进行的交涉、谈判等也包含一系列复杂的程序和过程,有时还要经过一个严格的内部审批过程。

3. 合同跟踪

在合同执行过程中,由于实际情况的千变万化,会导致合同实施与合同要求的预定目标之间出现偏差。如果不能及时发现和更正,这些偏差就会被掩盖起来,给系统今后的运行埋下隐患。有些偏差还会随着工程的实施逐渐积累,从小到大,最后可能会给合同的实施造成严重的影响。通过合同跟踪,业主可以对合同的执行情况进行实时监控,及时发现问题并解决,这样不仅可以保证合同的正确执行,还可以为业主进行索赔机会的识别和索赔证据的收集创造良好的条件。

(1) 对具体的合同活动和合同事件进行跟踪。跟踪的内容一般包括承包商完成工作的数量、质量、时间等。这种跟踪需要的信息主要来自承包商提供的相关报表、监理工程师和业主自己的工程管理人员上报的有关资料。

(2) 对工程小组和分包商工作的跟踪。通过对工程小组的跟踪,可以对其实施的工程情况进行检查、分析和评价,督促他们严格按照合同要求进行施工。对分包商的跟踪不仅可以保证工程按合同的规定执行,还可以实现对总承包商的合同管理和协调工作的监督。

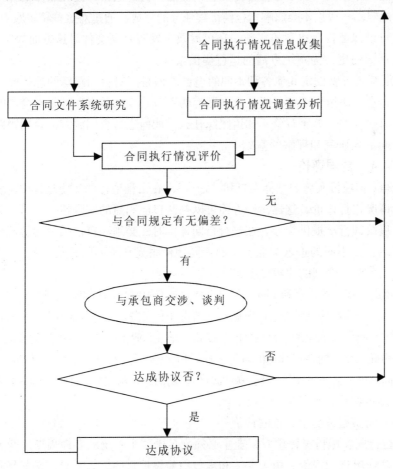

图 10-2 业主实施合同控制的流程

(3)对某些合同规定指标实现过程的跟踪。在工程的实施过程中，业主和承包商通过工程系统建设所追求的最终目标是不同的，这样的差别将导致双方对合同规定的某些指标认识的差别。于是，在工程的实施过程中就会产生承包商对某些对业主来说是十分重要的指标忽略的现象，从而给业主带来十分严重的后果。因此，业主需要专门对这些指标的实现情况进行跟踪，及时发现问题。这些指标的确定需要业主从整个系统的寿命周期的效益去考虑，大多是对系统整体综合收益产生重大影响的指标，如系统寿命、系统可用度、故障率、可维护性以及系统的安全和环保指标等。

(4)对重要设备和分系统实施的跟踪。对业主来说，一项工程中总有些设备和分系统是重要的或不熟悉的（风险大的），这时，业主可以通过对这些设备、分系统的跟踪达到降低风险和了解熟悉的目的，同时也可以保证自己合同权利的实现。另外，对重要设备和分系统的跟踪往往还与业主的技术情报和人员技能培训方面的需求有关，这时，业主对重要设备和分系统实施过程的跟踪就显得更加重要，更有意义。

(5)对承包商某些特定服务的跟踪。在工程合同中，除了一般的工程任务外，承包商还必须为业主提供一些特殊的服务，如与系统维护有关的设备和备件的提供、人员的培训、技术和培训资料的提供等，这些往往对工程结束后系统的运行产生巨大的影响。对这些工作，大多数承包商都是比较消极的，因为通常对这些服务的评价没有定量的指标规定，一般也不会影响承包商工程任务的完成。通过对这些特定服务的跟踪，业主不仅可以保证自己权利的实现，还可以及时发现合同文件对这方面规定的不足，及时进行合同变更，为系统今后的运行提供条件。

合同跟踪还可以设定其他各种不同的内容，但是，对合同跟踪的总体要求是：信息要及时客观、决策要准确果断。合同跟踪的不可缺少的前提条件是对合同的充分了解，没有对合同的充分了解就不知道跟踪什么，如何进行合同跟踪，合同跟踪必须建立在对合同深入研究和理解的基础上。

10.3.4 合同评价

合同是工程项目实施的"标准"和"法律"，在工程项目的实施过程中需要不断对合同执行情况进行评价。这样，一方面可以判断自己利益的实现情况，另一方面也可以为自己后续的行动提供指导。在进行合同评价时，必须和自己的合同管理战略和索赔战略相结合，不同的追求需要不同的合同评价眼光和不同的评价方法。

1．对当前时刻合同的评价

合同规定了双方的权利和义务，但由于合同具有模糊性的特点，这就使得在执行过程中需要对合同进行解释和调整，以明确双方的责任和义务。合同是随着双方的交涉和索赔事件的发生不断发生变化的，为与合同的变化相适应，业主必须对调整后的合同进行相应的评价，明确变化后的合同规定的自己的权利和义务，了解合同规定的"标准"，确定自己今后合同和索赔管理的努力方向。对现时刻合同的评价就是要使业主知道"现在我有什么权利，担负着什么责任"。

2．对合同实施情况全方位的评价

在进行合同实施情况评价时，业主必须立足于整个系统的寿命周期，全方位地对合同的实施情况进行评价。由于业主和承包商最终追求的巨大差异，必然导致业主和承包商对合同实施情况评价结果的不同，因此业主在对合同实施进行评价时，必须立足于自身的需求和目标进行评估。评价的标准最好用系统运行后的经济指标，凡是对系统运行的经济指标有影响的因素都考虑进去，如系统的寿命、可用性、可维护性、安全性、环境指标、人员培训、备件的供应、技术资料和技术档案等。

3．对风险的分析和评估

对合同执行过程中业主遭遇的风险进行分析和评估，并进行分类，为今后的合同执行和合同变更谈判提供指导。通常，业主在项目的技术和合同执行信息方面处于劣势地位，随着项目系统建设的进行，业主会对自己面临的风险有一个更清晰的认识。在合同执行过程中业主对自己所面临的风险进行实时评估将大大提高业主的抗风险能力，对项目的建设有特殊的意义。

4．对不能按照合同要求实施工程的原因和责任的分析

通过这方面的分析将为业主进行合同索赔提供直接而且有力的证据。

10.3.5 合同变更管理

对任何一个工程项目而言，虽然初始合同规定了双方的相当一部分权利和义务，但鉴于合同和工程项目的特点，这种初始的合同并不能完全确定双方的全部权利和义务，双方的权利和义务需要在项目的进行过程中不断地被明确、补充、重新规定甚至更改，这往往涉及到合同内容的变更。

既然是合同的变更，就必然涉及到合同的甲乙双方，即合同变更要经过合同双方的同意才得以实现。对业主而言，为对合同变更进行有效的管理，需要从以下几个方面入手。

1．建立合同变更管理机制

合同变更机制的建立需要合同双方共同参与，对业主来说合同变更机制包括内部机制和外部机制。

内部机制包括合同信息收集、方案制定和决策机制。在合同变更前，业主应根据原有合同的特点和自己对原有合同的分析和认识，提出自己的合同变更方案。外部机制包括信息交流和谈判协商机制，业主通过外部机制将自己的要求和方案与承包商进行交流，并对自己的方案做适当的调整。通过合同变更机制，双方达成"协议"或"备忘录"，实现合同的变更。

2．对合同变更进行技术分析

在合同变更中，一般都会涉及技术方面的问题。作为业主，要使合同变更中涉及的技术与原有合同涉及的技术有机地结合起来，避免技术标准不一致或冲突等现象的出现，将与合同变更有关的工程部分合理地"安装"到原有的系统中。业主对合同变更涉及技术问题的分析要全面仔细，必须从系统的整个寿命周期出发进行分析，凡是影响业主利益的因素如系统的寿命、可用性、可维护性、安全性、环境指标、人员培训、备件的供应、技术资料和技术档案等都要考虑进去。

3．对合同变更进行商务分析

合同变更还会涉及商务问题，在进行合同变更时，业主必须对变更涉及到的商务问题进行深入的研究，避免与合同其他部分的商务条款发生矛盾和冲突，同时合同变更涉及的商务责任和义务要清楚明了。在进行合同变更商务分析时，业主应该注意"瞻前顾后"，"瞻前"就是要考虑合同中已经明确了的商务条款，如定价方式和计量方法等；"顾后"就是要考虑此次合同变更可能会给合同今后执行和其他合同变更带

来的影响，避免给自己今后工作带来不利的影响。

10.3.6 合同模糊空间控制

众所周知，合同是对未来一系列时间节点将要发生的事情的描述，具有天然的不完全性，它不可能将工程项目涉及的一切事情都说清楚，工程合同对某些工程事件和双方责任义务的描述是模糊的，因此在利益和权利方面合同也有一个模糊地带，我们称之为合同的模糊空间。对双方责、权、利描述不清楚的合同事件我们称之为模糊合同事件。

虽然是模糊合同事件，但是随着工程的进行，这些模糊的权利和义务必将清晰和明确，如果业主在模糊权利和义务清晰化的过程中加强管理，可能会有意外的收获。

1．识别模糊合同事件

通过信息的收集和分析，结合合同和工程实施的具体情况，找出合同模糊空间内具体的模糊合同事件，为合同模糊空间的分析和控制提供指导。

在识别模糊合同事件时，我们可以从两个方面入手，一是合同条件的分析，即通过对合同文本和相关合同附件的分析，找出合同描述模糊的地方，凡是与合同的这些模糊条款有联系的合同事件就有可能是模糊合同事件；二是对具体合同事件的分析，如果合同条款（包括相关的附件）没有对该合同事件进行明确的规定，这个合同事件就是模糊合同事件。

2．对模糊合同事件进行责、权、利分析

结合合同中纲领性和原则性条款、相关文件的规定和现场的实际情况，业主要对模糊合同事件的责、权、利进行分析。对模糊合同事件进行的分析并不是没有任何基础的，合同条款和合同实施的具体情况为模糊合同事件责权利的分析提供了参照和依据。业主应该站在合同的基础上，用系统论的观点进行分析，全面考虑己方的收益；同时，还要考虑当业主和承包商双方就该模糊合同事件达成的协议与其他相关文件（协议、备忘录等）的协调性。

3．制定备选的方案

双方对合同模糊事件的处理最终会达成协议。在模糊合同事件清晰化的过程中，业主可以从自己的利益角度出发构建三个不同的责权利分配方案，即最有利的方案、最不利的方案和最可能实现的方案。最有利的方案是业主在处理该模糊合同事件时的最高追求目标，最不利的方案是业主可接受的底线。制定方案后，业主就有了努力的目标，从而可以避免工作的盲目性。

4．谈判

在对模糊合同事件的处理过程中，谈判是不可缺少的一个环节。在谈判中，一般不将该模糊合同事件独立地进行处理，而是将其放在整个合同的有关问题的体系中，这样业主就能以更广阔的视野审视和评价该模糊合同事件的价值和作用，进而获得更多的利益。

10.4 案例——某大型工程项目合同分析

某项目的目标是在甲方国内建设一个世界上独一无二的大型工程系统。该项目的业主是甲方国内的一家大型企业，工程计划采用乙方的技术。但在乙方国内并没有投入实际的应用，仅仅有一个用于科研的试验系统。由于上述特点，该大型工程项目的主合同特点十分明显。

10.4.1　项目合同特点分析

1．在签署合同时，对该系统到底要达到怎样的技术水平和标准，甲方并不十分明确，但是，甲方对系统最终要达到的运行状态是清楚的，如对系统最终运行方式的描述，对系统冗余要求的描述等。

2．在本合同的执行过程中，对合同"合意"的探究显得十分重要，因为对于甲方来说，在签署合同时，很多技术细节不能清楚地描述；同时，在施工过程中必定会出现一些双方都预料不到的情况，这时的评价标准就应该是双方签署合同时的某种合意，同时也只能是以合同合意为标准。

3．该合同的法律地位应该在甲方国家的法律法规之下，也就是说合同的内容必须符合甲方国家现有的法律。这里说的合同内容包括合同条款、合同所引用的乙方国家或其他的标准。当合同内容与甲方国家的法律法规发生冲突时应该以甲方国家的法律法规为准。

4．在合同自由原则方面，由于技术方面的限制，甲方的自由受到了某些限制，对合同中一些技术指标的描述甲方没有能力进行评判，只能接受乙方的规定。但从前文1.3.1节论述我们知道"探究当事人的真实意思为合同解释的惟一原则"，因此乙方给定的、甲方没有搞清楚的技术指标的合同（法律）地位就弱化了；当初（合同签署时）乙方给甲方承诺的、甲方认为系统应该有的技术指标、功能性指标的法律地位就得到了加强，成了对工程进行评价的重要依据。这使得甲方在合同执行纠纷谈判中的地位大大加强。

5．由于乙方国家健全的法律、乙方公司的良好声誉，乙方在诚实信用方面没有太大的问题。但是，该合同众多的模糊性并没有明确地划分双方的利益，也就是说，在合同的模糊地带有较大的未明确划分的利益。对这部分模糊的利益，甲方应该充分利用有利因素，在对模糊利益进行分割的谈判中力争处于有利的地位。

6．在合同救济方面，根据合同理论应坚持补偿性的原则：补偿应以原告的损失为标准。

根据该合同的具体情况，在合同救济要价方面甲方应考虑以下几个方面：第一，对乙方的违约行为，甲方不一定能清楚地判断他自己的损失；第二，由于技术和信息的不对称，系统的某些缺陷（或称乙方的违约）甲方并不能及时发现，甚至有些缺陷一直都不能发现；第三，对系统的某些缺陷，即使是乙方也不能明确它的影响。

针对这些情况，在进行合同救济时，甲方可根据相关的法律法规、合同条款，特别是要根据合同合意，采取以下相应的对策：第一，积极要求乙方恢复原状，在不能恢复原状的情况下要求乙方给予若干期限的特别的担保，如质量保证等；第二，考虑到可能存在的没有显现的系统缺陷，在处理乙方违约的某些谈判时，甲方应有应对和处理这些潜在缺陷的方案，在必要时可用某种让步换取乙方对甲方提出方案的承诺；第三，对双方都不能明确其影响的状况，可邀请第三方专家进行评判，最后形成有法律地位的文件，使当损失出现时乙方有义务承担责任。

10.4.2　该工程项目的特点

1．作为世界上独一无二的大型工程系统，甲方投入了巨大的人力和财力，意在占据该领域的制高点。

2．虽然乙方声称该系统是成熟的技术，但作为世界第一，在实现工程化的过程中必定会出现这样或那样预料不到的问题。这些问题不仅甲方不能预料，甚至连乙方也不能预料。

3．合同内容相对模糊，很多细节要在工程的实施过程中加以明确，在本工程项目中合同合意起着十分重要的作用。在合同的执行过程中双方的谈判工作量大而艰巨。

4．不论甲方还是乙方，都没有对该系统中的某些指标进行评价的权威性客观标准，这种情况对工程的实施和验收都会带来影响。在工程的实施过程中，这些问题也需要通过双方的谈判来解决。

5．该项目的范围不仅仅包含工程建设的硬件，还涉及系统在整个寿命周期范围内正常运行的几乎全部的要素：运行维护的规章制度，有关的专用工具，人员的培训，相关的安全、技术、环境、许可的认证等。

6．有些关键的技术乙方没有转让给甲方，这意味着在今后的运营过程中双方还要加强合作。

7．系统建设成功后，乙方拥有技术上的优势，甲方拥有运营管理、工程实施、工程管理方面的优势；可以预期，今后该工程领域的发展和推广必将由双方合作进行。

8．从某时刻（质保期结束）开始，甲方将独立面对运营、维护、经营的风险，这时整个系统的运行情况将对该工程领域未来的推广产生深远的影响。

10.4.3　甲方风险分析

从前文对工程项目风险的研究中我们知道，"人们进行工程建设都是有目的——使项目建成后在特定时期、特定条件、特定环境中具有一定精度的特定功能"，"工程项目最终目标实现的不确定性为工程项目的风险"。

在进行风险分析前，首先要对工程的目标进行认真的分析。就本工程而言，甲方要达到的主要工程目标有以下几点：

(1) 经济目标

甲方的经济目标可分成两部分：工程建设投入和今后经营的经济状况。对建设投入部分，由于合同规定采用费用闭口的方式，主要风险已转移给了承包商；而对于今后经营的经济状况，由于与工程实施阶段关系紧密，因此必须在工程管理中加以考虑，与工程管理相结合进行控制。

(2) 技术目标

在本项目中，技术目标的实现是甲方的一个十分重要的目标；而项目的特殊性、乙方的技术封锁和甲方人员的素质又限制了甲方这一目标的实现。

(3) 战略目标

本项目是基于甲方的某种战略目标而产生的，这种战略目标的基础是本项目的成功和良好的社会效益以及双方良好的合作。

根据甲方的工程目标和该工程本身的特点，作为业主，甲方所承担的风险也与众不同，见图10-3。

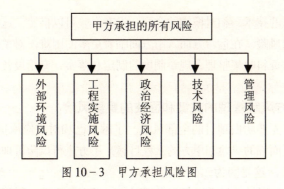

图 10-3 甲方承担风险图

1. 外部环境风险

该工程项目的外部环境风险主要包括外部自然、政治和人文环境风险，特别是有关甲方国家、政府对该项目政策的变化对该工程领域发展前景的影响，对这部分风险可以通过购买保险、加强宣传和沟通来处理，使之尽可能降低。

2. 工程实施风险

该项目的工程实施风险主要包括技术风险、工程质量风险、工期风险、安全风险、人员素质风险等。作为世界上独一无二的系统，在其建设过程中会面临大量的技术问题，其风险是可以想象的。同时，规范、标准的缺乏以及合同的模糊性使得对工程质量的描述缺乏权威性，另外技术方面的弱势地位使得甲方在工程质量的评判上处于不利的地位，这使得甲方面临着巨大的工程质量风险。首次建设这样的工程，其工期风险同样也是显而易见的；全新的技术也使得设备和人身的安全风险显现了出来。在该项目中，甲方人员的素质显得特别重要，因为它不仅会影响工程的实施，还会给系统今后的运行带来深刻的影响。甲方人员的素质也和乙方执行合同规定的对甲方人员进行的培训条款有关，甲方只有通过加强内部管理和对合同执行情况的监督才能尽可能降低这方面的风险。还有，合同的模糊性增加了在合同执行的过程中双方交涉的机会，甲方技术方面的劣势地位增加了甲方在谈判中的风险，在涉及技术问题时，甲方谈判人员应十分小心。

3. 政治和经济风险

作为与国家重大科研战略相关的工程项目和两国政府大力推动的项目，其成败将对国家的某些科技政策走向和双方的科技合作产生一定的影响。为该项目的顺利进行，甲方不仅投入了巨额的资金，还成立了专门的公司，国家也为国产化投入了大量的资金。甲方由此面临着很大的政治和经济风险。

4. 技术风险

本项目中，乙方在技术方面处于绝对的优势地位，对于技术的先进性、成熟度、可靠性等甲方都没有详细的资料和客观的评价标准；同时还有一部分关键技术乙方并没有承诺转让。这些不利因素不仅使甲方承受了巨大的工程实施方面的风险，还使得未来系统的运行存在严重的不确定性。甲方承担的这些技术风险的大小和能力甚至关乎整个项目的成败。

5. 管理风险

在管理方面，甲方主要面临两个方面的风险，一是工程管理方面的风险，二是运营管理方面的风险。崭新的技术、相对模糊的合同、没有经验可以借鉴，这些状况都增加了甲方在工程管理方面的风险；在运营方面，甲方面临着更多的困难，对关键技术的掌握、人员素质的提高、技术资料收集整理、规章制度的制定和落实、专用设备工具的配备等都是甲方要解决的问题。

10.4.4 甲方风险管理的关键和面临的重要风险

进行风险管理首先要明白项目的全部风险，了解自己和对方应承担、已承担的风险。根据本项目中甲方所面临的风险和甲方的工程目标，甲方进行风险管理的关键就是要加强工程管理和技术管理，这是因为：

(1)工程总风险的分配是通过工程实施来实现的，没有严格的工程管理、详细的工程数据记录和分析，就很难知道自己承担了哪些风险和将要承担哪些风险。

(2)鉴于本项目的特殊性，工程合同对双方责任的分配不尽明确，甚至有些风险没有考虑进去，因此在工程的进行过程中双方必然要对这些风险进行分配，良好的工程管理是使甲方在谈判中处于有利地位的基础。

(3)良好的技术管理是甲方提高人员素质、了解技术风险的基础性工作，有利于甲方提高识别和承担技术风险的能力，是甲方风险管理中十分重要的一环。

在本项目的风险管理中，要分清甲方面临的主要风险，并在风险管理中加以重视。当主要风险减小时，其他风险也会相应地减小。本项目业主面临的重要风险有：

(1)技术风险

甲方面临的技术风险不仅是因为该系统的先进性，还在于甲方技术方面的弱势地位和合同描述的模糊性。针对这个风险，甲方可采用提高己方承担风险的能力和尽可能将风险转移给乙方的方法。加强工程实施阶段的技术管理，提高人员的技术水平，想方设法获取更多的技术信息，尽早实现国产化是提高甲方承担技术风险的重要手段；风险转移就是要求乙方尽量承担起更多的技术风险，如延长质量保证期、严格执行系统考核指标让系统验收交接前尽量暴露更多的技术问题、要求乙方承诺某种技术服务（派人维修某些重要部件、提供配件）等，在有些情况下可以牺牲某些利益换取乙方承担某些技术风险。

(2)安全风险

作为新生事物，在安全方面出现问题不仅会给项目本身带来不利的影响，还必然会给该系统的推广造成负面影响，从某种意义来说，在安全方面绝对不能出问题。甲方应时刻注意安全风险的存在，并设法要求乙方甚至第三方一起承担这种风险，这样做的主要目的并非转移风险，而是他们有能力降低这种风险。

(3)运营风险

系统的运营实际上就是由合理的投入导致合理的输出。这里"合理的投入"就是为使系统按照向公众承诺的状况运行所投入的人力和物力，"合理的输出"就是按照向公众承诺的状况运行。运营风险与人员素质、技术资料、工程质量（影响未来的故障率、可靠性、安全性等）、可维护性（设计时是否考虑了维护的需要、维护手册、专用工具等）等有关。在工程建设过程中，运营风险的风险因素大多是隐性风险因素，十分容易被忽略；在施工时克服这些风险因素的成本往往要比运营后处理的代价低得多，对业主来说具有事半功倍的效果。

11 合同索赔信息和证据的搜集与处理

在业主的合同索赔管理中，不论是索赔战略的制定、索赔事件的发现、索赔机会的识别还是索赔量和索赔标的的确定，信息都起着特别重要的作用。索赔信息是业主进行决策的基础，没有信息一切都无从谈起，因此在合同索赔管理中，信息的收集和处理是一项重要而艰巨的工作。

一般来讲，并非所有信息都是与索赔相关的，从业主的角度看，只有那些涉及业主效用（利益）的信息才与合同索赔有关。从合同索赔信息中，业主最终要找出对方违约的证据，达到索赔的目的。

11.1 合同索赔信息

合同索赔信息是与业主向承包商进行的索赔工作有关的信息，合同索赔信息是业主进行索赔的基础，业主必须充分重视合同索赔信息的收集和管理工作。

11.1.1 合同索赔信息的结构

做好信息管理工作，我们有必要对信息的结构进行深入的分析，了解信息的结构和特点。

因为信息是对某事件特性的描述，它必须概括事件的主要特征，所以信息有其本身的结构。

工程信息一般包含时间，地点，对象——人物、事物（如设备、系统、软件等），现象，数量（或范围），影响或作用描述［如对工期、工程（设备）质量、（近期和未来）经济指标的影响及其范围、其它潜在影响等］，信息涉及的物质（物品、材料、文件、音像证据）等。在收集信息时，业主必须了解信息的这些结构，并按照信息的结构开展信息收集工作，这样就能使收集到的信息结构完整，意思表达清楚明了。

11.1.2 合同索赔信息的来源

合同索赔信息的来源有很多途径，通常主要有以下几个方面。

1. 工程实施过程

这里所指的工程实施过程包括了从工程设计前期、工程设计、工程施工一直到工程建设最终完成的整个过程。工程实施过程是合同索赔信息的重要来源，因为工程系统的物理形态、性能指标、进度和费用情况都是在这个过程中形成的。通过对这一过程基本信息的分析，可以较客观地了解与业主切身利益密切相关的系统将来的运行情况。

2. 工程系统的调试和试运行过程

在工程建设中，调试和试运行对大型工程系统的建设具有特殊的意义，这个阶段显示的系统信息必然会反映出系统的一些深层次情况，与合同规定和业主将来的收益直接相关。业主在这个阶段收集的信息很有可能会成为重要的索赔证据。

3．双方交涉的文本和口头信息

在工程实施过程中，业主和承包商将进行长期大量的接触。这时业主可以通过双方举行的会议、谈判、文件来往、口头交涉，甚至是随意的谈话获得一些信息。通过这些信息业主可以加深对对方的了解，验证自己的想法和观点。

4．业主自己组织内部

业主内部不同部门之间的沟通和交流也是信息的重要来源渠道。在业主自己的组织内部，就同一个信息而言，不同的人会得出不同的结论或衍生出不同的新信息，这与业主内部不同的部门和人员已经掌握的不同信息以及看问题的不同角度有关。通过业主内部不同部门之间的沟通和交流，不仅可以提高工作的效率，还能从更深的层次提高信息的利用率。

5．合同信息

索赔的最终依据是对违反合同情况的判断，没有对合同信息的深刻理解就不可能很好地进行合同索赔管理。业主的合同索赔管理人员必须全面、准确地了解合同信息，这是进行合同索赔管理的基础。

6．合同附属信息

在通常情况下，合同不是一个简单的文件，它涉及到一个文件系列，如合同文件引用的法律、法规、标准以及合同的补充文件、工程记录、来往信函、备忘录等，都是索赔的重要信息来源。合同附属信息往往会被双方所忽略，在合同索赔管理工作中，如果业主能准确合理地使用这些信息，常常会起到"奇兵"的效果。

7．通过一个承包商了解另一个承包商的信息

这些信息往往是稀缺和重要的。对业主来说，这些信息的价值不仅仅在于信息的本身，还在于可知道信息提供方的大致战略和心态状况。这种信息在索赔谈判中往往具有特殊的作用。

8．其它信息

对索赔的识别、认定和定量有帮助的其它有关技术的、人文的、自然的、社会的信息都是业主的合同索赔管理人员需要关注的信息。

11.1.3　合同索赔信息的分析处理

信息分析处理在合同索赔管理工作中有十分重要的作用，在信息分析处理过程中应注重以下几个方面。

1．注意对信息中"信息核"的提炼

信息的结构决定着工程实施过程中收集到的每一个信息都包含大量的细节。对信息处理人员来讲，这些细节的重要程度是不同的，这里，我们称那些重要的细节为该信息的"核"。提取出信息的"核"并提交给上级和有关部门是至关重要的。

当然，不同的时间、不同部门或层次的人对信息的理解是不同的，他们提取到的信息的"核"也是不同的。但是对一般的索赔信息来讲，信息中对现象、事件影响的描述往往都是信息的"核"。有时"信息核"必须经过提炼和挖掘才能得到。不同的利益追求、处理索赔事件的不同时期，对同一个信息可能会提炼和挖掘出不同的"信息核"。

2．根据信息提出问题

从构成信息的细节，特别是从"信息核"出发，梳理出与该信息有关系的其它信息，揭示相关信息之间的关联性，并根据这些相关的信息提出涉及索赔或对方违约的问题。这一点在索赔工作中显得非常重要，从某种程度上讲，能有根有据地提出问题，索赔就成功了一半。

3．合理地传递信息

将合适的信息或"信息核"在合适的时间转达给合适的领导或部门、人员。信息的价值具有时间和人员敏感性，在某一特定的时间，某信息对特定的人员有特定的价值。如某大型工程项目中，在核心设备腐蚀问题谈判的关键阶段，业主通过测试对该核心设备防腐性能信息的掌握对索赔成功起到了重要的作用；同时，这个信息还有一定的突然性，使得对方没有时间组织有力的反击。

4．特别要重视涉及同一事件（事物）的不同信息

这在业主索赔中极为重要，因为不同的信息可以从不同的侧面和时期反映同一个事件（事物）的情况。如将合同中涉及某事件（事物）的信息与工程实施中涉及的同样事件（事物）的信息比较就可得到对合同执行情况的客观评价，可作为索赔的直接依据。

5．注意信息链的构建

信息链是多个关于相同事件（事务）的相互关联的信息组成的链条。完美的信息链要符合逻辑和科学道理，它的一端是工程实施情况，另一端是合同要求（包括科学道理、标准规范、公序良俗等），中间可能有一条路径，也可能有多条路径。如果信息链中信息反映的事物的责任是承包商，那么该信息链就有可能成为业主索赔的证据。

6．注意原有老信息的利用

虽然信息有一定的时效性，但并非所有的老信息都会因时间的流逝而失去效用。有时老信息中可能会包含十分重要的信息或索赔证据，对老信息的充分发掘和利用有时会起到事半功倍的作用。

11.2　建设项目合同索赔信息的收集

建设工程项目有其本身的特点，业主在进行合同索赔信息收集时要根据项目的具体情况做好合同索赔信息的收集工作。

11.2.1　建设项目信息收集流程

有些观点认为，有建设工程监理单位在收集信息，业主就不用对施工现场信息进行了解了，只要听取监理单位的汇报就可以了。这是非常错误的想法，因为我国虽然执行了工程监理制度，但由于国内法制和工程管理水平的限制，监理工程师的权利、义务、能力都是十分有限的。仅凭工程建设监理的工作和能力，要想从根本上维护业主的利益是不可能的，因此业主自己介入工程管理是十分必要的。所以，为收集客观翔实的工程信息，业主不仅要依靠工程建设监理的力量，还应该积极建立自己的信息获取渠道（见图11-1）。

图11-1中显示，业主获取信息主要有三个渠道，即工程设计单位、施工承包商

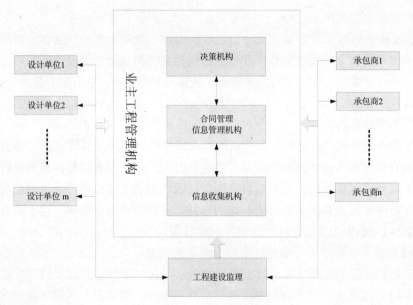

图 11-1 业主信息收集流程

和工程监理单位。就合同索赔信息而言,在获取信息时,并非所有的信息都进入业主的特定管理部门(索赔信息收集处理机构),但是与索赔有关的信息在业主的工程管理机构中有比较特定的传递途径,即信息从信息收集机构进入合同和合同信息管理机构,再经过加工处理传递给业主的决策机构(业主工程管理机构)。

对业主来说,信息的传递和处理不是单向的,除了自下而上的信息传递外,还有自上而下的传递,并且在信息处理过程中得出的某些中间性的结论也是重要的信息。

11.2.2 合同索赔信息的收集和处理制度

为做好合同索赔信息的收集和处理工作,业主必须建立相应的信息收集和处理制度,为合同索赔信息管理提供保障。

1. 信息的传递和报告制度

信息有很强的时效性,在合同信息的传递过程中一定要保证快速迅捷。同时,信息的准确传递也是非常重要的,因此业主必须建立严格合理的信息报告制度,保证信息及时准确地传递。

2. 建立相应的信息处理程序

为做好信息管理工作,业主必须建立相应的制度,对工程信息的处理,相关部门和人员的职责、权利和义务进行规范。只有这样才能保证信息处理的时效性和质量。

3. 建立严格的信息保密制度

在业主的合同索赔管理工作中,信息保密工作是十分重要的,它不仅涉及到索赔工作的成败,甚至还会对整个工程的进行产生严重的影响,因此业主必须建立严格的信息保密制度。

4. 制定各种信息传递和处理的表格和文件格式

统一的格式可以更准确地表达和传递信息,避免信息传递和表达的错误,这在信息管理工作中是必不可少的基础工作。

11.3 业主索赔证据的搜集和管理

证据是指人们依法收集调取的能够证明某种事实情况的法律存在,索赔证据的意义在于对可能的索赔机会的认定,使索赔机会(有不确定性)变成现实的索赔所得(确定)。

根据证据的定义,证据的搜集必须是为了证明某种事实情况的存在。在业主提出的索赔中,这种事实情况就是承包商违反合同的行为和因承包商的该行为而给业主造成的损失。因此,索赔证据的收集需要指向某一个目标(因对方责任导致的我方损失),这个目标就是业主的索赔机会,索赔证据的收集必须是针对某索赔机会的,当证据确凿时,索赔机会就变成了现实的索赔收获。于是,对索赔机会的识别是搜集索赔证据的前提。

11.3.1 索赔机会的识别

索赔机会识别的过程实际上是一个比较、判断的过程,就是将合同的标准和工程的事实进行比较,依此判断索赔机会的存在。对索赔机会进行识别可以从以下几个方面进行。

1. 合同分析

根据前文所述索赔原则中的合同原则,合同赋予业主的权利有三个不同的层次(合同的具体条款、合同合意,行规、公序良俗和诚实信用),业主应该依据这三个不同的层次对合同进行分析,理清自己拥有的权利。

这里的合同不仅包括主合同文本,还包括技术规格书以及双方签署的备忘录等。

2. 工程状态的判断

工程状态是指工程实施到某时刻时整个工程所处的实际情况,它包含与工程有关的全部信息,如数量、质量、计划、条件等。通过对这些信息的分析,再与合同相比较就能得到工程实际与合同要求的差别,通过对这些差别的全面研究,了解它们对业主收益产生影响的情况,从而判断其重要性,识别出索赔机会的存在。

3. 技术分析

在很多情况下,索赔机会的识别不是靠宽泛的诚实信用、合同合意来确认的。技术分析在实际情况和合同要求的比较过程中起着非常重要的作用。因此对合同的技术文件和工程成果实施技术分析,甚至是测试、试验是识别索赔机会的重要手段。众多的索赔事件都是由技术分析确定的。

在运用技术分析识别索赔机会时,对系统、分系统和重要设备的功能性指标进行分析是非常重要的,因为功能性指标不仅是对承包商工作的检验指标,通常也是业主进行项目建设的目标指标,属于业主的底线指标。因此,这些指标具有极强的索赔机会识别功能。

4. "有罪推定"原则的应用

建设项目系统是否符合合同的要求是通过承包商提供的资料来验证的,如果承包商不能提供能够验证系统符合合同要求的资料,就说明该系统可能存在不符合合同要求的情况，这时就可能存在业主进行索赔的机会。

"有罪推定"的原则，要求业主用怀疑的眼光审视承包商方面的一切工作，要求承包商拿出能证明他是"无罪"（工程建设系统符合合同要求）的"证据"，并对这些"证据"进行研究，从中发现可能存在的索赔机会。通常，依据合同的要求承包商有就工程建设系统质量进行自圆其说的义务，只要承包商不能自圆其说，业主就可能发现并识别出索赔机会的存在。

5．加强对索赔工作的管理、提高人员素质、重视信息交流

这是进行索赔机会识别的基础和保障。

11.3.2 索赔证据的搜集方法

在搜集索赔证据时，方法和思路是十分重要的。根据索赔的定义和特点，业主应该重视以下几个方面的工作。

1．在索赔证据搜集的人员组织方面，可以采取灵活的形式

一般地，业主可以根据索赔机会的情况指定证据搜集负责人，由该负责人全面负责证据的搜集，其它相关人员和部门给予配合。当需要时，还可以调动一切可以使用的人员和资源，为索赔证据的收集提供支持。

当索赔标的比较大或比较重要时，业主可以为此设立项目，成立专门的项目小组负责证据的收集，同时给予该项目组相应的特殊权利（调动人员和物质资源、查阅相关的资料和使用一定资金的权利等），这样可以大力促进证据搜集的进度和质量。

2．索赔证据的搜集要坚持"理论结合实际"的方法

这里的"实际"是工程现场发生的情况和合同（或文件）中明文规定的内容；"理论"是已有的科学技术知识、方法等。

在索赔证据的搜集中，"理论结合实际"的方法要求以实际的现象为支点，用逻辑思维和现有公认的科学技术理论和方法，将因承包商责任导致的某种现象与业主的损失联系起来，从而形成证据链条。有时，理论和实际并不能被业主或承包商所掌握，它需要双方都承认的权威机构或专家给出结论，如请权威的机构或专家进行试验、鉴定等。这些机构或专家往往需要有特殊的资质并经业主和承包商的同意。

3．结果倒推法

结果倒推法是常用的一种证据搜集方法，它的思路是从业主损失的结果出发一步一步回推，找出导致该结果的原因，从而得出相关的索赔证据。

结果倒推法一般用在业主损失明显的索赔事件中，倒推的终点是工程建设中发生的现象（如工程进度、质量指标等），根据该现象发生的情况和合同的规定，判定该现象的责任。通过对该现象责任的认定，再推回到损失结果，进而认定导致该结果发生的责任方，为因该结果（或损失）提出的索赔提供有力的证据。

4．现象推论法

现象推论法要求从工程现象出发，根据合同规定、逻辑推理和科学理论，揭示某工程现象给业主造成的损失，找出和证明现象与损失之间存在的直接关系，为业主的索赔提供证据。

在现象推论法的应用中，一般不将责任的认定作为重要的工作，因为一般在选定现象时，要求该现象的责任人是确定的，而对该现象造成的损失的认定是十分重要的

工作。通常，不同的人对相同现象导致的损失会有不同的理解。在分析现象对业主的影响时，业主必须从系统论、整个系统的寿命周期和综合收益的角度分析自己的损失，只有这样，才能提出正确的索赔标的，得到正确有力的索赔证据。

5．关联证据搜集法

在工程的进行过程中，业主和承包商会不断进行交涉，这期间双方也会就某些事件或业主的索赔要求达成协议。在搜集关于某索赔事件的证据时，业主可以从双方业已达成的协议中挖掘出对该索赔事件有用的证据，这种索赔证据的搜集方法我们称为关联证据搜集法。

关联证据搜集法实际上是将双方业已达成的协议作为事实、标准或者基点，将待定的索赔事件与该事实、标准、基点进行比较，从而得出索赔证据。通常，关联证据搜集法不仅会用到双方业已达成的协议本身，还可以利用由协议合理推导出的一些结果。如，某设备安装后调试出现问题的原因很可能是以前双方达成某协议后承包商没有考虑该协议涉及的技术指标的变化对该设备的影响，这时，如果拿出双方业已达成的那份协议就使出现问题的责任一目了然了，这样的证据是不可辩驳的。

6．情报——证据方法

在工程的建设过程中，对关于大的环境（法律的、经济的、技术的、自然的等）、工程建设实施、有关人员和承包商的情报的搜集和整理是搜集证据的十分重要的途径，也是索赔证据搜集的最基础性的工作。

起初这些情报不是索赔的证据，但是当索赔事件发生时，它很有可能会变成索赔成败的关键性证据。同时，对这些情报的分析和研究还会指导搜集证据的方向，为索赔证据的获取提供重要的线索。这样的证据是形形色色、各种各样的，如有关文件、数据、录音、照片、录像和社会、技术管理部门发布的条例、标准及文件等。

7．证据综合搜集法

在进行证据搜集时，人们通常不会仅仅使用单一的证据搜集方法，而是多种方法并用，这就是证据综合搜集法。这种方法有助于业主搜集到强有力的证据，使索赔获得成功。

11.3.3　索赔证据的搜集手段和途径

索赔证据具有真实性、全面性、合法性和及时性的特点，由于工程的实施过程十分复杂，索赔事件也千差万别，因此索赔证据的搜集方法和途径也多种多样。

1．通过建立工程信息搜集网络和工程信息报告制度，及时准确地了解工程现场的实际情况，并对工程现场发生的各种现象进行分析，找出现象与现象之间以及现象与业主损失之间的联系，为业主索赔提供证据。

2．业主要特别注意建设系统功能性指标的实现情况，系统的这些功能性指标是业主追求的目标之一，对业主有十分重大的意义，这些指标出现问题必定涉及业主的损失或承包商的违约，因此，对这些指标的监控本身就是收集索赔证据的一种手段。

3．在合同执行的过程中，当出现对某些现象双方达成某种共识时，业主的工作人员应尽量要求承包商的有关人员进行签字认可，在适当的时候，这些有签字的文件很可能成为索赔的证据，很多索赔成功案例的证据就是用这种手段收集的。

4．认真研究合同文件和合同附件中提到的一些文件、文献和标准等，往往可以获得一些重要的信息。合同文件中涉及到的这些文件、文献、标准可以认为是合同文件系统的一个组成部分，是承包商对业主的承诺的一部分。这些文件通常涉及很多的技术和科学领域，同时可能有不同种类的语言文字，往往被人们忽略，但是通过对这些信息的研究，与合同要求及合同实施情况的比较一般能得到重要的索赔证据。

5．通过双方都认可的专家和机构对合同的执行情况进行检验和评估，这些检验和评估报告可作为索赔的证据。

6．通过收集和研究重要设备随机携带的备品备件和相关的标牌、说明书、手册等，也可以作为业主收集索赔证据的途径和手段。这些东西说明了相关设备特点和性能的真实情况，再与合同文件系统对该设备的要求进行比较，就能得出索赔的直接证据。

7．对承包商不愿提供的信息，业主可以利用自己的地位，与和承包商有关系的第三方人员取得联系，在法律允许的范围内获得一定的情报，从这些情报中提炼出索赔的证据。

8．从对方提供的资料、文件、图像和公开的信息中获取信息，根据逻辑分析、业主综合收益评估、技术研究等，寻找索赔证据。

9．在与对方人员交流过程中获取证据。与对方有关人员的交往和谈判也是业主方获得索赔证据的一个途径。在与承包商进行交流的过程中，要特别注意捕捉对方阐述某问题时对己方有用的某些结论和要点，用他们的结论作为索赔证据，这样的证据是非常有力的。

10．用以往的案例作为索赔的证据。当双方就某合同索赔事件处于僵持状态时，如果业主没有确凿的证据，就可以引述以往的类似事实情况案例来争取某些权利，这种形式的证据虽然显得力度不够，但是，配合合同中的一些原则性的条款，往往也能有所收获。

11.3.4　索赔证据的确认

索赔证据的确认是业主合同索赔管理工作中的关键性工作，对索赔证据的确认可以分为三个层次，即证据的内部初步认定、证据的内部确认和索赔证据的双方公认。

1．索赔证据的内部初步认定

业主索赔证据的内部初步认定是由业主自己的合同索赔管理人员完成的，从某种意义上说它是业主自己对索赔证据的初步确认。即使是这种初步的确认，也是经过多次的信息收集和甄别得出的，因为作为证据除了最后的结果外，还需要大量的信息作为佐证。

业主合同索赔管理机构在对索赔证据初步认定后，往往以特定的格式交由上级进行索赔证据的确认，这种固定的格式一般是合同索赔事件处理意见呈报表（见表11 - 1）。表11 - 1中的"部门"是业主的合同索赔管理机构，"收件人"是业主合同索赔管理的决策人。在该表中"依据（证据）"是最重要的内容，是业主的合同索赔管理机构对索赔证据的初步认定结果。

2．索赔证据的内部确认

通过"合同索赔事件处理意见呈报表"，业主的合同索赔管理机构与自己的决策机构进行多轮的交流和补充，就会对"合同索赔事件处理意见呈报表"中的"依据（证据）"达成共识，这时业主就完成了对该索赔事件索赔证据的内部确认。

但是，索赔成功涉及业主和承包商两个方面，因此仅业主自己一方认可索赔证据是不

表 11-1 合同索赔事件处理意见呈报表

合同索赔事件处理意见呈报表			
子项目	编码	日期：	部门：	起草人：
事件名称				
重要程度：□非常重要 □重要 □一般			收件人：	
简要事实说明：				
损失和责任分析：				
处理意见：				
依据（证据）：				
上级批示：				
			签名： 年 月 日	

够的，还必须得到承包商的承认，于是，索赔证据的确认还要进行下一个程序——索赔证据的公认。

3．索赔证据的公认

索赔证据的公认就是业主将自己的索赔证据出示给承包商方面，争取得到承包商的认可，一旦索赔证据得到了承包商的认可，索赔就取得了成功。

我们将业主的索赔证据得到承包商认可的过程称为索赔证据的公认。但是，有时索赔证据的公认一定是非要得到业主和承包商两个方面的认可，当业主和承包商双方不能就索赔证据达成共识时，这些索赔证据就有必要得到有公信力的权威机构如专家委员会、仲裁机构或法律机构的确认（如就某索赔事件进行仲裁或庭审时），因此，得到这些机构认可的过程也是索赔证据的公认过程。

索赔证据得到公认的过程往往要经过艰苦的谈判和严格的程序，索赔证据获得公认的标志是双方或多方签署具有法律效用的文件。

11.4 案例——某工程项目业主合同索赔机会的识别方法

业主对合同索赔机会的识别实际上就是对工程中的某种风险进行分析判断的过程，主要有两种情况：一是对已经明确了的风险的判断，如果自己承担了原本应该由承包商承担的风险，就可能存在索赔的机会；另一种是对没有明确双方责任的模糊风险的评判，如果根据合同合意业主认为自己承担了本该由承包商承担的风险，那么也可能存在索赔机会。

根据合同状态理论，业主在识别索赔机会时，必须清楚地了解合同的现实状态和合同的理想状态，这是进行索赔机会识别的基础性的工作。

就第10.4节中列举工程项目而言，合同中对技术细节缺乏详细的描述，但对相关的功能模块、分系统以及整体系统有较具体的要求，因此在研究合同理想状态时，应将重点放在这些方面，这是进行索赔识别的基础。第10.4节中列举工程项目合同的模糊性也使得探究合同合意具有十分重要的意义，通过对合同合意的探询，可以了解己方的权利和义务，这是进行合同索赔机会识别的重要基础性工作。

在明确合同（包括合同合意）要求的前提下，了解合同的执行情况就成了识别合同索赔机会的关键，这就要求业主必须清楚自己甚至还有承包商已经承担、将要承担的风险。在这里，工程信息的收集和整理起着至关重要的作用

我们以第10.4节所举的工程项目为例，对索赔机会的识别进行详细的分析。索赔机会的识别过程主要分为信息收集、信息比较分析、谈判交涉、索赔确认等几个步骤。

1．信息收集

在索赔机会识别中，信息的收集主要包括合同执行的信息和合同（合同合意）信息。与某索赔事件有关的信息往往要从纷繁复杂的信息中筛选出来，这需要现场人员的配合和翻阅大量的资料。

2．信息的比较分析

对收集上来的信息必须经过比较分析才能了解工程实施的状况，为工程成果的评估奠定基础。一般来说，现场收集来的某事物信息并不一定和合同规定的要求有完全一样的内涵或外延，这就为比较带来了困难，因而需要补充更多的信息。

3．通过谈判了解信息

通常，索赔不是强迫的结果，而是据理力争的结果，对方承认违约或承担某种责任是索赔机会确认的重要标志。通过谈判，业主可以了解承包商的态度，获得必要的信息，找准努力的方向。在索赔机会识别的过程中，往往要经过反复多次的谈判交涉才能确定索赔机会的存在。

4．索赔确认

索赔确认的标志是双方签署乙方承担某项责任的具有法律地位的文件，而如何利用索赔机会、获得什么样的利益则要通过多次技术或商务谈判才能实现。

结合工程项目的特点和业主索赔机会识别理论，在该项目中，甲方在索赔机会识别的过程中特别注意了以下几个方面。

第一，因为合同中承包商给业主承诺的是建设的系统是"商业运行系统"。因此，在工程项目的实施过程中，业主时刻用"商业运行系统"的标准来审视工程的实施和工程成果，这是主合同赋予甲方的非常重要权利，也是乙方对甲方的承诺，凡是不能满足"商业运行系统"指标的情况都可能存在甲方进行索赔的机会。

第二，从系统或分系统的总体功能方面探究甲方应获得的利益，如主合同规定的系统寿命指标、对系统冗余的要求以及技术规格书对一些关键设备具体要求等，尽量将乙方的违约现象与这些指标联系。虽然合同的模糊性和甲方技术地位的弱势使甲方

对某些技术细节难以进行评估，但甲方可以从自己有把握的方面对工程的实施和合同要求进行评价，进而推出某些工程细节是否符合合同规定的甲方应获得的利益。

第三，坚持"有罪推定"的原则，即甲方要用怀疑的眼光审视乙方的一切工作，要求乙方拿出证明"无罪"（符合合同要求）的"证据"，并对这些"证据"进行研究，发现可能存在的索赔机会。依据合同的要求自圆其说是乙方应尽的义务，只要乙方不能自圆其说，就可能发现并识别索赔机会，同时这样还有利于甲方获得详细的技术资料。

第四，特别关注乙方对未来系统运行状态的承诺。一是因为乙方没有建设商业系统的经验，这里可能存在较多的索赔机会；二是在这方面甲方面临着巨大的风险，这方面索赔机会的识别和成功的索赔对甲方有十分重要的意义。

第五，加强对索赔工作的管理、提高人员素质、重视信息交流。这是进行索赔机会识别的保证，同时也可弥补甲方其它方面的不足。

12 业主合同索赔决策的方法和一般流程

在进行合同索赔时，业主的决策方法十分重要，好的决策方法能使业主全面正确地获得和处理有关的信息，合理地分析和评估索赔事件，提出有力的索赔证据和恰当的索赔标的，全方位地维护自身的利益。

12.1 业主进行合同索赔决策的内容

业主的合同索赔决策是业主对索赔过程中的事件进行认定的过程，是定调子、拿主意和拍板子的过程。就具体的合同索赔而言，索赔决策应涉及业主处理索赔事件的每一个里程碑——中间决策步骤，主要包括：索赔事件的定位、索赔事件处理策略的判定、索赔证据的确认、谈判策略的确定、索赔解决方案和索赔目标标的的确定等。

12.1.1 索赔事件的定位

索赔事件的定位是当一个索赔事件发生时，业主根据现有的信息对该索赔事件进行大致的定性分析，判断该索赔事件的重要性和正反两方面的影响深度和广度。

对索赔事件的定位是合同索赔决策中最基本的一个环节，是进行进一步决策的基础，这个定位为处理该索赔事件定下了基调。在对索赔事件定位时，一般可分为一般索赔事件、重要索赔事件、重大索赔事件和不确定索赔事件等几类。

1. 一般索赔事件

一般索赔事件是指无论从业主还是以承包商的角度来看对工程项目影响范围和程度都较小的索赔事件，这类索赔事件的事实较清楚，处理起来较简单，双方容易达成一致。

2. 重要索赔事件

重要索赔事件是指对某一方或双方的影响较大，但对工程或双方利益影响并不是十分深远的索赔事件，在处理这类的索赔事件的过程中，经过双方的努力通常可以达成一致，但一般还是要经过多次的讨价还价。

3. 重大索赔事件

重大索赔事件是指对工程本身、业主和承包商影响很大的索赔事件，这样的索赔事件对工程项目的影响严重而深刻，往往涉及双方的重大利益，从某一方的立场来看甚至涉及工程项目的成败。对这样索赔事件的处理往往成为双方进行索赔管理的焦点，需投入大量的人力和物力，彼此都不会轻易做出让步，很难达成协议，处理过程将是十分艰难的。

4. 不确定索赔事件

不确定索赔事件是对初露端倪尚未明确性质的索赔事件的统称，从严格意义上讲，这些索赔事件不是真正的索赔事件，只是一些可能引出索赔事件的现象。

对这些索赔现象的定位意义重大，因为，所有的索赔事件都是从这些索赔现象中挖掘出来的。从管理的角度来看，它们是真正的索赔事件的基本来源。在进行决策（判定）时，对这些现象的态度一般可分为三类：不予理睬、关注、极度关注。

12.1.2 索赔事件处理的策略

索赔事件定位后，对索赔事件处理策略的制定就成了进行索赔管理和索赔事件处理的下一步重要工作。

索赔事件处理的策略涉及索赔工作的组织形式、方法手段、工作目标等，是业主处理某索赔事件的指导方针，对具体索赔工作的实施有指导性的意义。从某种意义上讲，对索赔事件处理策略的决策就是要解决某项索赔工作的指导思想和思路问题。

12.1.3 索赔证据的确认

就具体工作而言，索赔实际上就是进行索赔证据收集和确认的过程。在工作中会有大量的索赔证据，这些证据的力度和作用是不同的。一般而论，证据要起作用就必须得到对方（或仲裁、法官等裁判人员）的认可。在出示证据前，业主必须对证据进行确认，确定证据的使用方法和该证据在证据链中的地位。业主对索赔证据的确认是索赔工作中十分重要的一个环节，对索赔的成败起着重要的作用。

12.1.4 谈判策略的确定

谈判策略对谈判的气氛和结果的影响是深远的，业主不同的谈判策略可能会导致不同的谈判结果。因此，在谈判前，业主必须在对索赔事件和双方立场全面进行分析的前提下制定科学的、合适的谈判方法和策略，为谈判的进行和索赔问题的解决创造良好的条件。

12.1.5 索赔解决方案和索赔目标的确定

索赔的解决方案和索赔的最终目标标的是业主进行索赔管理的最终收获，业主的一切努力都体现在这里，因此在决策时业主一定要全面系统地分析自己的得失，使索赔的解决方案和索赔目标符合业主自己的利益。

12.2 业主进行索赔决策应遵循的原则和需要考虑的因素

通常，业主的合同索赔有其内在的规律，在进行合同索赔管理时，业主必须遵循一定的规律和要求，只有这样才能得到满意的成果。

12.2.1 业主进行合同索赔决策的原则

业主的索赔决策是在一定条件下做出的，虽然具体的决策有其特殊的约束条件和依据，但鉴于工程合同的特点，业主在进行合同索赔决策时必定有一些要遵守的共同的原则。

1. 事实原则

事实原则就是业主在进行决策时必须以事实为依据，从索赔事件的实际出发做出判断。事实原则是业主进行决策时必须遵守的原则，也是业主做出正确决策的最根本的保证，离开了事实原则，决策的正确性就无从谈起。

2. 合同原则

对业主和承包商来说，合同是在工程实施过程中双方都必须遵守的"法律"，离开了合同就离开了标准，正确与错误、守约与违约的判断就无从谈起。因此，在进行与索赔有关的决策时，业主必须紧扣合同，与合同的内容、合同的合意进行比较，只有这样才能保证决策结果的正确性。因此，业主在进行索赔决策时，必须坚持合同原则。

3．系统原则

从业主的立场看，他追求的不是一个简单的优化结果，而是整个建设系统在其寿命周期内、在复杂的环境中良好的运行并取得相对优化的经济效益。业主的经济收益涉及到建设系统的技术先进性、故障率、可维护性、运行效率和系统与外界环境的关系等，而这些指标基本是在系统的建设过程中确定的。因此，在系统的建设过程中，业主必须照顾到这些指标，使之处于相对合理的范围。

系统原则要求业主在进行索赔决策时全面考虑上面提到的所有指标，使最后决策的结果有利于系统综合收益的优化。

4．寿命周期原则

在工程的建设中，业主追求的最终目标是系统在整个寿命周期中的综合最优状态。在进行索赔决策时，业主必须从系统的寿命周期出发，对工程建设成果进行全方位的评价，这就是业主索赔决策中要遵循的寿命周期原则。不坚持寿命周期原则就不能真实地反映业主的收益情况，从而导致索赔决策的失误。

5．开放性原则

业主的索赔工作不仅涉及工程实施的具体情况，同时还要针对承包商方面的态度和反应，而这两个方面都处在不断的变化之中，因此决策结果的质量就受到了极大的制约。开放性原则要求业主不要抱着自己已有的决策结果不放，而应该时刻根据具体情况的变化对决策的结果进行调整，以求得更好的决策结果。

6．履约原则

从理论上讲，合同的最高追求是履行。对业主来说，他进行工程建设的目的就是要求获得满足合同规定的技术和商务条件的工程系统。因此在进行索赔处理时，业主追求的最高目标是承包商严格按照合同的要求履行合同，当这个目标不能达到时，业主才退而求其次，如变更、赔偿等。

业主索赔决策的履约原则要求业主在进行索赔决策时应该尽可能地追求承包商恢复履约或将承包商履约当作索赔的标的之一，履约原则可以在最大程度上维护业主自身的利益。

12.2.2 业主在进行索赔决策时要考虑的因素

业主进行索赔决策的根据是与工程有关的信息和自己对索赔事件及其影响的判断，通常情况下，业主在进行索赔决策时应该考虑以下几个方面的因素。

1．业主自己的合同索赔战略

合同索赔战略是业主在整个工程建设过程中处理索赔事件的总体思路和态度。实际上，索赔决策是业主索赔战略在具体的索赔事件中的体现，索赔决策必须与业主的整个索赔战略合拍，符合业主的索赔战略。因此，在进行索赔决策时，合同索赔战略是业主必须考虑的一个重要因素。

2．合同和工程环境

离开了合同和工程环境，业主的索赔决策就失去了合理合法的立足平台和基础，在进行索赔决策时，合同和工程所处的环境都是业主必须要考虑的因素。

3．索赔事件对业主的影响

业主之所以进行索赔是因为该索赔事件对业主产生了影响，在进行决策时，业主必须对该索赔事件对自己的影响以及该决策对自己的影响进行全面系统的了解和评估，这是业主做出正确决策的必要条件。

4．业主索赔对工程实施以及承包商的影响

索赔不是合同某一方的事情，而是业主和承包商双方的事情。在进行索赔决策时，业主必须要考虑到决策方案对工程实施本身和承包商的影响。一方面，有利于工程的实施是业主的追求目标之一，另一方面，承包商是索赔事件的当事人之一，在进行索赔决策时，业主必须考虑到这两方面的情况。

12.3　业主进行索赔决策的方法

对业主来说，决策方法十分重要，对于相同的索赔事件、相同的决策资源，用不同的决策思路和方法会得出不同的决策结果。在索赔决策中，业主应根据索赔事件、合同情况和工程实施环境以及自己的索赔目标的不同采用不同的决策方法。

通常，业主可以采用以下几种决策方法。

12.3.1　主因素决策法

假设 A 事件的发生与 B 事件和 C 事件有直接的关系，如果在进行与 A 事件有关的决策时，以 B 事件为主要的条件和依据而基本忽略 C 事件的作用，则这种决策方法就是以 B 事件为主要因素的决策方法，这种决策方法也称为主因素决策法。主因素决策法要求业主在进行决策时，围绕主因素做文章，达成索赔协议，获得索赔成果。

在合同索赔中，主因素通常会涉及技术因素和商业因素，就业主索赔而言，对业主索赔决策产生影响的主因素通常有以下几种形式。

1．承包商明显的违约行为

如导致业主损失的承包商的行为、导致的工期延误的承包商行为等。

2．工程建设系统的某些重要的技术性能指标

如在工程建设系统最后的性能指标验收中，某不合格的重要技术性能指标等。

3．主要设备或材料

对系统产生重大影响的设备或材料也可以成为索赔的主要因素，如不合格的重要材料、有技术或安全问题的重要设备等。

4．后期项目和重要情报等

这种主要决策因素有一定的隐蔽性，涉及的事务很可能对承包商有比较重要的意义，业主围绕这些因素做文章会给承包商造成很大的压力，往往会成为双方谈判中业主的重要筹码。

5．重要的索赔标的

业主自己追求的索赔标的也可成为索赔的主要因素，如技术情报的获得、（想要得到的）具体的合同变更（技术标准的改变、质量保证期的延长、更多备品备件的获得等）、经济的赔偿等。以索赔目标为决策的主要因素要求业主的所有行为都要指向具体的索赔目标，为索赔目标的实现服务。

虽然前文列举了几种对业主进行索赔决策产生影响的主因素，但是在实际工作中，一个索赔事件往往有不止一个主因素，可能存在两个或多个主因素。在进行决策时，

业主通常会同时使用几个主因素指导自己的决策，从而达到较好的决策效果。如在大型水电工程项目中，针对某重要水利发电设备使用材料存在错误的索赔，业主就可以以该设备本身和具体的索赔目标（获得整个系统更长的质保期和相应的备品备件）为主要因素（两个）进行索赔决策，这样可以得到更满意的索赔结果。

12.3.2 综合评估决策法

就本质而言，决策的过程实际上就是通过对事件不断进行评估、评价进而得出某种结论的过程。综合评估决策法就是业主通过对与索赔事件有关的大量事实和信息进行系统缜密的分析和评估，最终得出结论、提出索赔决策结果的方法。

针对不同的索赔事件以及索赔的不同阶段和不同的索赔决策内容，在对索赔事件进行综合评估时，业主要考虑的因素是不同的。但总体来讲，在评估过程中业主应主要考虑以下几个方面的内容，以使评估的结果更加可靠，决策更加合理。

1. 索赔事件对工程项目建设的影响

作为工程合同当事人之间发生的索赔事件不可能不对工程项目建设本身产生影响。在对索赔事件进行评估时，业主必须将该索赔事件对工程实施的影响考虑进去，否则就有可能出现判断失误，导致决策出现偏差，从而对工程项目建设产生影响，进而导致业主遭受损失。索赔事件对工程项目建设本身的影响主要表现在进度、质量、费用、双方关系、增加管理协调难度等方面。

2. 索赔事件对业主自己的影响

搞清楚索赔事件对自己的影响是业主进行索赔的基本条件之一，离开了这个条件，业主是不可能做出正确的索赔决策的。索赔事件对业主的影响主要包括对业主现阶段经济方面的影响和对工程系统今后运行的经济效益的影响两个方面。

索赔事件对业主现阶段经济方面的影响主要有：工程不能按合同约定实施造成的直接费用、增加管理成本、增加业主管理的难度等。

对工程系统今后运行经济效益的影响主要包括对系统功能指标（故障率、可维护性、原材料及能源的消耗、环境指标等）、系统运行成本、技术资料的获得、人员的培训等方面的影响。

3. 索赔事件的技术评估

索赔事件的技术评估就是对索赔事件对工程系统技术方面的影响进行评估，搞清楚该索赔事件对系统技术方面的影响程度，为业主索赔提供技术方面的第一手材料。通常，因为对索赔事件的技术评估具有一定的难度，其权威性需要得到各个方面的认同，所以对索赔事件的技术评估需要业主和承包商两方面的专家共同参与，有时甚至还需要聘请具备一定资质的权威专家介入。

4. 索赔事件的责任分析

索赔事件的责任分析就是要对引起索赔事件的原因和责任划分进行分析和评估。索赔事件的责任分析不仅涉及违约责任的确定，还会极大地影响业主方面的索赔决策。对索赔责任的分析是业主索赔综合决策法中必须要考虑的重要因素之一。

5. 索赔信息和证据可靠性的评估

索赔信息和证据是进行索赔决策的基础，对索赔信息和证据的不同理解会对业主的索赔决策带来重要的影响。由于索赔事件和工程实施的复杂性，对索赔信息和证据可靠性的分析在索赔信息认定和证据确认过程中有重要的意义，不同的认定和确认将直接影响业主对索赔的决策。

6．索赔谈判对手分析

对索赔谈判对手的分析和评估会对业主的谈判策略和方法的选定产生影响。谈判对手所处的不同部门、职位，不同谈判对手的性格以及对有关工程信息的理解，都需要业主的谈判人员根据具体的情况在索赔谈判中采用不同的策略和方法，以在索赔谈判中取得有利的地位。

7．对索赔标的进行综合评估

在对索赔标的进行选择时，业主必须对不同的索赔标的方案进行仔细的分析和评估。在对索赔标的进行评估时，业主必须要明确自己从该索赔标的中得到了什么、得到了多少、与自己的损失相比是亏了还是赢了。

12.3.3　业主索赔决策的目标决策法

在进行索赔决策时，业主还可以以决策的目标为指针，以该目标的实现为目的进行决策，这种决策方法就是目标决策法。在进行决策时，业主的目标各种各样，一般可以是经济目标、技术目标、情报目标、工程管理目标等。

经济目标就是通过索赔获得一定的经济利益。这些经济目标可以是金钱方面的，如扣减承包商的施工款等，也可以是物质方面的，如获得更长的质量保证期、更多的备品备件等。

技术目标就是通过索赔事件的处理以求获得更多的承包商原本不愿向业主透露的技术情报和资料。有时，在进行工程项目建设的过程中，业主获得技术情报的价值是很大的，甚至会成为业主最重要的收获之一。

在一系列谈判的某些谈判中，业主有可能将某些情报的获取作为目标，这些目标一般是对后期的谈判或业主索赔决策有帮助的较重要的技术、商业情报。有时，业主也可能将验证或证实某情报作为目的，而这些情报背后的目的可能是其它的某种别的索赔标的。

工程管理目标决策就是以促进承包商提高工程实施的管理水平为主要目标而进行的决策。这种决策的结果通常是借助某种索赔事件对承包商产生威慑力，促使他提高工程项目的管理水平。一般的合同索赔也能达到促进承包商提高工程管理水平的目的，但业主追求的通常是其他一些目标，如经济方面的或技术方面的等。

12.3.4　分步决策法

分步决策法就是在对一个事情进行决策时不一次提出最终的决策，而是先对事件分阶段进行决策，一步步得出最终决策的方法。

实践中，我们对一个索赔事件的处理往往分成几个不同的阶段，如索赔信息的获取、证据的判别和确定、多轮谈判、索赔标的与解决方案的选取和确认等。在索赔工作的这些不同的阶段，业主都要进行决策，可以说通常我们对一个索赔事件进行的决策很自然地采用了分步决策的方法。

分步决策要求在对某索赔事件进行决策时，业主要考虑到前后决策的关系和连续性，前一步决策的结论往往是后一步决策的条件，所有的决策成为一个决策链，对最终的决策起到支持和支撑作用。

分步决策法的优点是避免了一步到位的决策方法可能带来的失误，同时使业主对索赔事件的决策更具有灵活性，即便是决策有某些不妥的地方也能及时地进行调整和修改，提高最终决策的质量。

12.3.5 双赢决策法

双赢决策法要求业主在进行决策时不仅要考虑自己的利益，还应该对对方（通常是承包商）的综合收益情况进行评估，充分考虑对方的利益。在满足或提高己方索赔收益的前提下，提出对方损失较小的决策方案，这个对方损失较小的方案与原来的方案相比，对方的利益得到了很大的照顾。这样能提高索赔的成功率。

在使用双赢决策法进行决策时，业主应该扩展思路，不要只是把眼光盯在索赔事件本身给自己造成的损失上。业主要充分了解索赔事件处理前后双方风险的变化，抓住适当的时机提出适当的索赔解决方案，在降低自己风险的同时，充分考虑对方的利益。

双赢决策法可以提高索赔事件处理的效率，缓和业主和承包商因索赔事件而导致的紧张关系，同时业主也可能因此获得更大的收益。

12.3.6 风险经营决策法

随着工程的进行，业主从经济、管理和技术等方面对工程项目本身都有了更深刻的了解。当某事件发生时，与签订合同时相比，该事件对业主的风险也可能发生了显著的变化，即该事件对业主的风险因业主对工程的了解而比原来预想的要低一些或高一些。

对比原来预想的风险相对较低的风险，当由于对方的责任发生索赔事件时，业主就可以利用这个现在比较低的"高风险"（原来的评判结果）与某些对业主来说真正是属于较高风险的风险进行交换以获得更大利益，这种做法的本质是业主进行了风险经营。

风险经营决策法是指业主在进行索赔决策时，将某些因对方责任导致的风险（自己有能力承担的风险）承担起来，同时要求对方给予适当的其它补偿（承担业主承担不起或更大的风险）或免除自己某种责任的索赔决策方法。

例如，根据合同的合意，A 事件的发生将导致业主承担较大的风险，但是随着工程的进行和对工程的近一步了解以及认真的评估，业主认为该事件的发生并不会给自己带来很大的风险——业主可以承受这种风险。同时业主认为 B 事件的发生会给自己带来很大的风险。如果这时 B 事件已经发生，业主又不能将责任推给承包商；同时，因承包商的责任发生了 A 事件，于是业主就可以通过协商或谈判，自己承担 A 事件带来的风险，而要求承包商处理 B 事件，降低 B 事件给自己带来的风险。

风险经营决策法一般适用较特别的工程，这种工程往往没有先例或很少有先例，业主对工程系统缺乏了解。在使用风险经营决策法时，业主要对不同的事件对自己的影响进行全面的分析和衡量，以保证自己在风险经营过程中始终处于盈利的地位。

上文介绍了几种在工程中较多使用的业主合同索赔决策的方法。虽然方法不同，但目的都是使业主得到较满意的结果。一般而言，在工程实践中，业主通常并不仅仅使用单一的决策方法，而是将不同的决策方法有机地结合起来同时使用，这样能起到更好的效果。通常我们一般不能十分明确地分辨业主在进行索赔决策时到底使用了哪种具体的索赔决策方法，这是因为在进行索赔决策时业主不自觉地同时使用了多种决策方法。

12.4 索赔标的和索赔量的确定方法

在工程索赔中，索赔标的和索赔量的确定对业主具有特别的意义，就像好的果树品种的优良属性最终要反映在果实上一样，业主合同索赔管理工作的效果必须反映在索赔的结果上。业主索赔获得的结果包含两个方面的要素：索赔结果的形式和数量。

索赔标的是业主进行索赔时获得补偿的形式，业主进行索赔获得的补偿形式是多种多样的，如物质形式、服务形式或金钱形式等。

索赔量是业主获得的补偿的数量，不同的索赔标的有不同的计量单位，如物质数量、金钱数量和服务时间等。

12.4.1 业主索赔标的的确定

在确定索赔标的时，业主应该结合索赔事件本身的情况以及工程实施的状况和业主对整个工程系统的判断和认识出发，选定合适的索赔标的。

1．对现阶段工程实施的情况进行分析

在确定索赔标的时，业主首先要对工程项目现阶段的实施情况进行深入的分析和评估，切实了解工程项目的现实情况。

业主对工程项目现阶段进行分析的目的是：在假设某索赔标的实现的情况下，重新认识自己面临的风险，并对可能发生的其它索赔事件进行探讨。业主的这些评估和探讨为索赔标的的确定提供了多种可供选择的资源和对照背景，是业主做出正确决策的基础。

2．对索赔事件本身进行分析

索赔事件发生时，业主要对该索赔事件本身进行详细的分析，全面了解该事件对自己的影响。

①分析索赔事件对自己的影响范围。仔细分析该索赔事件对自己的影响，明确其影响范围。

②就索赔事件对自己的影响进行定性分析。分析的内容主要包括该索赔事件对工程本身的实施和管理等带来的影响、对工程系统将来运行带来的影响、对与工程有关的其它有关方面带来的影响等。

③特别要注意从技术方面对索赔事件进行详细的分析，这样可以尽可能准确地判断业主自己可能面临的隐形风险。因为未发现的技术方面的缺陷往往是重要的隐形风险。

④对索赔事件给自己带来的损失进行定量分析，在不能准确定量时可采用区间定量的方法，确定损失的数量范围。

3．确定索赔标的

索赔标的的确定需要业主将不同的索赔标的方案进行比较，找出与自己损失最相符的方案。

首先列出自己最满意的（最想要的）索赔方案，这个方案是一种理想性的标准，业主一般并不奢望该方案真的能实现。

其次，对理想的方案进行简单的定量分析，得出业主可接受的数量范围。

第三，根据对现阶段工程实施的情况分析的结果，对可能的标的对象（方案）进行类似的简单定量分析。

第四，将不同的标的对象（方案）进行组合，提出多种可能的索赔标的组合。

第五，根据经济、技术和其它的约束条件剔除一些不可能的标的组合，留下可行的标的组合。

第六，通过双方的谈判最后确定索赔的标的。

通常，在解决索赔事件时，业主不要希望一次就解决该索赔事件带来的所有问题，有些问题可以放在今后处理。因此在解决索赔问题时，可以只对其中的一部分问题进行讨论，而将另一部分暂且搁置。这时，明确某部分问题的地位（如明确责任和问题的性质等）也就成了某种形式的索赔标的，在处理索赔问题时这是常用的解决问题的方式。

根据合同追求履行的特性和业主面临风险的特点，在确定索赔标的时建议业主应该依次考虑：履约、延长质保期、索要备品备件、要求经济补偿等。

12.4.2 索赔量的确定

在索赔工作中，索赔量的确定是困难而重要的任务，有时甚至会影响到索赔的成败。

1. 索赔量确定的原则

①索赔量的补偿原则

根据索赔的定义，索赔是对因非己方责任所遭受损失的补偿，而非对违约方惩罚。因此在进行索赔定量时，应以补偿自己的损失为底线，不能要求承包商付出更多的代价。

②索赔量确定的事实和证据原则

在确定索赔量时，要以事实和证据为依据证明业主的损失，失去了事实和证据的索赔定量就像无源之水、无根之木一样不能成立。在索赔量的确定过程中，证据必须得到双方的承认。

2. 影响索赔定量的重要因素

在工程项目建设中，许多因素都会影响到业主索赔的定量，通常我们主要考虑违约的直接影响和间接影响两个方面。

①违约的直接影响

因为承包商违约给业主带来的直接损失和风险属于承包商给业主带来的直接影响，这理所当然地应该得到补偿。

②违约的间接影响

间接影响是指因承包商违约给业主带来的潜在风险，包括工程系统故障率的提高、维护费用的增加、寿命周期的减小等。

3. 具体索赔量的确定

在确定具体的索赔量时，业主应该首先确定一个可以接受的数量区间，这个区间的下限是业主确定的索赔量的底线，在任何情况下索赔的数量都不能低于这个底线。在这个底线之上，还可以依次设立可接受数量、满意数量和最满意数量等几个量值作为索赔谈判时定量的参考值。以上这几个量值都是在充分分析和评估的基础上，根据索赔事件给业主带来的影响确定的。

通常，索赔量并不只有一个数字，它可能包括多个数值，而这些数值的单位也可能是不同的，因为索赔的标的可能是某个组合方案。

12.5 业主索赔决策的一般流程

任何事物都有它自己的特点和规律，只有按照事物的特点和规律办事才能取得满意的效果。虽然业主的索赔决策涉及的方面众多，不同的决策也有各种不同的方法，

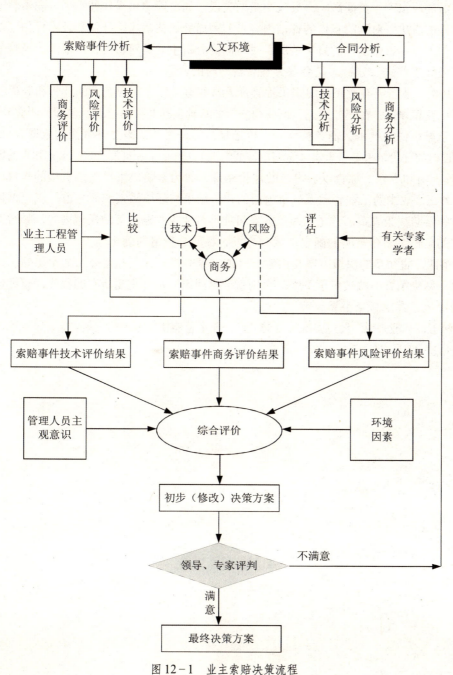

图 12-1 业主索赔决策流程

但业主所有的索赔决策都有其统一的一般性的规律。在进行决策时,业主必须按照一般性的规律办事,遵循一般性的流程。在索赔管理中,业主决策的一般流程如图12-1所示。

首先,业主要对索赔事件和与该索赔事件有关的合同条款进行详细分析。分析的目的是搞清楚索赔事件对业主的整体影响以及索赔事件与合同要求之间的差别,以便为索赔证据的收集、谈判的进行、索赔标的和索赔量的确定提供基本的条件和依据。在进行分析和评估时,业主特别应注意要考虑当时当地的人文环境,否则就有可能会对今后的决策产生负面影响,导致决策的失误(如决策的可操作性不强)和不利于索赔事件的解决。对索赔事件的评估内容可分为商务评估、风险评估和技术评估,以便从整体上把握索赔事件的真实情况。对合同的分析主要是对合同技术要求、风险分配和商务要求等进行分析,领会双方签署合同时的合意。

其次,业主要有意识地组织工程管理人员和有关的专家对前面的评价和分析结果进行比较和评估。在充分研究、论证和分析的基础上(必要时可返回前面的步骤),得出对索赔事件的技术、商务和风险评价结果,为最终的决策提供直接的依据。

这时的评价结果是将事实(索赔事件的情况)、标准(合同条款的要求)和人的因素(管理人员和专家)综合以后得出的评价结论,将为索赔决策提供最直接的素材。

第三,业主的工程管理人员将前面的评价结果与环境因素统筹考虑,就可以得出初步的索赔决策方案。这里的决策方案可能涉及业主索赔决策的任何内容,如对索赔事件的定位,索赔策略的确定,索赔方案、标的、数量的确定等。

第四,将初步的决策方案交由领导(或专家)进行评判和定夺,如果得到满意的评价,则决策方案就被定了下来,否则就要返回第一步并重复所有的程序,将经过修改的决策方案重新交由领导裁定。

第五,一般来说,经过多次反复的循环,业主总能找出适当的决策方案,使索赔事件得到解决。

13 业主合同索赔工作管理体系的建立

在所有大型工程项目的建设中,没有哪个项目是十全十美的,所有的工程项目都或多或少地存在这样那样的问题;同时,所有的承包商首先考虑的都是自己的利益,他们会不自觉地侵害到业主的利益。因此,在工程项目的建设和管理中,业主的合同索赔管理占据着十分重要的地位,是保护业主利益的重要手段。离开了合同索赔管理,合同中的许多规定将得不到遵守,业主的利益难以保障。

为维护业主自身的利益,做好合同索赔管理工作,业主必须建立强有力的合同索赔工作管理体系。

业主在建立合同索赔工作管理体系的过程中,要注意以下几个方面。

13.1 业主合同索赔意识的建立

从前文的论述中我们知道,业主的合同索赔管理是工程项目管理过程中一项十分重要的工作,没有强有力的合同索赔管理,业主的利益很难得到保障,有时还会使业主蒙受严重的损失。但我国建设工程项目业主的法律和索赔意识都比较淡,同时国内对合同索赔管理的研究刚刚起步,因此建立合同索赔管理体系的第一步工作就是要提高业主方有关人员的合同索赔意识。

13.1.1 建立合同索赔意识的意义

在工程项目建设中,业主的合同索赔意识具有特别的意义,俗话说"只有想得到才能做得到",如果业主没有想到可以向承包商进行索赔,那么实际的索赔就是不可想象的。因此,合同索赔意识的培养和建立是业主进行索赔管理工作的最基础性工作,也是建立合同索赔管理体系和实施合同索赔管理的基础。

1.合同索赔是法律赋予业主的合情、合理、合法的权利。从法律角度来说,工程建设项目中承包商和业主的地位是平等的,承包商可以向业主提出索赔,业主也可以向承包商提出索赔。

2.实践告诉我们,不进行有力的合同索赔管理,业主的利益就可能受到巨大的损失(见第0.1节)。

3.加强业主的合同索赔管理可以不断提高我国项目管理水平,增加建设项目的效益。业主合同索赔管理是以项目的其它管理为基础的,通过加强合同索赔管理可以带动项目其它管理水平的提高,从而全面提高我国工程项目管理水平。

4.业主索赔管理可以督促承包商严格执行合同规定,提高工程施工和项目管理的水平,建设高水平的工程系统,从而保证业主长期利益的实现。

13.1.2 合同索赔意识的建立

建立合同索赔意识需要业主的工程项目管理人员从思想上认识业主进行合同索赔管理的意义,并将这种意识贯彻到实际工程项目管理工作中去。

1．加强对合同法、有关的标准合同条件（如ＦＩＤＩＣ等）和合同示范文本的宣传，从法律上明确合同是对双方权利和义务的定义及分配，使工程项目管理人员充分认识到自己的权利和义务。

2．加强对工程项目管理人员的合同理论教育，使他们明白业主与承包商之间的关系实质上是一种交易关系。合同的内容实质上是对交易双方权利和义务的划分，该划分具有法律效力，任何一方违反了合同规定都应该付出代价，受害方都有权提出索赔要求。

3．通过对具体工程项目合同风险、责任和权利义务的分析，明确自己的权利和义务，时刻注意对方违约情况的发生。一旦出现违约情况，就要以合同为标准来衡量自己利益状况的变化，找出对方违约给自己带来的影响并及时采取措施。

4．严格按合同的要求办事，极力避免自己违约；认真对待对方提出的索赔要求，及时进行处理、交涉和赔付。

5．业主要注意全员索赔意识的培养，使业主参加工程项目管理的所有工作人员都有强烈的索赔意识，这不仅仅是进行工程项目索赔的基础，也是开展索赔工作的一种好方法。

业主良好的索赔意识是作好工程项目管理的基础，但是业主合同索赔意识的建立并不是一朝一夕的事情，它需要有一个过程，因此业主要有意识地将工程项目管理人员合同索赔意识的培养贯彻到工程实施的整个过程中去。

13.2 业主合同索赔工作管理机构和制度的建立

合理完善的工作管理机构和制度是业主做好合同索赔管理的基础，业主的高层管理人员必须高度重视，建立起一套适合工程项目实施的管理机构和制度。

13.2.1 组织机构的建立

当索赔事件发生时，业主的合同索赔管理机构必须迅速做出反应，及时进行处理。因此业主合同索赔管理机构最主要的特点是反应灵敏，其组织机构应该有较少的管理层次；同时，由于合同在索赔管理中的独特地位，这就决定了业主合同索赔管理组织机构是以合同管理小组为核心建立起来的（见图13－1）。图13－1是业主合同索赔管理机构总体组织结构图（见图9－3）的进一步细化。

从图中可以看出，业主的合同索赔管理机构主要有三层组织结构组成：决策层、日常工作管理层和信息收集层。

1．信息收集层

信息收集层由分布在工程项目各部分的业主的工程项目管理人员组成，他们的职责是收集工程实施的相关信息并及时向业主的合同索赔工作日常管理机构报告。根据信息收集层提供的信息，业主的合同索赔工作日常管理机构能及时掌握工程实施的状况，发现问题并及时提出索赔要求。另外，当合同索赔工作日常管理机构需要某种信息时，它也可以向信息收集层发出指令，及时收集特定的有用信息。信息收集层收集的信息一般要上传到合同索赔工作日常管理层中的信息处理小组进行分析和处理。

2．日常工作管理层

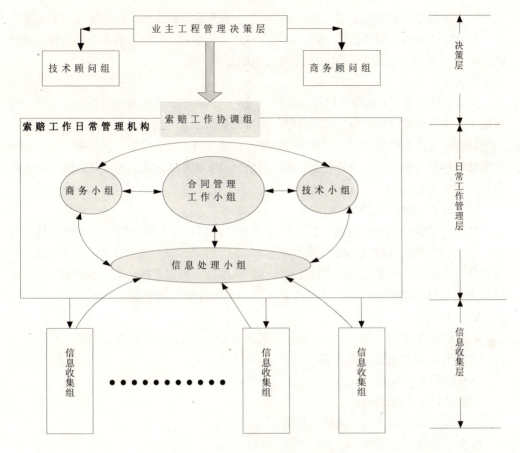

图 13－1　业主合同索赔管理机构图

业主的索赔日常工作管理层是合同索赔管理工作的核心机构，它担负着合同索赔管理的全部日常工作，主要负责分析和处理来自现场的大量信息、制定相关的索赔策略和方案、就索赔事件与承包商进行交涉、为索赔管理决策层提供决策依据。

业主的索赔日常工作管理层主要由合同管理工作小组、商务工作小组、技术工作小组和信息处理小组组成。通常这四个工作小组需要相互配合、协调一致进行工作。在这四个小组中，合同管理工作小组起着核心的作用，其他几个小组通常要围绕它的要求开展工作。信息处理小组的工作是基础性的工作，对索赔的成败有着深远的影响。商务和技术小组的工作也是索赔管理工作中不可缺少的部分，对索赔证据的收集、索赔方案的确定和决策以及有关索赔其他方面的工作都有着十分重大的影响。需要指出的是，这几个小组的工作界面是十分模糊的，它们需要统一行动、协同工作。

业主索赔工作日常管理层的人员要有很强的合同意识，同时还应该是合同管理方面的专家，有丰富的合同管理方面的经验。要从技术层面对项目有较充分的了解，对合同的商务和技术要求非常熟悉；要有一定的法律意识和谈判经验，能与承包商进行良好的沟通；还要有很强的责任心，较强的协调能力，能与上下级进行良好的协调和交流。

3. 索赔工作协调组

在索赔日常工作管理层和决策层之间有一个索赔工作协调组，这个小组由决策层和日常工作管理层的一些主要人员组成，他们是合同索赔工作日常管理的具体领导者。该小组具有决策层和管理层的两层性质，可以加快决策速度，有利于快速反应。业主索赔工作协调组还是对内对外的统一窗口，业主关于合同索赔工作的所有指令和信息都要经该小组统一发出，这样可以保证指令和信息的协调一致。

4．决策层

决策层是业主对索赔事件进行最后决策的机构。在统一协调考虑自身各方面利益的前提下，决策层要对索赔事件做出最终的决策。通常，业主的索赔管理决策层是由业主的项目主要管理人员组成的，包括项目主管、技术主管、商务主管和法律主管等。为使决策更加科学合理，克服自身专业方面的缺陷，业主索赔管理决策层往往还会求助于社会各方面专家的帮助。

13.2.2 制度的建立

业主合同索赔管理机构建立后，还必须有相应的制度来规范组织和工作人员的行为，业主合同索赔管理机构的制度主要分为部门和个人职责、工作制度和工作流程等。由于合同索赔工作是业主工程项目管理工作的一部分，因此索赔管理制度的建立一定要结合业主项目管理的大环境，使之与业主的整个项目管理制度协调一致。

1．有关职责

业主要结合项目的特点、自己原有的组织制度以及对方（承包商）的特点建立适合合同索赔管理工作需要的各个部门和岗位的职责。

有关的职责主要包括：

①信息收集小组职责；
②合同索赔工作日常管理机构职责；
③合同管理小组职责；
④商务管理小组职责；
⑤技术管理小组职责；
⑥工程项目管理决策小组职责。

另外，还要建立相应的岗位和人员岗位职责。

2．工作制度

对工作制度的建立要注意坚持全面、严谨和实用的原则，建立可操作性强的工作制度。

工作制度主要分为信息管理、合同管理、日常工作管理以及决策等几大类。主要有：

①信息收集、处理、保存制度；
②合同分析、合同监控、合同实施评估制度；
③批文和文件流转制度；
④保密制度；
⑤会议制度；
⑥谈判制度；
⑦社会资源调用制度；
⑧重大决策制定和审议制度等。

3．工作流程

工作流程的制定对实际索赔工作有很大的推动作用，能极大地提高工作质量和效率。业主索赔管理工作流程的制定一定要结合合同索赔管理工作的组织结构，主要有以下几个流程：

①信息的收集、处理流程；
②合同文本分析流程；
③合同实施评估流程；
④索赔证据确认流程；
⑤批文和文件流转流程；
⑥谈判流程；
⑦索赔决策流程；
⑧索赔结果处理流程；
⑨重大决策制定和审议流程等。

13.3　信息处理流程的建立与资料收集和保存

信息的处理在整个合同索赔管理工作中占有非常重要的地位，业主信息处理渠道和流程的建立对索赔工作的开展具有特殊意义。

13.3.1　信息的处理流程

在业主的合同索赔工作管理体系中，对信息的获取和处理是一件非常重要的事情，业主必须通过对合同信息与工程实施信息的分析和处理来掌握工程实施的情况、识别索赔事件、找出索赔的证据。因此，在业主合同索赔管理工作中，对工程信息的处理具有十分重要的意义。

鉴于业主合同索赔工作管理体系的特点和对索赔信息处理的要求，业主在处理索赔信息时必须遵循一定的流程（见图13－2）。

图13－2展示了业主合同索赔工作管理体系中的信息流程，它的基本流向是自下而上的。

1. 业主的索赔信息收集组将收集到的工程原始信息进行初步汇总加工后，送交业主合同索赔工作管理机构中的信息处理小组。对某索赔事件来说，这个过程需要多次才能完成，因为索赔工作管理机构中的信息处理小组往往会根据索赔事件的具体情况，要求信息收集组收集更多的信息。

2. 业主的合同索赔管理机构对来自工程项目实施现场、环境、合同和谈判会议等的信息进行综合分析评估。这里对信息进行处理的不只包括业主合同索赔工作管理机构中的信息处理小组，还包括合同管理小组、商务管理小组和技术管理小组，这项工作要求索赔管理机构中的各个小组密切地配合。

这时对信息的处理是十分精细的，要对环境信息、工程实施信息、合同标准、商务条件、技术条件等进行细致的比较、分析和评估。最后从合同、技术和商务三个方面对工程信息进行综合，为业主的索赔决策提供支持。

3. 索赔管理机构根据专家和决策层的意见，对前一步提供的信息进行分析和研究，提出初步的决策方案。

4. 经过专家组对初步决策方案的修改和确认，提交决策层进行决策，得到最终的决策方

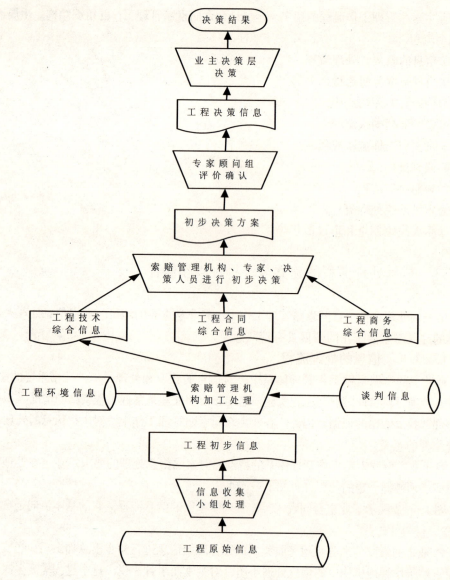

图 13-2 信息处理流程

案。

图 13-2 中每一种信息的获得都不是一次完成的，通常需要多次的循环。为获得准确的信息，上层可以要求比他低的任何一个层次提供相应的信息。从总体上讲，自下而上的是信息，自上而下的是要求或命令。

13.3.2 资料的收集和保存

在业主的合同索赔工作管理中，相关的工程项目实施、合同、技术、商务等的资料收集和保存是一项十分重要的基础性工作，这些资料为索赔提供了最原始和基本的信息。

1. 对资料的收集和保存要遵守一定的程序，资料的收集程序见图 13-3。

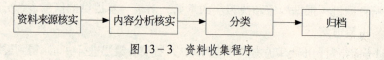

图 13-3 资料收集程序

2．收集资料的内容要完整。在对资料进行保存时，工作人员必须注意核实时间、地点、信息的提供者、内容、数量（如样品数等）、大致结论、处理情况（如传达情况、有关的批示等）等内容。

3．与索赔有关的资料种类繁杂，主要分为以下几大类：

①实物资料，如受损的设备、材料等；

②设备和材料信息资料；

③工程现场情况报告，如工程日志等；

④工程缺陷、故障和事故报告；

⑤测试、试验和检验报告；

⑥有关的会议记录、来往信函和录音、录像、图片等。

4．在索赔管理工作中，业主需要设计大量固定格式的表格，用这些表格进行信息的收集、处理、传递可以提高工作效率和质量。

13.4 业主处理索赔事件的原则和模式

在处理具体的索赔事件时，业主要遵循一定的原则和预先制定一些工作的模式，这样可以提高工作的质量和效率。

13.4.1 业主处理索赔事件的原则

业主索赔工作管理机构对合同索赔工作的处理应该以快速、准确为原则。

1．索赔事件处理的快速原则

索赔事件处理的快速原则要求合同索赔工作管理机构在处理与索赔事件有关的信息和事务时在最短的时间内处理完毕。这样不仅可以赶在与索赔事件有关的信息和线索消失前获取信息，而且还能在对方做出反应前做出合适的决策、采取有效的行动，使自己处于有利的地位。

2．索赔事件处理的准确原则

索赔事件处理的准确原则是指关于合同索赔管理的工作、信息、判断、决策等不出差错、恰到好处。

13.4.2 业主处理索赔事件的模式

业主处理索赔事件快速、准确的原则决定了索赔工作管理机构的工作模式不同于一般机构的办事模式。一般机构的办事模式要求机构的所有事情都由该机构的负责人负责，事务的处理都要经过他的批示和同意。如果在处理索赔事件时，业主也采用这样的原则将大大延误办事的时间，违背处理索赔事件的快速原则；而且当大量事务同时出现时，往往会发生判断失误，并且缺乏监督。

业主索赔工作管理机构的事务处理模式主要有以下几种。

1．个人负责制

个人负责制要求某工作人员全面负责处理某索赔事件和与该索赔事件有关的一切事务，同时，该工作人员还必须拥有调动和使用与该索赔事件有关的所有资源的权利。他可以根据自己的需要获得授权组建工作小组，也可在需要的时候得到索赔工作协调组的帮助并发出信息和指令。个人负责制中的个人可以是信息处理小组、合同管理小组、技术小组或商务小组中的成员，也可以是索赔工作协作组甚至是决策层的成员。

2．项目制

在处理某些索赔事件或与索赔事件有关的事务时，业主可以采用项目制的方法，即为处理该索赔事件设立一个项目，将要解决的问题列入这个项目的任务中并提供相应的支持条件和资源。采用项目制时，为完成该项目（解决索赔事件）不仅可以利用自己内部的资源，还可以调动社会上的物质和智力资源为自己服务。通常，在涉及重大的索赔事件时，可以采用项目制，这样虽然需要付出一些经济上的代价，但可以加大索赔事件处理的力度，保障处理事务的质量和时间，获得满意的结果。

3．高层监管督办制

对特别重大的索赔事件，业主的高级管理层需要直接监管和督办。这样不仅可以避免重大的失误，同时还可能会抓住重大的机会，对整个项目的实施产生重大影响。

13.5 业主合同索赔信息管理系统的建立

在合同索赔管理体系中，业主必须根据工程项目系统和自身工作的特殊要求建立完善、高效的合同索赔信息管理系统，为合同索赔工作的开展奠定良好的基础。

13.5.1 业主合同索赔管理信息系统的开发目标

业主合同索赔管理信息系统应该是建立在业主的工程项目管理信息系统平台之上的一个专用的信息系统，它能给所有的合同索赔工作管理人员提供信息资源共享。该信息系统应该具有索赔信息采集、处理、保存和辅助决策等功能，能够为业主的合同索赔管理工作人员提供索赔信息分析、索赔机会识别、索赔证据查找和索赔决策的辅助支持。除此之外，对该系统的开发还应该注意以下几个方面。

1．简单性

系统应设计得尽量简单，只要能达到既定目的，产生所需要的结果即可。系统设计简单可以提高效率，缩短开发周期，减少开发费用，提高可靠性。同时，也便于合同索赔管理人员的操作和使用，节省信息处理的时间，提高工作效率。此外，还要处理好人——机分工的问题，那种认为一切工作都要由计算机来完成的想法是不正确的，有些环节恰当地使用人工往往会取得更佳的效果。

2．灵活性

在系统的使用中，由于环境的变化、项目实际情况的发展、合同索赔管理人员对系统需求的变化等原因，客观上要求合同索赔管理信息系统必须有一定的灵活性，以便能根据实际需求的变化对系统的功能和基础数据进行增添、删除和修改等。

3．可靠性

系统必须有较高的可靠性，具体地说，就是系统的结构设计要合理，软硬件要可靠稳定，数据要准确，故障处理及安全措施要完备。

4．经济性

系统应能给业主带来一定的经济效益，即系统的开发、运行费用和收益相比应该符合经济原则。通过系统的开发和使用，能提高业主进行合同索赔管理工作的效率和质量，促进工程项目的建设，发现更多的索赔机会，保证合同规定的业主利益的实现。

13.5.2 建立业主索赔管理信息系统的方法

对业主来说,要开发业主索赔管理信息系统必须要解决以下几个方面的问题。

1．明确要开发的系统的作用,争取得到上级领导的支持。开发信息系统的目的是为业主的合同索赔管理工作服务,在决定系统开发前,合同索赔管理机构必须明确目的、方式(自己开发还是委托开发)、费用情况以及要达到的效果,获得领导的认可。

2．与系统开发人员一道对现有的合同索赔信息管理工作进行分析,确定未来信息管理系统的总体结构和功能。

3．对试运行的系统进行试用并提出整改意见,由开发人员对系统进行完善,最后得到令人满意的系统。

13.5.3 业主合同索赔管理信息系统的功能模块

业主的合同索赔管理信息系统主要包括七大功能模块：信息录入模块、信息查询模块、信息库、信息分析、谈判管理模块、文件处理模块和系统管理模块。这七个系统相互配合构成了业主合同索赔管理信息系统(见图13-4)。

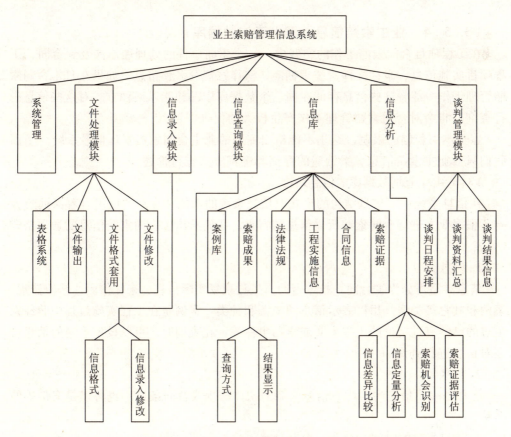

图13-4 业主合同索赔管理信息系统功能图

1．信息录入功能模块是索赔信息进入合同索赔管理信息系统的入口,在这里要对各种与索赔有关的信息的格式进行规定,同时还可以对已经录入的信息进行修改。

2．信息查询功能模块是该系统中的一个十分重要的功能模块,通过信息查询系统,合同索赔管理人员可以共享与合同索赔有关的信息,提高合同索赔工作的效率和质量;同时,查询的结果可以根据用户的需要和习惯进行设定,这样可以使人机界面更友好，更具人性化。

3．信息库功能模块是业主合同索赔管理信息系统的主要组成部分，是其他功能模块赖以工作的基础。这个信息库包含了所有的与合同索赔工作有关的信息，分为六个子信息库：工程实施信息库、合同信息库、法律法规信息库、索赔案例信息库、索赔证据信息库、索赔成果信息库。

4．信息分析功能模块可以帮助合同索赔管理人员对合同索赔信息进行初步的分析，为业主进行合同索赔提供决策支持。该功能模块主要由信息差异定性分析、信息定量分析、索赔机会识别和索赔证据评估四个子模块组成。

5．谈判管理功能模块可以为合同索赔管理人员提供索赔谈判服务，如谈判日程安排、谈判资料收集汇总、谈判结果管理等。

6．文件处理功能模块可以提供表格模式、文件格式、文件修改和文件输出服务。

7．系统管理模块可以实现系统管理员对整个系统的管理，通过它系统管理员可以对不同的用户设定不同的权限，监控系统的运行、对输入的信息进行合法性确认等。

13.5.4　业主索赔信息、案例查询数据库

在工程项目合同索赔工作的实践中，一个索赔事件的处理往往涉及到合同、工程项目实施信息、来往文件、技术标准、法律法规等多种信息。如果在日常合同索赔管理工作中能将这些信息存储在同一个数据库中，并能以某种方式对这些信息进行查询，将会对合同索赔管理工作产生极大的促进作用。

鉴于本书篇幅的限制，这里不能给出完整的业主合同索赔管理信息系统，下面我们只对业主索赔信息、案例库的存储和查询方式进行论述。

13.5.4.1　查询数据库的信息结构

在信息系统中，信息结构的模式对信息系统的功能和今后的应用有着深远的影响，根据业主进行合同索赔所需信息的特点，我们给出了合同索赔信息的通用格式（见表13－1）。

1．信息类型

信息类型可分为主合同、技术合同、工程现场实际信息、来往信函、法律法规、案例和其它等类型，用以表示信息的来源和种类。案例是在工程实施过程中曾经发生过的已经有过定论的工程事实或索赔事件等。在查询时，可以设定不同的信息类型对信息进行查询。

2．名称

名称是表示信息的名称、信息来源的法律法规或合同条目，也可以是案例等的名称。

3．信息发生的时间

是指信息发生和处理的时间，工程现场信息、事务处理信息、来往信函、其他信息等都有具体的时间。而主合同、技术合同、法律法规没有具体的时间，这就需要在进行信息输入时对这些信息的时间进行设定，如设定它发生的时间是整个工程实施的期间。业主合同索赔管理人员可以根据时间对信息进行查询。

4．地点

表 13-1　合同索赔信息通用格式

信息属性	信息类型	名称	信息发生时间	地点	涉及单位	涉及人员	信息涉及工程范围	关键词语	内容	处理情况	信息保存形式
说明	主合同、技术合同、工程现场实际信息、来往信函、法律法规、其他案例	信息的名称或合同条目	主合同、技术合同、法律法规、来往信函、其它信息等有具体的时间	工程现场信息、实际信息、来往信函、其它信息等有具体的时间	信息源地点	与该信息有关的单位	与该信息有关的人员（提供信息者、处理信息者和了解信息的人员等）	该信息涉及的工程范围（设备、施工场地范围等）	三个关键词（质量、工期、费用等词语）	对信息的内容简明扼要的描述	是否达成协议或处理的结果（包括内容）	纸质、实物、照片、录音、录像等

信息发生的地点。

5．涉及的单位

表示与该信息有关系的单位。

6．涉及人员

与该信息有关的所有人员（例如提供信息者、处理信息者和了解信息的人员等）。

7．信息涉及的工程范围

该信息涉及的工程范围（设备、施工场地范围等），使用信息的这个属性，可以对关于某设备的所有信息进行查询。

8．关键词

输入的信息属性中应该有描述信息特质的关键词语（如描述质量、工期、费用和商务关系等的词汇），这样可以弥补信息属性描述的局限性。

9．信息内容

是信息较详细的内容。在进行查询时，可以对信息内容中的所有词语进行比对，一旦比对成功就选中该条信息、条目或案例等。

10．处理情况

记录该信息的处理情况或对该信息经过认定的解释。

11．信息保存形式

记录信息的保存形式。

13.5.4.2 数据库的构建

鉴于现今数据库技术的成熟性，这里我们不给出数据库构建的方法，而是结合业主建立索赔信息、案例查询数据库的目的，指出建立该数据库应注意的几个问题。

1．要依据客观、真实的原则，对所有的信息进行分析研究，并按照表13-1的形式进行加工，统一信息的结构，并输入到数据库中去。

2．要制定相应的制度，对信息的录入和更改进行约束，保证数据的真实性和完整性。

3．要采用各种措施保护数据库，以防止非法使用数据，特别是非法存取和恶意破坏。在数据库中，还要对用户是否属于非法或越权使用数据设定严格的检查和防范措施，并制定使用数据的规则。

4．在计算机出现故障或人为错误的情况下，数据库系统能够自动或人工恢复，从而使数据得到有效的保护。

5．系统要有简洁友善的界面，方便用户使用和维护。

13.5.4.3 数据库查询方式

查询时，用户可以按照表13-1中的不同属性随意组合进行查询，并可以以电子文档形式或纸质形式进行输出。

业主索赔信息、案例查询数据库的使用将大大提高业主对各种信息的使用效率，使业主在相关的谈判中取得有利的地位，提高索赔管理的质量和索赔成功的几率，促进业主工程项目管理水平的提高。

13.6 其他注意事项

在进行合同索赔管理的工作中，业主还要注意以下几个方面的事项。

13.6.1 注意内外部相关资源的利用

通过前文的论述，我们得出了业主索赔工作管理体系的主要结构。但业主的合同索赔工作管理工作体系并不只包括前面提到的组织结构，还有一些资源虽然没有包括到前面提到的组织结构中，但是在某些时候，业主的合同索赔工作管理体系也可以利用这些资源。从某种程度上讲，这些资源是业主合同索赔工作管理体系中的虚拟机构。

1．对业主自己组织内部资源的充分利用。

在很多情况下，业主的合同索赔工作管理体系并不能独立完成某些合同索赔管理工作，它必须要得到业主的整个工程管理系统的帮助。在实际工作中，业主的合同索赔工作管理体系通常扮演的是组织协调的角色，不论是信息收集、合同分析、合同执行评估、谈判的组织还是证据的认可等往往都需要调动其他的一些内部资源来完成。

2．重视利用外部的资源推进索赔工作的开展。

在很多情况下，无论是业主还是承包商都不能对某索赔事件进行准确的判断，这时要不吝重金调动社会资源为自己服务。如在双方对某索赔事件的证据有不同的意见时，调动社会权威部门的力量为自己提供咨询和试验证据将会使自己处于十分有利的地位。

13.6.2　注意合同索赔管理体系与现有的工程管理体系的关系

在合同索赔管理体系的建设中，业主一定要注意合同索赔工作管理体系与工程管理体系的关系，使两个系统协调一致工作。

在建立业主索赔工作管理体系过程中，要注意以下几个方面的问题。

1．为适应合同索赔工作的开展，业主应对自己的工程管理系统、工程管理程序进行适当的调整。

从前面给出的合同索赔管理体系的结构中我们可以看出，业主的合同索赔工作对其管理体系有一定的要求，而这个管理体系是处在业主的工程管理系统环境之中的，要使业主的合同索赔管理体系有效地发挥作用，就必须有适合这个管理体系运转的工程管理系统环境。一般的工程管理系统由于没有把业主的合同索赔管理工作放在重要的地位，因此其环境一般不能适应业主合同索赔工作管理体系的正常运行。于是，业主有必要对一般的工程管理系统进行必要的调整，为合同索赔工作管理体系的运行提供一个良好的环境。

2．业主应该以自己现有的工程管理系统为基础构建自己的合同索赔工作管理体系，并使之有机地融入到工程管理系统中去。

总体而言，业主合同索赔工作管理体系是业主现有工程管理系统的一个子系统，该子系统许多基础性的工作需要原来的工程管理系统来完成，并且它的许多功能和管理工作人员又与原系统重叠。因此，业主合同索赔工作管理体系与业主的工程管理系统有着千丝万缕的联系，两者密不可分，必须有机地融合才能使两个系统都能充分地发挥作用。

3．业主合同索赔管理体系还应该适应对方（承包商）工程管理的特点。索赔成功的标志是双方就索赔事件的处理签署相关协议或备忘录，为达到这样的目的，业主应该结合工程的特点和承包商的管理特色调整自己的合同索赔管理工作，使之适应合同索赔管理工作的大环境。如在双方信息交流和谈判中，业主要通过与对方的协商，制定信息交流制度和谈判组织方式。

13.6.3　索赔成果的形式和内容

对业主来说，进行合同索赔管理的目的是要获得一定的成果，索赔的成果主要以双方签署的备忘录、协议甚至新的合同等形式体现出来。成果的内容主要包括以下几个方面：

(1) 承包商改正错误，严格按照合同要求施工；
(2) 业主获得一定的经济补偿；
(3) 延长质量保证期；
(4) 获得额外的备品备件；
(5) 获得额外的技术转让；
(6) 获得其他的物质补偿等。

14 案例——某大型工程项目中业主的合同索赔管理

14.1 项目情况概述

某项目所采用的技术是数年前承包商所在国家宣布成熟的可以投入商业运行系统的高精尖技术,目前只有承包商所在国家的一个科研系统使用了该技术,世界上还没有一个商业运行系统采用该技术。由于看好该技术的前景,业主所在国家的一家大企业(F 公司)投入了巨额资金建设使用该技术的商业运行系统,这就是项目的来历。该项目得到了业主和承包商双方国家政府的大力支持,同时也受到了社会和媒体的广泛关注。

从工程建设一开始,该项目的投资和项目管理公司都十分重视合同索赔工作。F 公司高层领导对合同索赔给予了高度的关注和指导,同时合同索赔工作也得到了公司各个部门的大力支持和配合。

14.2 项目环境和业主进行合同索赔管理工作的特点

索赔是基于实际的工程项目进行的,它涉及到与项目有关的众多因素;项目的环境和特点都将对索赔工作产生重要影响,因此在进行索赔工作前对整个项目进行全面的宏观分析就显得十分重要。在工作中,F 公司的合同索赔管理人员主要从以下几个方面进行了分析。

14.2.1 项目总体环境情况

该项目是世界上第一个运用该技术的商业运行系统,受到了世界范围的关注。就系统的"成熟度"来说,至少在从"不成熟"到"成熟"的程序上,存在一些值得商榷的地方。同时,就业主来说,该项目得到了自己国家政府的关心和有关部门的大力支持,而且还有可预期的后期项目。在承包商所在国家,政府总理对该项目给予了特别的关注,该项目是在国家对该技术系统的研究和推广处于相对困难时进行的,可以说,该项目的上马对承包商所在国家该项科研成果的推广来说是一个难得的机会。同时,该项目也是双方政府间进行科技合作的重要内容,得到了双方政府有关部门的大力支持。

如果该技术系统在这个项目中运用成功,不仅极有可能在业主所在国家推广,而且在可预计的将来有希望在世界范围内推广。这样双方的合作有可能一直持续下去,因为该系统未来的推广不仅需要承包商的核心技术,还需要业主方的一些应用技术和系统的实际运营和管理经验。总而言之,该项目能顺利投产、该技术系统能得以推广是双方共同追求的最高利益。

这些情况的存在使得业主的合同管理特别是合同索赔管理极具特点。

14.2.2 该项目合同索赔管理的特点

通过对项目总体外部环境的分析可以知道，对双方来说，本项目只能成功，不能失败，并且还要给公众一个该项目的执行过程是比较完美的印象。同时，业主应该有较多的合同索赔机会，索赔管理的重点不应放在直接的经济利益上，而应放在提高系统的可靠性和降低将来的运营风险上。

1．该项目要求必须有一个良好的公众形象，虽然合同中有"合同终止"条款、"仲裁"条款，但是这些条款真正付诸实施的机会是非常小的，业主可以利用这些条款争取最大的利益。业主所在国家政府引进该技术系统的目的不是为完成单一的工程项目，而是看好该技术系统的发展前景。承包商与业主进行合作也是要大力推广该技术系统，在这方面双方的立场是一致的。因此，建设"完美"的工程就是双方的共识。当由于承包商原因使合同接近"合同终止"条款、"仲裁"条款时，业主的立场应该是明确和坚决的，这样不仅维护了业主的利益，同时也有利于促进该技术系统的发展和维护该技术系统的声誉，维护了双方共同的根本利益。

2．双方的合同地位特点明显。第一，业主可以借助承包商对后期项目的预期，在商务谈判中处于有利的地位。对后期项目的预期不仅是因为业主正在积极论证同样采用该技术系统的另一个工程项目，还在于本项目实施的效果会给后期项目在经济和技术上的评估带来影响，从而影响业主所在国家政府对将来项目的决策。于是，只要对系统建设有利，业主又能在合同中找到根据（哪怕是较勉强的），就可以坚持自己的立场。第二，业主在技术上处于不利的地位，很有可能遗漏较重要的索赔机会，这就要求业主对已经抓住的索赔机会进行充分的利用和挖掘。在识别涉及较深技术层面的索赔机会方面，业主存在较大的困难。补救方法之一就是在抓住的索赔机会上做文章，以期得到较多的补偿，获得更多的技术细节，提高业主的技术能力，进而发现承包商技术方面存在的问题，如在处理供电系统某重要设备振动的问题上业主就是这样做的，获得了关于某关键设备的许多技术资料。第三，在该项目中，双方都很尊重合同的权威，按照合同条款进行索赔是索赔工作成功的重要因素。参与该项目的承包商是三家世界有名大公司的联合体，对合同的尊重是基于它们对自身信誉的维护，这方面是没问题的。

3．该系统在承包商国内没有经过商业运行，而为业主提供的是"运营系统"，因此必然存在一些双方都意想不到的情况，应存在许多索赔机会。虽然承包商已经对该系统进行了20多年的研究，但是科研系统和实际商业运营系统是有区别的，因此在从科研系统向商业系统转化的过程中，出现问题是不可避免的，也是十分正常的。

4．业主进行索赔的首要目的不应是金钱，而应该是改善和提高系统的质量、可靠性，获得尽可能多的技术细节。对于业主来说，系统的正常运行是头等重要的事情，也是业主建设这个系统的最终目的；同时，实现国产化也是业主的战略目标之一。

14.2.3 项目合同情况分析

由于项目的独特性，双方签署的合同也有特别的地方。为做好索赔工作，业主从正反两方面对合同进行了深入的分析研究。

合同为业主提供的有利于开展合同索赔工作的条件主要有：

(1)有专门的索赔条款，并对某些索赔条件有详细的规定，这不仅有利于索赔工作的开展，还可以促使双方都比较重视合同索赔工作。主合同中有一章专门就合同索赔进行了全面的规定，这就为业主进行合同索赔提供了直接的支持。

(2)对系统总的要求有较详细的描述，这样可以保证业主最终利益的实现，是业主进行索赔谈判的底线。虽然业主在技术上处于劣势，难以发现较深层次的技术问题，但是所有的技术指标都是为整个系统最终的功能指标服务的，因此对系统总体要求的详细描述形成了对承包商严格的约束，确保了业主利益的实现。同时，合同中对一些重要的概念也有严格的定义。

(3)合同的商务条款较详细，对业主较有利，这使得业主的合同地位得到了维护。

(4)对重要的时间节点、项目进度的明确规定和对工期延误索赔的定量描述，为业主进行工期索赔奠定了良好的基础。

(5)从较高的层次对承包商的责任和义务进行了严密的规定，为业主从宏观上保证自己的利益、把握索赔机会提供了有力的武器。这些规定不仅包括技术指标，还包括技术服务、质量保证等。

(6)合同中对履约保函的规定使得索赔具有可置信的威力，是业主索赔的一个重要的基础性条款。

合同中不利于业主进行合同索赔工作的情况主要有：

(1)因为涉及承包商的技术机密，所以本合同对系统的技术细节的描述比较粗糙，在很多地方没有设备和技术的严格标准。合同中对设备技术性能的含糊描述为业主进行索赔设置了障碍。这种状况的存在是正常的，因为业主原本对这种系统的了解很少，并且在这样的合同中业主通常最多只能"知道怎么做"而无权"知道为什么这么做"。

(2)该系统在世界上独一无二的情况和承包商技术上的绝对优势，使得业主在对系统质量和安全性能的判断上处于不利的地位。标准的缺乏也使得双方的判断缺乏权威性，这就需要第三方的加入，承包商技术上的优势使业主在判断中的参与程度有所降低。

(3)在本合同中，"合同货物"包括"硬件、软件、附件、备件、专用工具、材料、维护支持产品、技术资料等"。合同中对这些"合同货物"没有严格的质量、型号的定义以及数量规定。实际上，有些合同货物如"备件、专用工具、维护支持产品等"只有在合同实施过程中才能确定，因为这些合同货物的确定和"最小维护单元"等合同中没有规定的定义有关，而对这样的没有"前车之鉴"的系统来说只有建设完成后才能规定这些定义。

(4)"合同服务"包括"系统设计、安装指导、调试（包括试运行）、维护指导、技术指导、培训、技术支持"等，这些大多是定性的描述，难以定量。

(5)合同对工艺水平的描述比较模糊，不利于索赔机会的识别。

14.3 项目合同索赔工作的任务和对策分析

为做好合同索赔管理工作，业主对索赔工作的任务进行了分析和梳理，使得整个合同索赔管理工作做到了有的放矢，同时针对这些工作任务，还对索赔工作中将要采取的对策进行了研究。

14.3.3 项目合同索赔管理任务分析

进行合同索赔管理工作的目的是使合同能顺利地得以进行、在项目的进行过程中维护业主的利益并争取得到合同中灰色地带（合同规定得不明确的范围）的利益。

1．总体任务

总的任务是维护项目合同规定的业主利益。具体来讲，就是使整个系统在寿命周期内能以合同规定的状态运行。在这里业主最关心的是承包商的人员撤离后的情况，主要包括系统的运行情况和业主自己人员素质的情况。

2．具体任务

(1)通过合同管理和索赔工作促使承包商严格按照合同的有关规定履行相关义务；

(2)保证整个系统以及各个子系统的功能、安全性、可靠性满足系统要求和合同规定；

(3)获得整个系统或有关的分系统的尽可能长的质保期；

(4)在合同规定的框架内，获得尽可能多的备品、备件等；

(5)获得完整的技术资料进而争取得到业主感兴趣的关键技术信息。

(6)得到经济上的补偿。

14.3.4 业主的索赔管理对策

根据工程的具体情况和索赔工作的任务，业主在对合同总体形势进行合理判断的基础上拟订了如下的对策。

1．加强对索赔工作的领导

索赔涉及整个工程项目的各个方面，索赔工作的开展和成功需要多部门的协调工作。因此，业主成立了专门协调和管理索赔工作的索赔小组，并给予了很高的工作权限，能利用很多重要的资源。索赔小组的工作直接向业主最高领导层汇报。

为统一口径，业主对承包商的交涉文件一律由公司最高层签署，这样不仅加强了对合同索赔工作的领导，也提高了工作效率，使承包商时刻感到压力的存在。

2．明确索赔管理机构的职责

为更好地开展索赔管理工作，建立了较完善的合同索赔组织机构。索赔工作统一由索赔小组组织，其它部门积极提供索赔线索，并协助进行有关的调查。

业主的索赔小组主要从两个方面开展工作：一是索赔机会的识别和证据的搜集；二是索赔商务谈判。这两方面的工作即有联系又有区别，索赔机会的识别和证据的收集涉及较多的技术层面以及工程管理方面的问题，商务谈判主要是讨价还价和谈判博弈的过程。索赔机会的识别和证据的收集是为商务谈判服务的，而达成商务解决方案是索赔工作的最终目的。

3．充分利用所有的资源

F 公司为索赔工作的开展提供了大量资源，这是索赔小组开展工作的强大后盾，是索赔取得成功的保证。

(1)信息的获取和利用

索赔工作的重中之重是证据的收集，而证据隐含在大量的信息中，因此在工作中，业主大量收集并充分利用所有与工程有关的信息，这是索赔成功的关键环节。

(2)借用外脑

该项目的世界独一无二性和业主技术上的劣势使业主对某些技术性强的信息的收集和识别存在困难，因此借用外脑是业主必然的选择，这样可以做到事半功倍。例如，在对某重要设备腐蚀问题进行索赔的过程中，业主与某材料研究机构合作，对承包商提供的样品进行了全面系统的检测，得到了无可辩驳的结论，使承包商不得不承认在该设备防腐方面存在的问题。

(3) 充分发挥技术人员的积极性

在借用外脑的同时，积极发挥公司内部技术人员的积极性也是业主必须坚持的一个方针，在可能的情况下可以整合内外技术力量，以追求最好的效果。例如，在关于某基础设备质量问题的索赔过程中，业主组织自己的技术人员和某大学的专家参与了对该设备的测试和研究，从中得到了十分有用的技术情报，为索赔和设备国产化打下了良好的基础。

14.4 业主进行合同索赔管理遵循的原则

在索赔工作中，不论在收集证据的着眼点还是在索赔要价的出发点方面，业主都坚持明确的指导原则，这样能使业主在整个索赔工作中做到有的放矢。业主在索赔工作中主要坚持了以下几个原则。

14.4.1 合同原则

在索赔证据的判断标准方面，业主坚持以合同为基础，这被称为合同索赔管理工作中的合同原则。众所周知，任何合同都是不完备的，因此所谓的依据合同也就有了不同的层次。

1. 合同的具体条款

合同的具体条款是理所当然的索赔证据判断标准。

2. 合同的合意

从合同的定义来看，合同真正要表达的实际上是签署合同时双方所达成的合意，因此合同合意也是判断索赔证据是否成立的依据。例如，关于某种单件价值较小但数量巨大的配件，承包商提供的虽然符合技术规格书的规定，但不能很好地实现其功能。而根据合同的合意，该配件应该很好地实现它的功能，因此业主有充分的理由要求承包商提供符合合同合意的这种的配件，并获得了成功，最后承包商重新提供了近50万个新配件。

3. 行规、公序良俗和诚实信用

这些是人们在社会生活中必须要遵守的社会公理性的东西，从道德层面来看，这些也应该具有判断索赔证据是否成立的能力。正如顾客买的衣服上有一个洞一样，这个洞虽然不影响衣服的功能、寿命甚至美观，但是顾客有权利要求更换或退货。对某设备生锈问题的索赔就是基于这样的观点，获得了成功。

14.4.2 综合收益最大化原则

在确定索赔课题和进行索赔谈判时，业主的要价不应该一味地追求最小的风险，而应坚持综合收益最大化，即以业主承担可控风险为代价，追求综合效益的最大化。这要求业主以大空间、长时间的尺度考虑问题，不能局限在某一个小的范围内寻求答案。这有经营风险的意味。例如，在系统使用的某种电缆的索赔事件处理中，业主拿到了新的电缆，但并不急于更换全部而是只更换重要地段的电缆（业主因此承担了一定的风险），因为虽然更换电缆延误的工期责任是承包商，但这样对整个工程项目（也包括对业主自己）不利（延误工期）。业主利用这样的高姿态使承包商更容易接受业主的要求，同时也提高了在今后谈判中的地位，能获得更大的利益。在有些索赔事件中，要求承包商赔款较困难，业主便将该款项转变为某种权利（如将来的合资企业的股份）同样实现了业主收益的最大化。

14.4.3 系统寿命周期原则

业主建设该项目的目的是要它在整个寿命周期内取得良好的经济和社会效益，因此只有从系统寿命周期的角度考虑索赔问题是才是全面和正确的。最典型的例子是第14.8.3节中第二个案例提到的对某关键设备螺栓腐蚀问题的索赔，只有在考虑到整个系统寿命周期的前提下，结合科学实验的结论，才能准确地判断承包商的违约，并使其承认。另外，对系统的故障率和可靠性也应从系统的整个寿命周期考虑。

14.4.4 由小及大原则

鉴于业主在技术上的劣势，很多深层次的技术问题是难以发现的，业主有必要就承包商表现出来的"较小"问题给予足够的重视，并以此"小"问题为契机，挖掘出"大"问题，做成大文章。例如，在关于某基础设备的索赔中，业主就从某一"小"问题出发，提出了一个涉及重要设备质量的"大"问题，不仅解决了设备存在的问题，还获得了一些重要的技术情报。

由小及大原则还可以理解为将业主不了解的大模块分解为业主可了解的小模块，通过对小模块的判断来评价大模块的情况。这就是"将复杂问题简单化"。对第14.8.3节中第二个案例提到的重要关键设备，业主无法从整体上判断该设备的寿命，但是通过对该设备上小小的铆钉、螺栓防腐性能的检测，否定了承包商提出的该设备的寿命可达到合同规定的35年的论断。

14.5 业主合同索赔机会识别方法

在索赔工作中，索赔机会的识别是重要的基础工作。一般来讲，并非所有的承包商违约行为都可以进行索赔，对影响的空间、时间范围都十分有限的违约行为可以责令承包商整改、恢复原状，一般不进行索赔。违约不一定都是进行索赔的机会，但是所有的索赔机会都是承包商违约引起的。

14.5.1 承包商违约情况的分析

通过对承包商可能违约行为的分析，业主可以更好地进行索赔机会的识别。

1. 承包商的违约特点

承包商的违约主要表现在系统质量和合同服务方面，其特点主要有：第一，隐蔽性强，技术能力方面薄弱使得业主不能发现承包商的所有违约行为；第二，重大的违约往往隐藏在看似简单的现象背后，稍不注意就可能导致重大的违约；第三，证明承包商违约行为的证据收集困难，特别是对承包商合同服务违约证据的收集；第四，对承包商违约的危害程度判定困难，进而会影响到最终索赔解决方案的确定。

2．承包商违约的主要表现

承包商违约主要表现在以下几个方面：

(1)系统的个别指标不能满足合同的要求；

(2)某些分系统性能不达标；

(3)部件、模块、分系统的设计、制造有质量问题，如某关键设备和某种型号的电缆等；

(4)服务不能按质、按量、按时完成，如培训、调试技术资料的提供等；

(5)工期延误；

(6)技术资料不符合合同要求等。

14.5.2 索赔机会识别方法

索赔机会的识别过程实际上是一个比较、判断的过程，就是用合同的标准与工程的事实进行比较，依此判断索赔机会的存在。在对索赔机会进行识别的过程中，业主的索赔小组主要进行以下几个方面的工作。

1．合同分析

根据前文所述索赔的合同原则，合同赋予业主的权利有三个不同的层次，业主依据这三个不同的层次对合同进行了分析，理清了自己拥有的权利。这里的合同不仅包括主合同文本，还包括技术规格书以及双方签署的备忘录等。

2．工程状态的判断

工程状态是指工程实施到某时刻时整个工程所处的实际情况，它包含与工程有关的全部信息，如数量、质量、计划、条件等。通过对这些信息的分析并与合同相比较，就能得到工程实际与合同要求的差别；再通过对这些差别的全面研究，了解其对业主影响的空间、时间情况，从而判断其重要性，识别索赔的机会。通过对现场出现的一些问题的研究和判断，业主识别出了重大的索赔机会。

3．技术分析

在很多情况下，索赔机会的识别是不能仅仅靠宽泛的诚实信用、合同合意来确认的。技术分析在实际情况与合同要求的比较过程中起着非常重要的作用，因此对合同的技术文件和工程成果实施技术分析甚至测试是索赔机会识别的非常重要的手段。很多索赔事件都是由技术分析确定的。

14.6 索赔数量的确定方法

在合同索赔工作中，索赔量的确定是困难而重要的一项工作任务，有时甚至会影响到索赔的成败。在确定索赔量时，业主主要从以下几个方面入手。

14.6.1 索赔定量原则

根据项目的具体情况，在索赔工作中业主制定了一些索赔定量的原则，以指导自己的工作。

1．补偿原则

根据索赔的定义，索赔是对因非己方责任遭受的损失的补偿，而非惩罚，因此在进行索赔定量时，应坚持补偿原则。

补偿原则有恢复原状的意思。在某设备质量索赔工作中，承包商将所有有质量问题的这种设备经过修理恢复到了满足合同要求的状态；对某关键设备腐蚀问题的索赔弥补了由于防腐指标下降而给业主造成的损失。

2．事实和证据原则

在确定己方损失时，要以事实和证据为依据证明自己的损失。这就是索赔定量中的事实和证据原则。证据必须是由双方都承认的，在第14.4.1节中提到的对配件的索赔中，业主首先拿到了承包商不得不承认的证据，判定承包商提供的近50万个配件都不合格。在其它一些索赔问题的处理中，各种检验报告都是有力的索赔证据。

14.6.2　影响索赔定量的重要因素

在索赔定量方面，业主主要依据以下几个方面的因素判定索赔量的大小。

1．违约的直接影响

违约的直接影响指由于承包商违约给业主带来的直接损失和风险，这理所当然地应该得到补偿。

2．违约的间接影响

违约的间接影响是指因承包商违约给业主带来的潜在风险，包括故障率的提高、维护费用的增加、寿命周期的减小等。

在一些设备质量问题、技术服务和人员培训等问题的索赔中业主都考虑了违约的间接影响。

14.6.3　具体索赔量的确定

在具体索赔量的确定方面，业主坚持在承担可控风险的情况下综合收益最大化的原则，在这个过程中，业主可以承诺承担一定的风险，但是必须向对方转移更大的风险（对业主自己来说），这里有风险经营的意思。

由于本合同的特殊性，在施工过程中，业主发现自己承担的某些风险是比较大的（如合同中对系统质保期的规定是一年），于是在索赔管理的过程中，业主尽力将承包商的某项违约与这个风险相联系，要求承包商承担这个风险。

鉴于前面的考虑，业主索赔要价的一般顺序是：延长质保期，索要备品备件，要求经济补偿等。

14.7　业主合同索赔管理的操作

为提高索赔工作的质量和效率，业主制定了详细的索赔操作细则，以引导索赔管理工作的进行。

14.7.1　方针和策略

在索赔的过程中，业主既尊重事实和科学，又不迷信承包商的技术权威，坚持有理、有力、有节和以事实证据为依据、以合同为准绳的方针开展索赔工作，取得了良好的效果。

鉴于该项目的特点，在策略上业主有意识地放大自己在商务上的优势，削弱但不回避承包商在技术上的优势。在充分利用所有的资源（外请专家、调动自己技术人员的积极性等）弥补技术上的劣势的同时，在商务谈判中给承包商施加强大的压力，在

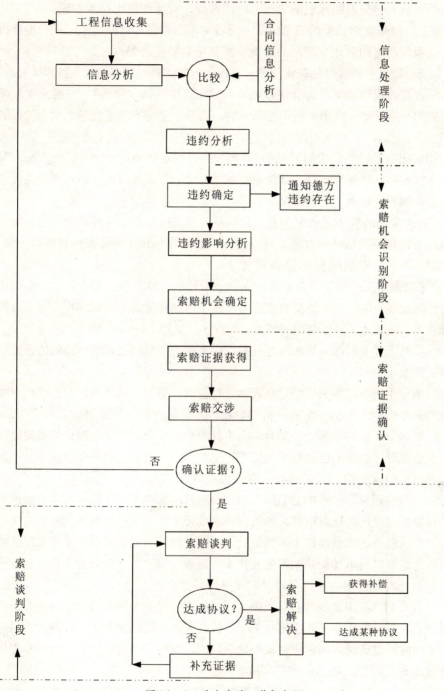

图 14-1 业主索赔工作框架图

战术上取得了成功。

14.7.2 索赔工作框架结构

索赔工作有其本身内在的规律,在开展索赔工作时,了解索赔工作的框架,坚持按事物的客观规律办事显得十分重要。

对于业主来说,一项索赔事件的处理主要分为四个阶段(见图 14-1)。

第一阶段是信息收集和处理阶段。这个阶段主要通过对收集来的工程信息与合同要求的比较，初步判断承包商执行合同的情况，对违约做出初步判断。

第二阶段是索赔机会的识别阶段。通过对工程信息和合同要求的进一步分析和研究，全面判断违约对业主产生的影响，并确定索赔机会的存在。

第三阶段是索赔证据的确认阶段。在这个阶段，要经过多次的交涉和反复的调查，确认承包商的违约事实，为业主索赔谈判代表提供证据"弹药"。这是业主索赔成功最关键的一道程序，这个阶段不是孤立的，它要求业主不断重复前面两个阶段的所有程序。

第四阶段是索赔谈判阶段。通过谈判得到处理承包商违约的方式和方法，其标志是双方达成协议并签署文件，其结论可能是补偿的形式和数量，也可能是某种其它的方案，如搁置一段时间再处理等。

在处理索赔的整个过程中，业主的信息管理工作起着举足轻重的作用，对信息的收集和利用贯穿索赔的全过程。可以说，信息的收集和使用是索赔成败的关键。

14.7.3 索赔的具体操作过程

在了解索赔工作框架的基础上，结合该项目的具体特点，业主组建了专门负责索赔工作的索赔小组，统筹所有的索赔工作和事物；同时，为提高工作效率和合同索赔的成功率，还制定了科学合理的相关工作程序，见图 14-2。

1. 将从工程实施和系统实际运行过程中获得的信息以及承包商违约的证据汇集到索赔工作小组。

2. 索赔小组对搜集到的信息和资料进行整理和提炼，发现可能存在的承包商违约现象和索赔机会，提出初步的分析结论或处理意见交公司决策层。

3. 根据公司领导的指示，结合索赔事件的具体情况，拿出处理该问题的原则和策略，有必要时可在技术层面与承包商进行交涉，力求对问题有一个较全面的了解。最后判断问题的重要性，区分一般的违约和重要的违约。

4. 一般问题是那些影响的空间范围和时间范围都很小的问题，这类问题的一个重要特点是容易改正和恢复原状，给工程或系统带来的不良影响容易消除。对于这类问题，只要承包商认真整改即可得到解决。有时在涉及到商务问题或业主战略战术上需要对该问题加以利用（如业主不愿意让承包商进行整改，以换取业主认为更有价值的其它利益）时，可能要经过多轮谈判才能得到解决。

5. 对影响的空间范围和时间范围大、界限不清或有重大利用价值（如涉及重大经济或技术利益）的问题，业主都给予了足够的重视。经过从技术、经济、合同总体策略等方面的反复研究，制定应对该问题的目的、原则、方针、策略、计划和程序，有时还组织专门的班子和力量进行研究。

6. 通过从合同总体、技术、商务等各个层面的交涉，了解承包商对某问题的解释，在对各个方面信息充分掌握和分析的前提下，制定解决问题的思路。对承包商信息的研究是业主制定谈判策略、获得商业情报和技术情报的十分重要的途径。

7. 认真做好合同谈判。在就对双方影响重大的问题进行谈判时，其过程是十分艰苦的，索赔工作的成效将会通过谈判固定下来而成为具体的成果。谈判前必须进行充分的准备，特别是要明确本次谈判的方针、策略和目的，注意多次谈判之间的连续性。

8. 达成协议，签署有关的文件和备忘录。要特别注意签署的法律文件的措词和结

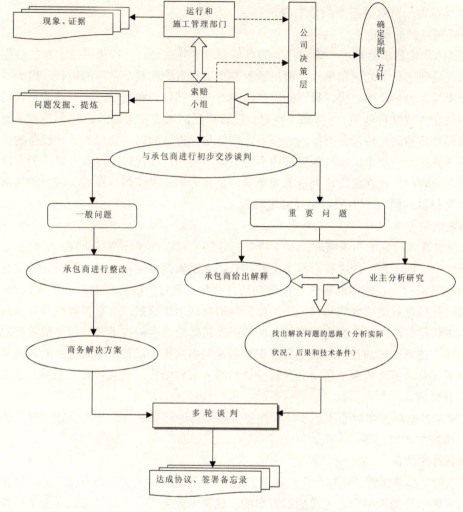

图 14-2 业主索赔工作流程

构。

14.7.4 业主索赔信息和证据的搜集与处理

业主索赔信息和证据的搜集与处理可参阅本书第 11 章。

14.7.5 索赔谈判

索赔不是强迫,索赔成功的前提是双方达成协议,谈判是整个索赔工作中十分重要的一个环节。因此业主从谈判前的策划、谈判的进行和谈判要价策略等几个方面对索赔谈判进行了研究和探讨。

1. 谈判前的筹划

谈判前的筹划要求业主必须全方位地对谈判工作进行准备,这不仅要涉及到谈判的总体战略,还涉及谈判的一些细节。正如有些谈判人员体会的那样,"谈判前的准备工作十分重要,再多都不算多"。

(1) 总体情况分析判断

对索赔事件总体情况的分析判断是制定谈判策略和进行谈判的基础,它决定着业主谈判指导思想的确定。总体情况分析主要包括索赔事件的事实情况,影响情况和范围,问题要害,对双方心态的影响等。

(2)谈判目的的确定

对具体的索赔事件来说,确定己方的目标要求十分重要。一般来讲,索赔的目标不应仅仅局限于具体的索赔事件,而应放眼整个工程系统和整个合同的执行,因为谈判实际上是讨价还价的过程,只有知道自己拥有的全部筹码和需求,才有可能在谈判中有所收获(或某种效用)。例如,在对α设备质量问题进行索赔的谈判中,业主制定的目标要延伸到与该设备有关的β设备,期望从α设备的问题获得关于β设备的技术情报。另外,一个索赔事件的目标也不是一成不变的,往往要经过双方多次的交锋才会逐渐清晰,因此在每次谈判前都要重新评估并确定该次谈判的目的,该目的通常是索赔终极目的的一个中间结果(或里程碑)。

(3)策略和方案

在制定谈判的方案和策略时,业主将某特定的索赔事件(或一场谈判)放到整个工程系统中全面考虑,使之符合整个工程的总体索赔谈判策略和方案。策略和方案是和目的相联系的,在很多时候体现在谈判的目的和实现目的的途径上。一般人认为,谈判的收获只是最终达成的协议,而实际谈判的收获不止这些,有很多收获是在谈判的过程中获得的,如承包商为解释他们的理由而透露给业主的技术资料就是很重要的收获。而为达到这样的目的,业主有意识地将谈判引向技术试验,同时业主的人员又必须参加试验,另外要求承包商必须提交试验的方案和结果,从某种意义上讲,这些收获更有价值。

在制定策略和方案时业主还要特别注意索赔事件的轻重缓急、要害所在、自己的底线、谈判战术技巧等。

(4)资料的准备

在谈判中必须做到"你有来言,我有去语",而且这个"去语"是有目的的,是符合对该索赔事件的策略和业主设想的方案的,这要求业主要有充足的资料(业主谈判人员诙谐地称之为"炮弹")。这些资料的获得需要大量扎实的具体工作,同时资料还要依据对对方的了解,要有一定的针对性。

2.谈判的进行

在谈判中,业主特别注意全面把握谈判的局面,快速反应、灵活应对、审时度势、有进有退。

(1)根据谈判前的筹划,引导谈判向着自己构想的方向发展、转变,这样自己就必然会处于有利的地位。

(2)面对混乱的局面,要抓主要矛盾,谁先抓住主要矛盾谁就获得了有利的地位。

(3)随机应变,松紧适度,掌握火候,很好地掌控谈判的局面。做到进攻时有理、有力、有据,撤退时有遮、有挡、有秩序,体面而退。不论是对谈判索要的目标还是策略、证据的应用都要根据谈判进行的实际情况灵活掌握。

(4)抓住事务的关键,充分利用自己收集的资料和获得的对方的信息来说明自己的理由,做到自圆其说、环环相扣。

(5)根据具体谈判对手的不同地位和个性采用不同的方式和策略,以达到最好的效果。

(6)特别要注意利用对方不同部门和不同谈判人员对相同事件表述的差异,这样做可以获得意想不到的收益。

(7)一场谈判结束后,对通过谈判了解的情况进行高效快速的总结,为今后的谈判奠定基础。

3.要价策略

在要价时,业主特别注意坚持从整个系统的角度出发,坚持综合收益最大化的原则,不但要考虑经济方面的利益,还要考虑技术和其它方面的收益。

要价首先要明确自己的底线,因为己方的收益通常包括经济和技术两个方面,因此对自己的底线要有几个明确的方案。要价时,应根据具体的情况和可能让步的方面提出较高要价的方案,该方案必须考虑讨价还价的情况,留出让步的余地和讨价还价的筹码。

要价策略的另一个重要方面是考虑要价方案的可行性,在提出要价方案时,业主应该考虑对方的情况,最好是业主要价的标对自己是重要的(价值大的),而对方较容易解决并且费用是比较低的。也就是说,对方承担较小的风险,排除自己一方较大的风险,这实际上是双赢的策略。

4.谈判结束后的总结

谈判结束后,业主经常总结经验和教训,为今后的谈判提供支持。同时全面规整并保存有关的资料,这些资料不仅是宝贵的工程资料,还是重要的工程文件和合同的附属文件。

14.7.6 索赔的解决方案

在工程实施过程中,索赔事件的不是顺序出现的,往往是多个索赔事件同时发生。对这些索赔事件的处理有多种不同的方案,业主根据索赔事件的具体情况从自己的利益出发,主要采用以下各种方案。

1.单一索赔事件独立解决方案

这种索赔事件解决方案就是对某索赔事件单独进行信息的收集、证据的认定并谈判拿出解决的办法。这样的索赔事件一般是责任非常清楚或对业主利益有重大影响的事件。

2.多项索赔事件组合解决方案

这种方案是将多个索赔事件并案处理,拿出一个总的解决办法。有时,这些索赔事件有内在的联系,在证据收集上可以相互成为左证,这些索赔事件中可能有一个相对重要一些;有时,是一些没有内在联系的索赔事件,只是在设计解决方案时合在一起处理。

3.一揽子解决方案

一般来说,大多数索赔事件的证据都是比较模糊的,很难分清双方责任的比例,这时要采取较为灵活的处理方式——先将其搁置起来,以待某个合适的时机的到来。一般来说,系统验收是解决这些问题的最好也是最后的机会。

14.8 业主合同索赔管理的成果

14.8.1 总体成果

索赔工作的开展不仅使业主获得了一定的经济利益,也得到了一些无形而重要的收获。总体成果表现在以下几个方面。

(1)对承包商执行合同起到了督促作用,提高了整个工程的合同执行水平;

(2)提高了工程的技术和施工质量水平,获得了额外的质量保证期,降低了业主的运营风险;

(3)培养了队伍,提高了业主有关人员的技术水平、工程管理水平、商务管理和谈判水平;

(4)获得了一些有价值的技术资料;

(5)获得了可观的经济利益。

14.8.2 具体成果

成果1:对某设备质量问题的索赔,获得了价值数千万欧元的相关设备和备品备件。

成果2:对某关键设备的腐蚀问题的索赔。业主坚持由小及大原则,锲而不舍做实验、找证据,最终获得了承包商对与该设备有关的整个子系统额外提供6年备品备件的承诺;

成果3:对某基础设备锈蚀问题的索赔促使承包商答应延长一年与该设备相关的子系统的质保期,并在其后再由承包商提供一年的备件供应;

成果4:对另一设备螺栓生锈问题的索赔,获得了该设备5年的质保期;

成果5:对某数量巨大设备的质量问题的索赔促使承包商对其进行了更换、修补,另外还使业主获得了一定数额的经济补偿;

成果6:对技术服务及培训问题的索赔获得了承包商免费提供相关货物及服务、建设培训中心、为后续项目提供货物及服务的承诺。

14.8.3 两个精彩案例

1. 对某设备质量问题的索赔

某种设备是该技术系统中的十分重要的设备,在整个系统中的使用量非常大。在使用中业主发现承包商提供的第一批该种设备,存在质量问题,某些几何指标不能达到合同和使用要求。承包商提供的第二批货物同样存在严重的质量问题。在业主的要求下,承包商同意将这两批数量很大的到货作报废处理,并重新制定了供货计划,于是该种设备的供货就从原来的6批变成了9批。

整个系统运行后,这种设备还是发生了多起故障,经研究双方找出了问题所在,认定是该设备中的某部件通过的电流过大所致。业主认为这是承包商设计方面的问题,要求全部更换,而承包商认为不是大问题,不必更换。经与承包商的多次交涉,没有解决问题。最后,业主的项目主管领导亲自来到承包商国内,通过与承包商母公司最高层的艰苦谈判终于使其承认设计有问题,答应提供全新设备进行更换。

拿到新的设备后,业主在充分考虑工程进度和使用原来设备可能承担风险的情况下,没有立即更换全部设备,而只是有选择地更换了其中关键部位的一小部分。剩余的新设备作为备品备件保存了起来（以延误工期为理由征得了承包商的同意）。

本案例的关键是对合同合意的理解，不管技术指标是否满足要求，在签订合同时，业主认为合同中至少有"正常使用的该设备不应该出现故障"的合意，现在出现的这种故障就是承包商的违约。从这方面说业主索赔是合情、合理、合法的。另外，业主做出的不全部更换该种类设备的决定是在充分考虑该设备可能给自己带来风险的情况下做出的。后来的实践证明，在采取一些措施后，没有更换的设备并没有给业主带来更多的麻烦。但是，通过承担这些可以控制的风险，业主获得了价值数千万欧元的更好的设备。

2. 对某关键设备螺栓生锈问题的索赔

某子系统的最主要的关键设备上存在铆钉、螺栓生锈的现象，业主认为这种情况会影响该子系统的寿命，但拿不出有力的证据说明这一观点。双方处于僵持状态。

在进行认真的分析和请国内的权威部门进行实验检测后，业主转而攻击承包商的薄弱环节——铆钉、螺栓的防腐指标。用无可辩驳的证据说明现场的铆钉、螺栓防腐指标没有达到承包商自己的设计要求。因此推断承包商违反了合同的规定。

在进行索赔定量时，业主以科学为依据，用严密的推理，获得了十分满意的结果，具体情况如下：

根据合同的要求，该关键设备的寿命是35年，但是通过大量的文献检索，业主发现承包商实际设计的该关键设备寿命是30年，因此，应向承包商索赔"5年"，即该关键设备寿命的14.3%（5／35）；另外，经国家级的实验室检测，该关键设备铆钉、螺栓的防腐涂层比承包商现有的设计标准（也就是30年）低了5%，因此，业主的损失是19.3%（14.3%＋5%），最后业主认定自己的损失是6.755年。对此结果，承包商无言以对，不得不承认，经双方高层的谈判，最后业主获得了承包商对整个子系统额外提供6年备品备件的补偿。

参考文献

1 Adedeji Bodunde Badiru. Project management in manufacturing and high, technology operations. 2nd ed. New York: Wiley,1998: 4~8

2 Benjamin S. Blanchard, System engineering management. New York: Wiley,1998

3 Cynthia S. MaCahon. Using PERT as an approximation of fuzzy project network analysis [J]. IEEE Transactions on Engineering Management,1993(2):146~153

4 David G. Carmichael. Construction engineering networks : techniques planning, and management, Chichester, West Sussex, England : Ellis Horwood; New York: Halsted Press,1989

5 E. Balagurusamy. J.A M. Howe. Expert systems for management and engineering. New York: E. Horwood,1990: 47~56

6 Frederick L. Blanchard. Engineering project management. New York: M. Dekker, 1990: 128~135

7 Hickson. R.J, Construction insurance : management and claims: a guide for contractors. London: E. & F.N Spon,1987: 25~26

8 Hira N. Ahuja. Project management : techniques in planning and controlling construction projects. New York: Wiley,1984

9 John K. Sykes. Construction Claims. London : Sweet & Maxwell, 1999: 58~64

10 Kallo, G. G.(1996) The reliability of critical path method (CPM) techniques in the analysis and evaluation of delay claims. Cost Engrg., 38(5),35~37

11 Kevin Parker. Better buying. Manufacturing Engineer,1997,118(2):25~27

12 Kevin J F. Cybernetic risk analysis. Risk Analysis,1997,17(2):212~225

13 Louis J. Goodman and Rufino S. Ignacio. Engineering project management. Boca Raton, Fla: CRC Press,1999: 18~23

14 Masahiko Kunishima,E Mikio Shiji. The Principles of Construction Management. Tokyo: Sankaido,1996

15 Madu C N, Kuei C H. Stability Analyses of Group Decision Making. Computers and Industrial Engineering, 1995,28(4):881 ~ 892

16 Moder J. J., Phillips C. R.. Davis E. W., Project management with CPM, PERT and precedence diagramming. 3 rd ed.. New York:Van Nostrand Reinhold,1993

17 Michael S. Simon. Construction contracts and claims, New York: McGraw-Hill, 1979: 33~38

18 Nigel J. Smith. Engineering project management. Oxford ;Cambridge, Mass: Blackwell Science,1995: 56~77

19 Oberlender, Garold D.. Project management for engineering and construction. New York : McGraw-Hill, Inc., 1993: 147~152

20 Powell-Smith, Vincent. Civil engineering claims. Oxford: BSP Proffessional Books,1989: 11~14

21 Robert N. Hunter. Claims on highway contracts. London : Thomas Telford, 1997: 58~84

22 Reg Thomas. Construction contract claims. 2nd ed.. Houndmills, Basingstoke, Hampshire : Palgrave,2001: 56~67

23 Robert A. Rubin. Construction claims : analysis, presentation, defense, York; Van Nostrand Reinhold,1983: 165~169

24 Robert D. Gilbreath. Managing construction contracts : operational, controls for commercial risks. New York: Wiley,1983

25 Sabah Alkass, Makk Mazerolle, Frank Harris. Construction delay analysis techniques. Construction Management and Economic,1996, 14

26 Shainis, Murray J.. Engineering management : people & projects. Columbus, Ohio : Battelle Press,1995

27 Stephen Scott. Delay Claims in U.K Contracts. Journal of construction Engineering and Management, Sep. 1997: 238~244

28 Thamhain, Hans Jurgen. Engineering management : managing effectively in technology-based organizations. New York: Wiley,1992: 213~221

29 Taht J H, Carr V M.A proposal for construction project risk assessment using fuzzy logic.Construction management and Economics,2000,18:491~500

30 Vincent Powell-Smith and John Sims. Building contract claims. London; New York: Granada,1983: 35~39

31 Vincent Powell-Smith, Douglas Stephenson. Civil Engineering Claims. Oxford: Blackwell Scientific Publi-cations,1994:28~35

32 Yacov Y. Haimes. Risk modeling, assessment, and management. New York Wiley, 1998

33 Yates JK. Construction Decision Support for Delay Analysis. J Const Engrg and Mgmt ASCE,1993 ,199(2):226~243

34 A·C科宾. 科宾论合同. 王卫国译.北京: 中国大百科全书出版社, 1997: 9~10

35 （美）Booz,Allen&Hamilton Inc. 美国系统工程管理.北京: 北京航空工业出版社, 1991

36 （美）A.L柯宾.柯宾论合同.王卫国等译.北京: 中国大百科全书出版社, 1998: 8~9

37 （美）G.S.萨卡里亚等. 伊泰普工程设计和施工中的风险分析与管理.中国三峡建设, 2000 (5): 44~49

38 （日）日比宗平. 寿命周期费用评价法——方法及实例. 高克绩等译.北京: 机械工业出版社,1984

39 （日）浅居喜代治. 模糊系统理论入门. 赵汝怀译. 北京:北京师范大学出版社,1982

40 （英）梅因.古代法.沈景一译.北京: 商务印书馆, 1959: 181

41 阿蒂亚.合同法概论（中译本）.北京: 法律出版社, 1982: 27

42 查士丁尼.法学阶梯.北京: 商务印书馆, 1995: 6~7

43 查士丁尼.法学总论.张企泰译.北京: 商务印书馆, 1996: 165

44 查健禄，田钦谟，李盛德. 综合评价问题的系统分析. 系统工程学报, 2000 (6): 124~130

45 柴晓燕，黄大立. 成套设备引进过程中货物短缺的防范. 科技情报开发与经济. 1999 (2): 48~49

46 蔡淑琴，张新武，石双元等. 基于超文本问题描述的施工索赔辅助决策模型. 华中理工大学学报，1998, 5: 101~103

47 蔡淑琴，李升一，鲍晓莉等. 工程项目施工索赔机会博弈模型及其支持系统. 华中科技大学学报，2001 (8): 36~38

48 蔡革胜. 火电机组设备质量问题及解决措施. 电力建设，1998, 11: 18~20

49 陈寅. 谈合同中索赔条款单据化. 对外经贸实务，2000 (2): 16~17

50 陈程. 谈工程施工合同履行中业主的反索赔. 建筑经济，2001 (4): 43~44

51 陈武，杨家本. 采购过程风险管理. 系统工程理论与实践，2000 (6): 69~74

52 陈勇强，何伯森. 国际工程索赔管理的一种新思路——初步索赔专家系统模型：索赔矩阵. 天津大学学报（社会科学版），2000 (12): 299~302

53 陈炳权，顾志雄，钱宜均. 工程设备监理[M]. 上海：同济大学出版社，1997: 3~8 87~91

54 陈景秋，王宗笠. AHP 比较矩阵一致性的统计分析. 系统工程学报，1998(3): 100~103

55 陈贵民主编. 建设工程施工索赔与反索赔. 北京：中国建材工业出版社，1995

56 陈松. 建设工程索赔. 重庆：重庆大学出版社, 1995

57 陈松. 业主对索赔的预防、辩护以及反索赔. 重庆建筑大学学报，1995, 3: 65~72

58 陈祺. FIDIC "黄皮书"中的几个日期和时期在火电机组安装工程中应用的意见. 电力建设，2000 (11): 22~25

59 陈珽. 决策分析[M]. 北京：科学出版社，1997: 125~150

60 成虎，钱昆润. 建筑工程合同管理与索赔[M]. 南京：东南大学出版社；1993: 5~16

61 成虎，许沛. 工程索赔决策支持系统的研究. 系统工程理论与实践 1997, 10: 4~8

62 程世平. 涉外公路项目索赔理论与方法的研究：[学位论文]. 西安：西安公路学院文，1994: 6~12

63 崔广平. 合同法诸问题比较研究[M]. 成都：四川大学出版社，2001: 1

64 崔立瑶. 国际工程索赔风险的评价. 经济师，2001 (6): 25~26

65 丁士昭. 建设监理导论[M]. 北京：快必达软件出版公司，1990

66 丁一，杨承伟. 国际工程施工索赔的法律分类. 四川建筑，1999 (2): 2~4

67 丁宗红，金毅，侯志林. 加工计划的模糊多目标网络方法研究. 东南大学学报，1994 (11): 130~133

68 邓海涛. 三峡永久船闸工程的索赔管理实践. 中国三峡建设，2001 (1): 43~44

69 邓延国，刘冕. 索赔理赔范文选. 北京：中国对外经济贸易出版社, 1998

70 费安玲，丁玖译. 意大利民法典. 北京：中国政法大学出版社，1997: 6

71 方长玉. 强化工程质量管理，延长设备使用周期. 四川冶金，2001 (4): 60~62

72 方宏申. 机电设备国际招标与监理. 建设监理，2000(3): 45~47

73 范智杰，刘玲. 工程保险合同索赔管理中应注意的问题. 公路，2000 (3): 62~66

74 丰景春，刘永强，杨建基. 水利水电工程项目调价风险分析. 河海大学学报，1999 (3): 65~68

75 郭耀煌,王亚平. 工程索赔管理. 北京:中国铁道出版社,1999
76 郭耀煌、王顺洪. 论索赔的重要性及关联因素. 施工技术, 1999 (11): 42~43
77 国家科技评估中心"国家重点新产品评估"课题组. 多人选多指标综合评价模型及其在国家新产品评估中的应用. 中国软科学, 1999 (5): 91~94
78 龚业明,蔡淑琴,石双元等. 基于KDD的工程施工索赔问题发现机制. 管理工程学报, 2000, 1: 73~75
79 龚业明,蔡淑琴,张金隆. FIDIC 条件与"索赔委员会论". 国际经济合作, 1999 (4): 55~57
80 顾照国. 大型引进机组的进口设备管理. 电力建设, 1999, 4: 51~54
81 韩世远. 违约损害赔偿研究[M]. 北京: 法律出版社, 1999, 1
82 韩天祥. 超临界600 MW机组性能验收试验及索赔技术依据分析. 中国电力, 1998(6): 48~50
83 何炯文. 风险管理. 大连: 东北财经大学出版社, 1999
84 何伯森,张水波. 1999年版FIDIC《施工合同条件》下的承包商索赔. 国际经济合作, 2000, 5: 39~42
85 何怀宏. 契约理论和社会正义[M]. 北京: 中国人民大学出版社, 1993: 36
86 贺仲雄. 模糊数学及其应用[M]. 天津:天津科学技术出版社,1983
87 贺盛伟. 进口设备质量索赔评估模式及计算方法. 重庆商学院学报, 1995, 3: 32~37
88 贺盛伟. 重视进口设备索赔工作及实施进口设备质量把关的措施. 对外经贸实务, 1992, 5: 19~21
89 贺盛伟. 进口设备索赔中失效分析及预防措施. 重庆国际经贸, 1992, 4: 32~35
90 胡志根, 肖焕雄, 向超群. 模糊网络计划及其工期实现的可能性研究. 武汉水利电力大学学报, 1999 (10): 6~9
91 黄如宝. 关于工期索赔若干问题的探讨. 建筑技术, 1999 (7): 490~492
92 黄京华, 刘根生. 解决冲突的图形模型在谈判支持系统中的应用. 系统工程理论与实践, 2000 (2): 68~72
93 贾宏俊, 吴守荣. 工程项目评标模型设计研究. 系统工程理论与实践, 1999 (12): 73~79
94 姜艳萍, 樊治平. AHP中判断矩阵排序的灵敏度分析. 运筹与管理, 2001 (9): 1~5
95 梁鉴. 国际工程施工索赔[M]. 北京: 中国建筑工业出版社, 1996: 35~66
96 雷涛. 设备状态的模糊综合评估. 东北重型机械学院学报. 1996 (9): 182~185
97 雷涯邻, 王亚禧, 田孝山. 石油钻井工程投资风险分析的蒙特卡洛模拟方法. 石油企业管理, 1997 (11): 35~37
98 李梦琴, 张鸿喜. 国际工程工期索赔处理方法探讨. 水利水电技术, 2000 (7): 48~51
99 李洪兴, 汪培庄. 模糊数学[M]. 北京:国防工业出版社,1994: 119~121, 158~172
100 李永军. 合同法原理[M]. 北京: 中国人民公安大学出版社, 1999
101 李世蓉. 施工总进度计划优化方法的探索及计算机应用. 重庆建筑工程学院学报, 1993, 15(4): 52
102 李成林. 违约赔偿范围研究. 山东纺织工学院学报, 1994 (3): 22~26

103 林军. 层次模糊综合评价在机器设备成新率评定中的应用. 西南工学院学报. 2001 (6): 74~78

104 李晓龙, 武振业, 李亮. 工程合同多属性效用函数索赔机理分析. 西南交通大学学报（自然科学版）, 2002 (3): 323~327

105 李晓龙等. 基于合同状态的工程合同索赔定量研究. 系统工程, 2005 (2)

106 李晓龙等. 基于合同满意度的工程设备索赔额确定模型. 系统工程理论与实践, 2003 (6)

107 李晓龙等. 合同约束与合同违约识别研究. 重庆大学学报（社会科学版）, 2004 (4)

108 李晓龙等. 工程合同履约约束剖析. 同济大学学报（社会科学版）, 2004 (4)

109 李晓龙等. 基于博弈理论的业主索赔作用分析：工程管理论文集. 北京：中国建筑工业出版社, 2004.7

110 李晓龙, 李亮, 武振业. 工程设备索赔的系统分析方法. 世界科技研究与发展, 2002 (2): 81~84

111 李晓龙, 付强, 武振业. 合同模糊评价模型. 西南交通大学学报（自然科学版）, 2002 (4): 448~453

112 李晓龙, 李亮, 郭荣清. 监理规范原则及方法研究. 郑州航空工业管理学院学报, 2002 (2): 68~71

113 林杰, 郭耀煌. 工程施工计划优化决策支持系统. 西南交通大学学报, 1999 (2): 120~125

114 廖祖仁, 傅崇伦. 产品寿命周期费用评价法[M]. 北京：国防工业出版社, 1993

115 楼世博. 模糊数学[M]. 北京：科学出版社, 1983

116 刘䂮. 施工索赔前期管理——干扰事件预测及识别模型：[学位论文]. 南京：东南大学文, 1997: 25~38

117 刘益平, 吴熹. 小浪底工程一标索赔事件浅析. 西北水电, 1998 (1): 57~60

118 刘维贤. 工程设备质量管理的系统分析与决策. 冶金设备, 1994 (6): 32~35

119 卢有杰. FIDIC条款与业主施工阶段的项目管理. 中国投资, 2000 (6): 55~57

120 鲁耀斌, 黎志成. 大型合同招标投标中多激励定价模型研究. 华中工大学报, 1998(2): 103~105

121 龙爱翔, 魏力仁. 工程项目投标报价中业主的预期效用研究. 经济数学, 1995 (12): 93~99

122 马金良. 网络计划中工期——成本优化问题的一个新算法. 系统工程理论与实践, 1994 (10): 62~66

123 毛义华. 网络优化技术在工程索赔管理中的应用. 浙江大学学报（工学版）, 2000 (7): 453~458

124 牛东晓, 乞建勋. 施工网络计划优化的极值种群遗传算. 运筹与管理, 2001 (3): 58~63

125 区奕勤, 张选迪. 模糊数学原理及应用[M]. 成都：成都电讯工程学院出版社, 1988.8

126 潘文彦, 杜端甫. 一种优化项目计划的模型与算法. 北京航空航天大学学报, 1997 (6): 373~377

127 彭宇, 石丽明. 工程建设监理收取费用的效用分析. 中国矿业大学学报, 1998 (9): 308~311

128 全林, 赵俊和, 成盛超. 效用评估的模糊效用方法. 上海交通大学学报, 1997 (4): 121~123

129 汝俐俊. 成套设备的报价方法和特点. 机械管理开发, 1999 (4): 29~31

130 邵培基. AHP方法综合评价管理信息系统[J]. 系统工程理论与实践, 2000.10: 63~67

131 石勇民.施工进度延误索赔的分析方法与应用.西安公路交通大学学报,1997.6: 87~93

132 盛振远. 加强进口成套机电设备管理的我见. 华东电力, 1999, 4: 26~27

133 盛振远.成套设备国际贸易中买方权利的经济保证. 发电设备, 1999 (5): 40~42

134 上海设备管理协会. 设备工程经济学. 哈尔滨:黑龙江人民出版社,1988

135 宋明哲.风险管理.(台湾) 中华企业管理发展中心, 1984: 6~12

136 宋若臣. 关于进口索赔的案例分析. 华东经济管理, 1999 (7): 59~60

137 孙庆铭. 进口机电产品应多开展装运前检验. 制造技术与机床, 1996, 1: 52~53

138 汤代焱. 工程网络计划最低费用工期的一种优化方法.技术经济, 1999 (3): 53~56

139 田军, 寇纪淞, 李敏强. 利用遗传算法优化施工网络计划. 系统工程理论与实践, 1999 (5): 78~82

140 涂序彦.大系统控制论[M].北京: 国防工业出版社, 1994: 47~78

141 王兴华.二滩业主项目风险管理实践与保险在二滩工程中的应用.四川水力发电, 1999.9: 71~76

142 王利明.违约责任论[M].北京: 中国政法大学出版社, 1996: 764

143 王苏华, 陆金祥, 徐治皋. 一种新的火电机组设备性能评价方法. 东南大学学报, 1997 (1): 127~129

144 王庆春. FIDIC合同条件下土木工程质量控制技术研究:[学位论文].长春: 长春科技大学, 2001: 2~8

145 王军.美国合同法[M].北京: 中国政法大学出版社, 1996: 340

146 王长根.国际工程索赔管理及其信息系统研究:[学位论文].武汉水利电力大学, 1997.6: 13~37

147 王顺洪. FIDIC合同条件下的索赔与反索赔. 施工技术, 1999, 11: 44~46

148 王亚. 国际工程实施阶段的索赔分析及其管理研究:[学位论文].成都: 西南交通大学, 1997

149 王亚平, 叶仁荪, 郭耀煌. 一类搭接作业模糊网络模型及其算法研究.铁道学报, 1999 (4): 89~93

150 王亚平, 叶仁荪, 蒋根谋. 国际工程延期总部管理费索赔的定量方法研究. 铁道工程学报, 1998 (6): 138~142

151 王建萍.技术合同中的违约责任问题.成都大学学报（社科版）, 1997 (2): 9~11

152 王海文,陈荣秋,刘晓平等. 一种网络计划的综合优化模型. 华中科技大学学报, 2001 (2): 62~64

153 王卓甫, 杨志勇, 杨建基. 水利水电工程施工进度风险规定下的投资优化. 河海大学学报, 2000 (11): 52~55

154 王增全. 业主的风险管理. 经济师, 2001 (6): 185~186

155 王凡. 模糊数学与工程科学[M]. 哈尔滨:哈尔滨船舶工程学院出版社,1988

156 汪小金. 建筑施工合同索赔管理[M]. 北京:中国建材工业出版社,1994

157 汪培庄. 模糊集合论及其应用[M]. 上海:上海科学技术出版社,1993

158 汪诚义. 模糊数学引论[M]. 北京:北京工业学院出版社,1988

159 汪金敏.我国工程延误费用索赔计算方法的研究. 东南大学学报, 1998, 9: 112~116

160 汪金敏，沈杰，成虎．我国工程延误费用索赔计算方法的研究．东南大学学报，1998（9）：112~116

161 邹晓光，宋云华，张学刚．工期与价格合同参数关系及其计算分析．西安公路交通大学学报，1998（10）：177~181

162 蔚林巍．项目管理的最新进展．管理工程学报，2000（3）：56~60

163 吴正佳，程承运．起重设备维护质量的多因素模式识别．港口装卸，1999（5）：28~30

164 吴增玉，西宝，刘长滨．中美建设工程风险管理体系比较研究．建筑经济，1999（3）：10~13

165 武文超．固定资产成新率的模糊综合评定法．中国资产评估，1996（3）：18~20

166 夏清东，李福华．工程延期时费用索赔计算的探讨．青岛建筑工程学院学报，1995（4）：65~69

167 熊熊，张维，王元璋．工程索赔管理的神经网络方法．天津大学学报，2001，5：400~403

168 徐秉均．贵港航运枢纽水电站机电安装工程监理回顾．红水河，2000，3：73~76

169 徐绪松，但朝阳，郑颂阳等．项目评估智能决策支持系统研究．武汉大学学报（自然科学版），1999（6）：311~316

170 徐俊栋，谢嘉杰．秦山三期核电站进口设备质量监督．核科学与工程，2001（6）：119~126

171 徐扬光．设备综合工程学概论[M]．北京：国防工业出版社，1989

172 徐鼎．项目建设期道德风险的博弈分析研究．中国软科学，1999(2)：81~84

173 阎长俊，马剑秋，张晓明．论工程合同界面的索赔．沈阳建筑工程学院学报，1998（10）：355~357

174 阎长俊，张晓明．工程项目管理中的风险分析与防范．沈阳建筑工程学院学报，1999（1）：87~89

175 袁宗蔚．保险学．(台湾) 合作经济月刊社，1981：2

176 袁其田，曹应超．南非凯兹大坝工程的变更与索赔管理．水力发电，1997（3）：54~56

177 杨忠直．建设项目监理目标规划与控制方法论研究：[学位论文]．天津：天津大学，1997：33，19~42

178 杨军．核电设备质量保证经验．核动力工程，1999（8）：378~379

179 杨再雄．关于引进成套发电机组设备交付问题的探讨．电力建设，1998（12）：55~57

180 杨建平，杜端甫．重大工程项目风险管理中的综合集成方法．中国管理科学，1996（4）：24~28

181 杨冰霜．大型港机设备选购过程中的质量控制．港口装卸，2001（3）：36~38

182 杨乃定，李怀祖．基于参考点的事物效用值直感判断与抉择模型研究．系统工程理论与实践，1998（5）：92~95

183 尹田．法国现代合同法[M]．北京：法律出版社，1995：217

184 俞炳荣．法国核电设备的制造质量监督．核动力工程，1998（12）：556~559

185 叶蔚．合同管理信息系统的开发与研究．江汉大学学报，1998（12）：32~35

186 岳彩申．合同法比较研究[M]．成都：西南财经大学出版社，1995：16

187 姚小刚，凌传荣．多因素影响下工期索赔的复杂性．同济大学学报，2001（3）：362~365

188 约翰·怀亚特，麦迪·怀亚特．美国合同法[M]．汪任贤等译．北京：北京大学出版社，1980：1

189 尤毓国．设备维修管理工程学[M]．北京：人民交通出版社，1989

190 曾少锋. 建设工程中勘察设计合同的违约损害赔偿. 建筑, 2001 (4): 9~11

191 张水波, 孔德泉, 何伯森. BOT项目风险管理的担保手段. 中国软科学, 2000 (2): 73~76

192 张宇, 杨子江, 樊思林. 小浪底工程施工费用索赔分析及处理浅析. 吉林水利, 2000.3: 10~14

193 张雄飞. 成本途径评估机器设备三中贬值率的组合方法. 中国资产评估, 2001 (3): 36~38

194 张淙皎, 王立, 孙国勋. 水利工程业主风险管理系统模型. 华北水利水电学院学报, 2001 (12): 63~67

195 张莹. 工程索赔及生产率降低索赔的计量方法研究: [学位论文]. 天津: 天津大学, 1997: 21~46

196 张宜松, 杨宾. 索赔与经济效益——小浪底工程索赔问题的启示. 渝州大学学报（社会科学版）, 2000, 2: 25~27

197 张斌. 大型机电设备国际采购招标合同的索赔管理. 中国三峡建设, 1998, 9: 28~29

198 张俊浩主编. 民法学原理[M]. 北京: 中国政法大学出版社, 1991: 571

199 张洪, 陈文湘. 设备管理工程学[M]. 长沙: 中南工业大学出版社, 1987

200 张建设, 钟登华. 一种工程项目风险因素识别新方法——表上作业方法. 洛阳大学学报, 2000 (12): 67~72

201 章建新. 合同履行中的经济成分分析[M]. 河北法学, 2000, 2: 35~37

202 周文彪. 设备管理[M]. 上海: 上海科学技术出版社, 1988

203 周伟, 张生瑞, 高行山. 基于模糊理论和神经网络技术的公路网综合评价方法研究. 中国公路学报, 1997 (12): 76~83

204 周云章. 水电站机电设备安装工程质量控制. 人民长江, 2000 (10): 34~36

205 周复兴. 华东500kV进口主设备的质量分析. 华东电力, 1999, 12: 1~4

206 赵雄飞, 陶卫国. 工期延长索赔分析与施工跟踪进度. 水电站设计, 1996 (6): 104~108

207 中华人民共和国合同法. 北京: 工商出版社, 1999: 2

208 中国建筑工程总公司培训中心编. 国际工程索赔原则及案例分析. 北京: 中国建筑工业出版社, 1993

致 谢

  光阴荏苒，一晃两年的博士后研究工作就结束了，回顾这段经历，感到收获颇丰。我不仅在学术研究方面得到了锻炼，还结交了一些良师益友，正是他们的关心和帮助，使我顺利地完成了博士后的研究工作。

  在这里，我要特别感谢我的博士后导师林知炎教授和吴祥明教授，他们高尚的人格、宽阔的胸怀、开阔的视野和严谨的治学态度对我产生了重要的影响。林知炎教授深厚的理论造诣使我受益匪浅，吴祥明教授高超的管理艺术和驾驭项目的能力使我大开眼界。没有他们的悉心指导和深切关怀以及吴祥明教授提供给的接触实际的机会，本研究是不可能完成的。

  国家磁浮交通工程技术研究中心林国斌教授、黄靖宇教授级高工、刘万明教授的关心和帮助是完成本研究的不可缺少的条件，在这里向他们深表谢意。

  在博士后期间还得到了同济大学的尤建新教授、陈建国教授、林杰教授、陈守明副教授，东南大学的成虎教授，上海磁悬浮交通发展有限公司有关部门，国家磁浮交通工程技术研究中心系统集成部工作人员以及众多博士后朋友的帮助，在这里向他们道一声：谢谢！

  同济大学博士后管理办公室的周奇才教授和程德理副主任在各方面给了我极大的关心和帮助，他们的关怀和帮助是我完成研究工作的基础，在此谨向他们表示衷心的感谢。

  为支持我的研究工作，妻子刘庆华和女儿李嫄默默地奉献，给了我巨大的支持和力量，她们是我完成研究工作的保证。远在河南年迈的父母和北京、上海的弟弟是我前进的动力。在此，我向他们表示深深的感谢和敬意。

  最后，感谢本书所引用和参考的文献的作者，他们的研究成果是我取得成果的阶梯。